教育部高等学校电子信息类专业教学指导委员会规划教材

高等学校电子信息类专业系列教材

Fundamentals of Virtual Instrumentation

虚拟仪器设计教程

黄松岭　　王珅　　赵伟　编著
Huang Songling　Wang Shen　Zhao Wei

清华大学出版社

北京

内 容 简 介

本书以 LabVIEW 的最新版本 2014 中文版为基础,介绍虚拟仪器设计的基本知识。全书共 11 章,可分为三个部分:第 1 章介绍虚拟仪器的概念和虚拟仪器设计方法;第 2~10 章,介绍 LabVIEW 语言的基本内容和编程方法,包括 LabVIEW 基础、VI 创建、编辑与调试技术、程序结构、数据类型、图形显示、字符串和文件 I/O、采集卡条件下的数据采集、LabVIEW 中的信号分析和一些高级应用;第 11 章介绍一些虚拟仪器设计与应用的实例,包括轴承缺陷故障诊断、功率测量、信号发生器、基于声卡的声音识别、太阳能电池板自动跟踪系统、基于 NI-CompactRIO 的大跨空间结构健康监测系统、基于加速度传感器的多功能手势感应控制器和大型储罐底板缺陷检测器,这些例子难易程度不同、应用方面各异,较好地反映了虚拟仪器技术的广阔应用空间。

本书可作为大专院校相关课程的教材或教学参考书,也可供从事相关工作的工程技术人员参考。

图书在版编目(CIP)数据

虚拟仪器设计教程/黄松岭,王珅,赵伟编著. —北京:清华大学出版社,2015(2023.7重印)
高等学校电子信息类专业系列教材
ISBN 978-7-302-39915-5

Ⅰ. ①虚… Ⅱ. ①黄… ②王… ③赵… Ⅲ. ①虚拟仪表-程序设计-高等学校-教材
Ⅳ. ①TP311.56

中国版本图书馆 CIP 数据核字(2015)第 085511 号

责任编辑:盛东亮
封面设计:李召霞
责任校对:梁   毅
责任印制:刘海龙

出版发行:清华大学出版社
    网   址:http://www.tup.com.cn,http://www.wqbook.com
    地   址:北京清华大学学研大厦 A 座   邮   编:100084
    社 总 机:010-83470000   邮   购:010-62786544
    投稿与读者服务:010-62776969,c-service@tup.tsinghua.edu.cn
    质量反馈:010-62772015,zhiliang@tup.tsinghua.edu.cn
    课件下载:http://www.tup.com.cn,010-83470236
印 装 者:三河市天利华印刷装订有限公司
经   销:全国新华书店
开   本:185mm×260mm   印   张:16   字   数:397 千字
版   次:2015 年 7 月第 1 版   印   次:2023 年 7 月第 10 次印刷
定   价:49.00 元

产品编号:061124-02

高等学校电子信息类专业系列教材

序
FOREWORD

我国电子信息产业销售收入总规模在 2013 年已经突破 12 万亿元,行业收入占工业总体比重已经超过 9%。电子信息产业在工业经济中的支撑作用凸显,更加促进了信息化和工业化的高层次深度融合。随着移动互联网、云计算、物联网、大数据和石墨烯等新兴产业的爆发式增长,电子信息产业的发展呈现了新的特点,电子信息产业的人才培养面临着新的挑战。

(1) 随着控制、通信、人机交互和网络互联等新兴电子信息技术的不断发展,传统工业设备融合了大量最新的电子信息技术,它们一起构成了庞大而复杂的系统,派生出大量新兴的电子信息技术应用需求。这些“系统级”的应用需求,迫切要求具有系统级设计能力的电子信息技术人才。

(2) 电子信息系统设备的功能越来越复杂,系统的集成度越来越高。因此,要求未来的设计者应该具备更扎实的理论基础知识和更宽广的专业视野。未来电子信息系统的设计越来越要求软件和硬件的协同规划、协同设计和协同调试。

(3) 新兴电子信息技术的发展依赖于半导体产业的不断推动,半导体厂商为设计者提供了越来越丰富的生态资源,系统集成厂商的全方位配合又加速了这种生态资源的进一步完善。半导体厂商和系统集成厂商所建立的这种生态系统,为未来的设计者提供了更加便捷却又必须依赖的设计资源。

教育部 2012 年颁布了新版《高等学校本科专业目录》,将电子信息类专业进行了整合,为各高校建立系统化的人才培养体系,培养具有扎实理论基础和宽广专业技能的、兼顾“基础”和“系统”的高层次电子信息人才给出了指引。

传统的电子信息学科专业课程体系呈现“自底向上”的特点,这种课程体系偏重对底层元器件的分析与设计,较少涉及系统级的集成与设计。近年来,国内很多高校对电子信息类专业课程体系进行了大力度的改革,这些改革顺应时代潮流,从系统集成的角度,更加科学合理地构建了课程体系。

为了进一步提高普通高校电子信息类专业教育与教学质量,贯彻落实《国家中长期教育改革和发展规划纲要(2010—2020 年)》和《教育部关于全面提高高等教育质量若干意见》(教高【2012】4 号)的精神,教育部高等学校电子信息类专业教学指导委员会开展了“高等学校电子信息类专业课程体系”的立项研究工作,并于 2014 年 5 月启动了《高等学校电子信息类专业系列教材》(教育部高等学校电子信息类专业教学指导委员会规划教材)的建设工作。其目的是为推进高等教育内涵式发展,提高教学水平,满足高等学校对电子信息类专业人才培养、教学改革与课程改革的需要。

本系列教材定位于高等学校电子信息类专业的专业课程,适用于电子信息类的电子信息工程、电子科学与技术、通信工程、微电子科学与工程、光电信息科学与工程、信息工程及其相近专业。经过编审委员会与众多高校多次沟通,初步拟定分批次(2014—2017 年)建设约 100 门课程教材。本系列教材将力求在保证基础的前提下,突出技术的先进性和科学的前沿性,体现创新教学和工程实践教学;将重视系统集成思想在教学中的体现,鼓励推陈出新,采用"自顶向下"的方法编写教材;将注重反映优秀的教学改革成果,推广优秀的教学经验与理念。

为了保证本系列教材的科学性、系统性及编写质量,本系列教材设立顾问委员会及编审委员会。顾问委员会由教指委高级顾问、特约高级顾问和国家级教学名师担任,编审委员会由教育部高等学校电子信息类专业教学指导委员会委员和一线教学名师组成。同时,清华大学出版社为本系列教材配置优秀的编辑团队,力求高水准出版。本系列教材的建设,不仅有众多高校教师参与,也有大量知名的电子信息类企业支持。在此,谨向参与本系列教材策划、组织、编写与出版的广大教师、企业代表及出版人员致以诚挚的感谢,并殷切希望本系列教材在我国高等学校电子信息类专业人才培养与课程体系建设中发挥切实的作用。

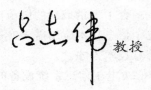 教授

前言
PREFACE

　　虚拟仪器技术及其 LabVIEW 开发环境为各个学科的仪器研制提供了一个通用的软、硬件平台,这就使得我们可以面向不同专业的学生开设一门共同的课程,为其各自的检测问题指出一个基本通用的解决问题的思路。

　　1995 年,我们开始接触美国国家仪器公司的产品,2000 年建成了一个用于教学的虚拟仪器实验室,先后为本系、全校的本科生和研究生开设多门课程。这些课程定位为设计型的实验课程。典型的安排是 32 学时,其中,用 1/3～1/2 学时介绍 LabVIEW 语言的基本内容,其余时间,在教师的指导下,学生各自独立完成一个虚拟仪器设计的题目,题目可以在教师列出的清单内选择,也可以做教师认可的自选题目。

　　在教材建设方面,我们实验室先后编写了《虚拟仪器实验》校内讲义、《LabVIEW 7.1 编程与虚拟仪器设计》、《虚拟仪器设计基础教程》等教材和电子课件。本书的定位在于能满足大多数本科专业,甚至专科教学的需要,例如,可以作为面向全校理工科本科学生开设的虚拟仪器选修课的教材。鉴于此,本书在第 1 章介绍了虚拟仪器涉及的基础知识,方便学生自学及上课时参考;第 8 章介绍了数据采集和信号调理的基本知识,然后介绍如何用 LabVIEW 实现模拟输入和模拟输出;第 9 章介绍了信号处理的基本知识和相应的 LabVIEW 实现函数。另外,在最后一章中,给出了 8 个具有代表性的虚拟仪器设计的例子,基本涵盖了虚拟仪器应用的大部分领域,有利于开拓学生的视野。这些例子大部分取材于学生的课程设计论文或全国虚拟仪器设计大赛的参赛作品,每个例子只给出了一种实现方法,并尽可能重现学生"原汁原味"的原创特点,个别例子的实现方法是学生"独创"的,对学生和读者具有一定的启发意义,并能引起学生的共鸣。需要说明的是,例子的实现方法可能不是最优的,也可能有的看起来实现得有点"笨拙",这也是第 11 章希望达到的效果之一,能够起到抛砖引玉的效果。本书的其他章节主要介绍 LabVIEW 编程的基本内容,不求全,但对 LabVIEW 编程的基本知识介绍较详细,便于读者自学。

　　本书由黄松岭统稿,并执笔编写了第 4～8 章;第 1～3 章由赵伟执笔编写;第 9～11 章由王珅执笔编写;刘新萌参与编写了书内例子和插图工作。

　　感谢本研究所的汪芙平老师,他对第 9 章中信号处理内容提出了很多宝贵的修改意见。感谢本研究所的郝丽老师、董甲瑞老师在虚拟仪器实验方面的热情帮助。感谢黄昕元、柳志栋、刘洋、朱丹、李旦、刘倩、任亮、王磊、和珊、孙喆、寒超等老师和同学,本书第 11 章参考了这些同学完成的论文、课程报告和全国虚拟仪器设计大赛参赛作品。

　　感谢清华大学出版社一直以来对我们的帮助和支持,其中,特别要感谢盛东亮编辑对本书编审所做的工作。

　　最后,感谢美国国家仪器有限公司对本书编写工作的支持,院校市场部倪斌经理、刘洋工程师热情地帮助我们解决了许多具体问题。

　　由于水平有限,书中难免存在某些疏漏和错误,敬请读者指正,读者如需与作者联系,可发邮件至: huangsling@tsinghua.edu.cn。

作　者

2015 年 1 月

于清华园

目　录
CONTENTS

X ◀▮▮ **虚拟仪器设计教程**

虚拟仪器基础

传统的电子仪器如示波器、电压表、频率计,是具有特定功能和仪器外观的测试设备,随着电子、计算机和数字信号处理技术在测量领域中的广泛应用,仪器的概念与设计理论也发生了巨大的变化,以计算机技术为基础的新的测试方法如虚拟仪器(virtual instrumentation,VI)受到了越来越多的关注。本章主要介绍虚拟仪器的概念,软、硬件系统的组成以及虚拟仪器的设计方法。

1.1 虚拟仪器的概念

虚拟仪器的概念最早是美国国家仪器公司(National Instruments Corporation,NI)于20世纪70年代提出,NI公司提出了口号"软件就是仪器",即强调了软件在虚拟仪器中的作用,指出了虚拟仪器与主要通过硬件实现各种功能的传统仪器的不同。传统仪器把所有软件和测量电路封装在一起,利用仪器前面板为用户提供一组有限的功能。而虚拟仪器系统提供的则是完成测量或控制任务所需的所有软件开发环境和硬件设备,功能完全由用户自定义。虚拟仪器系统的价格通常比传统仪器低很多。虚拟仪器在测量任务需要改变时具有更大的灵活性,节省成本。总体来说,虚拟仪器是由计算机硬件资源、模块化仪器硬件和用于数据分析、通信等功能具有图形用户界面的软件组成的测控系统,是一种计算机操纵的模块化仪器系统。

1.1.1 仪器控制

仪器控制的功能是把实际存在的仪器和设备与计算机连接起来协同工作,同时还可以根据需要延伸和拓展仪器的功能。仪器控制要想顺利进行,要求仪器本身支持和计算机的通信功能,仪器和计算机之间存在适当的连接通路,计算机在硬件上支持该连接通路,而且在计算机上应含有实现仪器控制的程序。多数仪器都有适当的通信接口引出端,用于与计算机之间的通信。仪器和计算机之间的连接通路有很多标准接口可以使用,包括 GPIB、串口线等。如果使用 GPIB 电缆进行连接,则一般要求计算机上有 GPIB 卡;如果采用串口进行连接,则可以直接利用计算机上的串口。在安装了适当的硬件驱动程序之后,使用软件开发环境都可以建立仪器控制程序。相对应于开放、标准化的虚拟仪器硬件模块,虚拟仪器的软件系统也需要具有开放的、统一的格式与标准。1993 年 9 月 22 日 VXIplug&Play 系统联盟成立,虚拟仪器软件构架 VISA 是 VXIplug&Play 系统联盟的重要工作成果之一,它定义了新一代 I/O 接口的软件规范。其 VPP-4.3 规范提供了 VISA 库的标准,VPP-4.3.2～4 定义了文本编程语言、G 语言和 COM 组件中实现 VISA 的参考规范。目前,VPP 规范已被广大的仪器生产厂家所接受和使用。

1.1.2 数据采集

数据采集是虚拟仪器的重要组成部分,要将数据采集到计算机里,并对其进行合理的组织,需要构建一个完整的数据采集系统。它包括传感器和变换器、信号调理设备、数据采集卡(或装置)、驱动程序、硬件配置管理软件、应用软件和计算机等。使用不同的传感器和变换器可以测量不同的物理量,并将它们转化成电信号;信号调理设备可对采集到的电信号进行加工,使它们适合数据采集卡等设备的需求;计算机通过数据采集卡获得测量数据;软件则控制整个测量系统,告诉采集设备什么时候从哪个通道获取数据,同时还对原始数据做分析处理。数据采集系统本身虚拟了一台完整的仪器。

1.2 虚拟仪器的硬件系统

计算机是虚拟仪器硬件平台的核心,虚拟仪器充分发挥计算机的作用,具有强大的数据分析和处理能力,可创造出功能更多、更强的测量或测控仪器及其系统,用户可根据自己的实际需求,自主构建新的虚拟仪器。

然而,虚拟仪器的突出成就不仅可以利用计算机组建灵活的虚拟仪器,更重要的是它可以通过各种不同的接口总线结合不同的接口硬件来组建不同规模的自动测试系统。根据所使用硬件系统和总线方式的不同,虚拟仪器的硬件系统可以分为 PC-DAQ 系统、GPIB 系统、VXI/PXI/LXI 系统、串口系统、现场总线系统等。

1. PC-DAQ 系统

PC-DAQ 系统是一个具有仪器特征的数据采集系统。该系统借助插入计算机 ISA 或 PCI 总线卡槽内的具有信号调理、数据采集、图像采集的硬件板/卡,与如 LabVIEW、LabWindows/CVI 或通用编程工具 Visual C++ 和 Visual Basic 相结合,可实现具有电压测量、示波器、频率计、频谱仪等多种功能的仪器。

该硬件系统组成的虚拟仪器具有性价比高的优点,但是该类虚拟仪器受计算机机箱结构和总线类型的限制,并且存在电源功率不足、机箱内噪声电平较高、插槽数目较少以及机箱内无屏蔽等缺陷,该类虚拟仪器曾有 ISA、PCI 和 PCMCIA 三种总线,现今应用广泛的为 PCI 总线。

2. GPIB 系统

GPIB 系统是一类仪器控制系统。GPIB(general purpose interface bus)总线也称为 HPIB 或 IEEE 488 总线,其技术最初是由 HP 公司于 20 世纪 70 年代提出的,该类虚拟仪器是虚拟仪器与传统仪器结合的典型例子。

典型的 GPIB 系统由一台计算机、一块 GPIB 接口卡和若干台 GPIB 总线仪器通过 GPIB 电缆连接而成。在标准配置下,一块 GPIB 接口卡可连接 14 台仪器,电缆长度可达 40m。

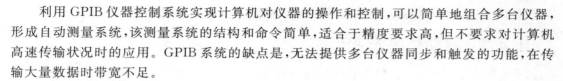

利用 GPIB 仪器控制系统实现计算机对仪器的操作和控制,可以简单地组合多台仪器,形成自动测量系统,该测量系统的结构和命令简单,适合于精度要求高,但不要求对计算机高速传输状况时的应用。GPIB 系统的缺点是,无法提供多台仪器同步和触发的功能,在传输大量数据时带宽不足。

3. VXI/PXI/LXI 系统

VXI/PXI/LXI 是一类模块化的仪器系统,每种仪器均为计算机的一个插件,通过计算机显示屏幕作为仪器面板。

VXI(VMEbus extensions for instrumentation)总线技术是一种高速计算机 VME 总线在仪器领域的扩展应用,该总线电源稳定,冷却能力较强,且具有严格的 PFI/EMI 屏蔽。VXI 总线的出现将高级测量与测试设备带入模块化领域,尤其在组建大、中规模的自动测量系统,具有非常大的优势。然而,VXI 总线对机箱、零槽管理器、嵌入式控制器有一定的要求,成本较高,目前已逐渐退出市场。

PXI(PCI extensions for instrumentation)总线技术是在 PCI 总线内核技术基础上增加了成熟的技术规范和要求而形成的,包括多板同步触发总线技术的同时,增加了局域网总线用于相邻模块之间的高速通信。该总线具有高度的可扩展性,包括 8 个扩展槽,通过使用 PCI-PCI 桥接器,可扩展到 256 个扩展槽,传输速率可达到 132Mb/s。对于多机箱系统,则可利用 MXI 接口进行连接,PXI 系统是现今应用较多的一类模块化虚拟仪器系统。

LXI(LAN extensions for instrumentation)总线技术是继 GPIB、VXI/PXI 技术之后,基于以太网络技术,由中小型总线模块组成的新型仪器平台。LXI 总线技术提供了基于 Web 的人机交互和程序接口,模块采用自集成和标准化设计,使系统搭建更为方便灵活,具备灵活的仪器驱动程序和编程接口,以支持仪器的互换性、互操作性和软件的可移植性。因此,LXI 系统逐渐成为虚拟仪器系统的发展方向。

4. 串口系统

串口式虚拟仪器系统是利用 RS-232 总线、USB 通用串行总线和 IEEE 1394 总线等计算机提供的标准总线,解决采用 PCI 总线的虚拟仪器需要打开机箱进行插拔卡操作及受卡槽数目限制的问题。

RS-232 串口总线是传统的串口总线方式,主要用于仪器控制。USB 通用串行总线和 IEEE 1394 总线具有传输速率高、可以热插拔、联机使用方便等特点,其中 IEEE 1394 高速串行总线,数据传速率可以达到 400Mb/s,用于虚拟仪器组件的自动测试系统,具有更好的发展前景。

5. 现场总线系统

现场总线(field bus)是一个网络通信标准,用于现场仪表与控制系统和控制室之间的一种全分散、全数字化的智能双向、多变量、多点、多站的通信系统,其可靠性高,稳定性好,抗干扰能力强,通信速率快,造价低,维护成本低,具有广阔的市场前景。

1.3 虚拟仪器的软件系统

软件系统是虚拟仪器技术中最重要的组成部分,软件系统主要用于实现对数据的读取、分析处理、显示以及对硬件的控制等功能,使用正确的软件工具并通过设计或者调用相应的程序模块,工程师们可以高效地建立直观的、友好的人机交互界面。

1.3.1　驱动程序和 API

驱动程序是一种可以使计算机和设备通信的特殊程序,相当于硬件的接口,这一接口实现了对硬件的控制,假如某设备的驱动程序未能正确安装,便不能正常工作。NI-DAQmx 是 NI 公司提供的控制着 DAQ 数据采集系统的驱动程序,实现从配置、NI LabVIEW 编程到底层操作系统和设备控制,通过具有即测即用功能的虚拟通道和 DAQ 助手快速收集实际数据,利用测量 VI、函数、数据类型和分析功能集成,建立应用程序,借助优化的 DMA 数据传输和单点 I/O,测试更快、更稳定。

API(application programming interface)是一些预先定义的函数模块,它为应用程序与软件开发人员提供了基于某软件或硬件的访问一组例程的能力,却不需要访问源代码,且不需要理解其内部工作机制的细节。API 是操作系统提供的一组函数模块,通常以库的形式存在,供用户调用,所以,API 代码可能完全是用户空间代码,也有的 API 调用了系统调用。

1.3.2　虚拟仪器开发环境

构造一个虚拟仪器系统,基本硬件确定后,即可通过不同虚拟仪器开发环境实现不同的功能。虚拟仪器开发环境的选择,因开发人员的喜好不同而不同。但是,无论哪种开发环境,都必须给用户提供界面友好、功能强大的应用程序。虚拟仪器开发环境为用户设计虚拟仪器应用软件提供了最大限度的方便条件。

目前的虚拟仪器开发环境主要分为两大类,一类是文本式编程语言;另一类是图形化编程语言。文本类编程语言包括 Visual C++ 配合 NI 的 Measurement Studio、NI 公司的 LabWindows/CVI 等;图形化的编程语言包括 Agilent 的 HP-VEE 和 NI 公司的 LabVIEW。其中最具代表性的虚拟仪器开发环境为 LabWindows/CVI 和 LabVIEW,这两种开发环境均涵盖仪器控制、通信、数据分析的丰富的数据库,对图形用户界面有良好的支持,且操作简单。

1.3.3　自定义的测量和测试程序

随着测量种类的增多与测试功能的复杂化,普通的功能测试台已经无法实现一些特殊的功能测试(如音频、视频测试等),虚拟仪器利用高效灵活的软件开发环境可以实现各种自定义的测量、测试程序,创建完全自定义的用户界面,全方位地满足用户的测量和测试需求。

1.4　LabVIEW 简介

LabVIEW(Laboratory Virtual Instrumentation Engineering Workbench)于 1992 年由美国国家仪器公司(NI 公司)推出,是用于设计虚拟仪器的一种图形化的编程语言工具,人机界面友好,功能函数库丰富、强大,被世界各国的工业界、科研机构和高校等广泛认同,是多种虚拟仪器设计工具软件中最成功的一种。经过 20 多年不断改进和完善,现在已发展至 2014 版本,本书所介绍的内容正是针对该版本。

LabVIEW 是目前国际上唯一基于数据流的编译型图形编程环境,在测控领域具有越来越大的影响,该软件已广泛应用于航空、航天、通信、电力、汽车、电子半导体、生物医学等众多领域,奠定了 NI 在虚拟仪器方面的领导地位。

LabVIEW 把复杂、烦琐、费时的传统文本编程语言的编程方式简化成"用图标提示的方法选择功能块、用线条将各种功能块连接起来"的编程方式。用户利用 LabVIEW 编程,就好像在"绘制"程序流程图。LabVIEW 面向的是广大普通工程师而非编程专家,已经成为目前应用最广、发展最快、功能最强、最流行的虚拟仪器开发平台。

总体来说,LabVIEW 编程语言具有以下特点:

(1) 图形化的编程语言。LabVIEW 实现了仪器控制与数据采集的图形化编程,设计者可在计算机屏幕上创建图形化的用户界面并编写程序,不需要编写文本形式的代码。

(2) 连接功能和仪器控制。LabVIEW 提供了大量的面向测控领域应用的函数库,如面向数据采集的 DAQ 库函;面向分析的高级分析库,可进行信号处理、统计、曲线拟合以及复杂的分析工作;多种易用控制,如按钮、滑尺、二维和三维图形等。

(3) 开放式编程环境。LabVIEW 提供了与动态链接库(DLL)、动态数据交换(DDE)、ActiveX 软件等的开放式链接。第三方厂商提供了大量的外部代码与仪器驱动机制,使用户可以更轻松地使用他们的产品。

(4) 强大的通信与数据存储功能。LabVIEW 具有强大的网络连接功能,支持常用网络协议,如 TCP/IP、OPC,便于用户开发各种网络测控、远程虚拟仪器系统。提供了广泛的数据存储方式,如 SQL 数据库连接和 XML 数据存储格式。

(5) 支持多平台运行。LabVIEW 应用程序具有源程序级别的可移植性,编译生成的可执行程序能够在 Windows 8、Windows 7、Vista、嵌入式 NT、XP、Mac OS、Sun Solaris 与 Linux 等平台下,脱离 LabVIEW 开发环境运行。

(6) 数据分析功能强大。LabVIEW 具有各种高级分析功能库、信号处理工具套件、声音和振动工具包、阶次分析工具包等,可以完成复杂的分析和信号处理工作。

(7) 成本低。采用 LabVIEW 可以开发出功能齐全的虚拟仪器,且开发成本要远远低于购买传统商用仪器的成本。

1.5 虚拟仪器设计方法

虚拟仪器的设计方法和步骤与传统仪器有较大的差别,这主要是由于软件的作用在虚拟仪器中被大大加强了。同样,由于虚拟仪器的软件和硬件有着紧密的关系,因而虚拟仪器应用软件的开发与一般的软件开发也有较大差别。总体上看,虚拟仪器的设计更像一般的测控系统设计。

虚拟仪器设计的步骤和过程如下。

1.5.1 确定虚拟仪器的类型

由于虚拟仪器的种类较多,不同类型的虚拟仪器其硬件结构相差较大,因而在设计时必须首先确定虚拟仪器的类型。虚拟仪器类型的确定主要考虑以下几方面:

(1) 被测对象的要求及使用领域。用户设计的虚拟仪器首先要能满足应用要求,要能更好地完成测试任务。例如,在航空航天领域,对仪器的可靠性、快速性、稳定性等要求较高,一般需要选用 PXI 总线型的虚拟仪器,而对普通实验室用的测试系统,采用 PC-DAQ 型的虚拟仪器即可满足要求。

(2)系统成本。不同类型的虚拟仪器其构建成本是不同的,在满足应用要求的情况下应结合系统成本来确定仪器的类型。

(3)开发资源的丰富性。为了加快虚拟仪器系统的研发,在满足测试应用要求和系统成本要求的情况下,应选择有较多软、硬件资源支持的仪器类型。

(4)系统的扩展和升级。由于测试任务的变换或测试要求的提高,经常要对虚拟仪器进行功能扩展和升级。因此,在确定仪器类型时,必须要考虑这方面的问题。如在进行 VXI 总线仪器设计时,在选择机箱的时候,要考虑硬件板卡的扩槽数。

(5)系统资源的再用性。由于虚拟仪器系统可根据用户要求进行定制,因而同样的硬件经不同的组合,再配合相应的应用软件,便可实现不同的功能,因此要考虑系统资源的再用性。

1.5.2　选择合适的虚拟仪器软件开发平台

当虚拟仪器的硬件确定后,就要进行硬件的集成和软件开发。在具体选择软件开发平台时,要考虑开发人员对开发平台的熟悉程度、开发成本等。尽管目前 LabVIEW 是越来越多的人的首要选择,但仍然存在其他的可选对象,特别是如果你必须使用的硬件与 LabVIEW 的衔接有困难时。

1.5.3　开发虚拟仪器应用软件

根据虚拟仪器要实现的功能确定应用软件的开发方案。应用软件不仅要实现期望的仪器功能,还要设计出生动、直观、形象的仪器“软面板”,因此软件开发人员必须与用户沟通,以确定用户能接受和熟悉的数据显示和控制操作方式。

1.5.4　系统调试

系统调试主要包括硬件调试和软件调试。在调试方法上,可以首先用仿真方式或利用模拟现场信号的方式进行调试,然后再利用真实信号进行调试。当系统的功能被确认满足设计要求时,调试过程结束。

1.5.5　编写系统开发文档

编写完善的系统开发文档和技术报告、使用手册等。这些对日后进行的系统维护和升级,以及指导用户了解仪器的性能和使用方法等均具有重要意义。

1.5.6　测量＝采集＋计算

现代测量与传统测量已经有很大区别,现在可以说测量就是采集加计算,计算机正在测量中发挥着越来越大的作用,信号处理和算法的研究可能也会越来越重要,这是读者应该注意的。

第 2 章

LabVIEW 基础

2.1　启动 LabVIEW

从开始菜单里运行 National Instruments LabVIEW 2014，在计算机屏幕上将出现如图 2-1 所示的欢迎窗口。

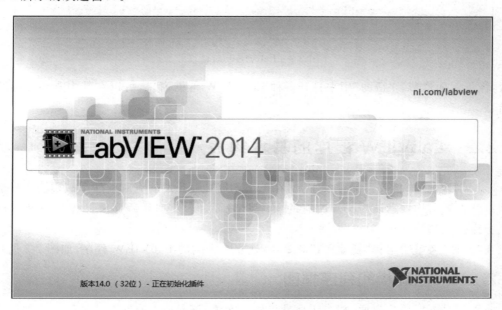

图 2-1　LabVIEW 欢迎窗口

之后将自动进入如图 2-2 所示的 LabVIEW 对话框。

选择左边"创建项目"，在"模板"选项栏中，"项目"用于集合 LabVIEW 文件和非 LabVIEW 文件、创建程序生成规范以及在终端部署或下载文件；VI 用于建立一个新程序，用户可以以这些模板为基础建立自己的程序。"范例项目"中包含"有限次测量"、"连续测量和记录"、"反馈式蒸发冷却器"等。

通过右边"打开现有文件"可以打开最近编辑过的各种 LabVIEW 文件。

在图 2-2 的左上角有四个下拉菜单："文件"用于新建或打开各种 LabVIEW 文件；"操作"用于连接远程前面板，以及调试应用程序或共享库；"工具"用来对 LabVIEW 进行各种

图 2-2　LabVIEW 对话框

配置,详见后面章节;"帮助"用来打开各种 LabVIEW 帮助窗口,可以在其中查阅详细的帮助信息。

2.2　LabVIEW 程序的基本构成

LabVIEW 是虚拟仪器的开发工具,在 LabVIEW 中开发的应用程序都被称为 VI(虚拟仪器),其扩展名均被默认为 vi。所有的 VI 都包括前面板窗口、程序框图窗口以及图标和连线板窗格三部分。

在"文件"菜单中选择"新建 VI"命令,将建立一个空的 LabVIEW 程序,如图 2-3 所示。

2.2.1　前面板和程序框图

前面板是图形用户界面,相当于标准仪器的面板,该界面上有交互式的输入控件和输出显示控件。输入控件包括开关、旋钮、按钮等;输出显示控件包括波形图、波形图表、指示灯等。

程序框图是 VI 程序的图形化源代码,相当于标准仪器箱内的功能部件。在框图中对 VI 编程的主要工作,就是从前面板上的输入控件获得用户输入信息,然后进行计算和处理,最后,在输出控件中把处理结果反馈给用户。框图上的编程元素除了包括与前面板上的输入控件和输出显示控件对应的连线端子外,还有函数、子 VI、常量、结构和连线等。

下面举例说明前面板、框图与各种 LabVIEW 对象的关系。

在"文件"菜单中选择"新建"→"基于模板"→"使用指南(入门)"→"生成和显示"命令,打开这个模板 VI 作为程序举例。前面板窗口如图 2-4 所示。

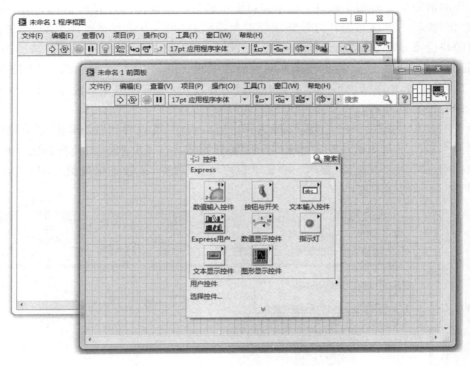

图 2-3　新建的空白 LabVIEW 程序

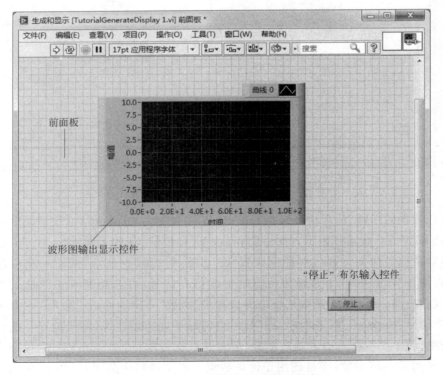

图 2-4　生成和显示模板 VI 的前面板窗口

本例的前面板上有两个控件：位于窗口中上部的波形输出控件和位于右下角的布尔类型的"停止"按钮。可以为控件打开默认设置为隐藏的标签，方法是在控件上单击鼠标右键，在弹出的快捷菜单里选择"显示项"→"标签"命令。波形显示控件的标签为"波形图"，"停止"按钮的标签为"停止"。标签与文本编程语言中的变量名相似，用于标识 LabVIEW 中的对象。LabVIEW 允许两个不同对象具有相同的标签，但是应该尽量避免这种情况，否则在编写代码时很容易混淆。

单击工具条左边第 1 个白色箭头按钮开始运行程序，可以看到"波形图"显示控件中显示出程序生成的正弦信号波形；单击"停止"按钮则程序停止运行。前面板是用户界面，程序的源代码在框图上。选择"窗口"→"显示程序框图"命令，或按下快捷键 Ctrl＋E，就能打开如图 2-5 所示的框图窗口。

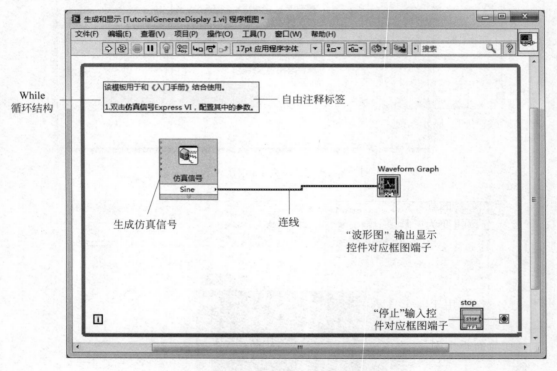

图 2-5　生成和分析模板 VI 的框图窗口

淡蓝色背景的函数"仿真信号"，在 LabVIEW 中被称为 Express VI(快速 VI)。这种 VI 是从 LabVIEW 7.0 版本开始引入的。Express VI 和传统 VI 的不同之处，在于它的参数配置是通过对话框完成的。通过对话框配置 VI 功能，可以减少连线，从而加速程序开发工作。"仿真信号"Express VI 完成的功能是生成仿真信号，可选类型有正弦波、方波、三角波、锯齿波和直流。该 VI 在函数选板中的位置是"函数"→Express→"输入"→"仿真信号"。

"仿真信号"Express VI 和"波形图"显示控件端子之间的连线，用于把产生的仿真信号数据传送给"波形图"端子，前者是数据源，后者是数据传送目标。LabVIEW 程序中的每一条连线不仅用于连接对象，而且还用于传送数据。框图窗口中的 Waveform Graph 和 stop 对象分别对应前面板中的"波形图"输出控件和"停止"按钮。

2.2.2　前面板和程序框图工具条

通过前面板和框图窗口工具条上的工具按钮可以快速访问一些重要的功能。在编辑状态下,前面板工具条如图2-6中第一行所示。

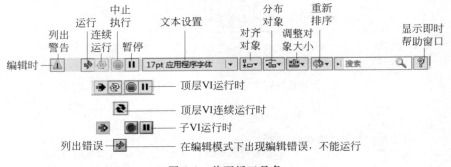

图2-6　前面板工具条

通过"列出警告"按钮可打开"错误列表"窗口,在该窗口中,可以查看警告信息。该按钮出现有两个需要满足的前提条件:一个是程序本身产生了警告信息;另一个是在"错误列表"窗口中选中了"显示警告"复选框。

如果程序没有错误,单击"运行"按钮后程序进入执行状态;单击"连续运行"按钮将使程序反复运行,一般用于代码调试等特殊情况;"中止执行"按钮用于强制停止程序运行,一般在程序编写和调试阶段使用。在编写程序时,应使用适当的程序元素控制程序结束,同时,保证释放必要的程序资源;"暂停"按钮用于暂时停止程序运行,程序暂停时该图标变为红色,且运行按钮变为弹起状态。此时,再单击"运行"按钮或"暂停"按钮,都可以恢复程序的运行。

"文本设置"下拉列表用于设置各种界面元素中的文本字体。

"对齐对象"用于将前面板或框图上多个选中对象在某一规则下对齐。可用的对齐选项如图2-7所示。在前面板上对齐控件,可使用户界面美观;对齐框图窗口上的控件接线端、函数和子VI会使程序代码易读。

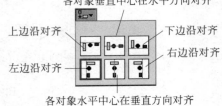

图2-7　"对齐对象"下拉列表

"分布对象"用于改变多个被选对象之间的分布方式,可以是等距、等间隔或者为无间隔分布等,如图2-8所示。

"调整对象大小"用于将前面板上多个选中对象调整为相同大小,可以以某一个对象为基准;也可以通过对话框输入所要调整的大小,如图2-9所示。

"重新排序"用于组合对象、锁定对象位置以及改变对象纵深层次和叠放次序。这一工具在组织前面板对象时非常有用。

"显示即时帮助窗口"用于显示"即时帮助"信息。关于"即时帮助"窗口的详细介绍见2.5节。

框图工具条与前面板工具条比起来,增加了"高亮显示执行过程"、"保存连线值"和实现

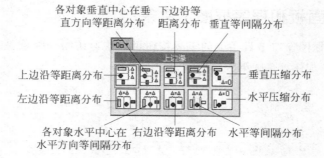

图 2-8 "分布对象"下拉列表

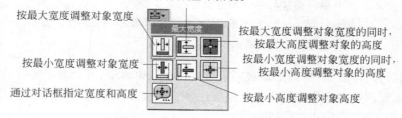

图 2-9 "调整对象大小"下拉列表

单步运行功能的三个按钮。增加这些功能,都是为了方便用户调试程序,如图 2-10 所示;而其他按钮的功能则与前面板工具条中的相同。

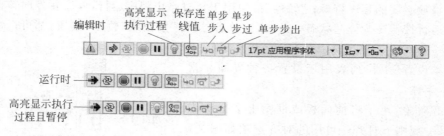

图 2-10 框图工具条

单击"高亮显示执行过程"按钮后,图标由白色灯泡变为发亮的黄色灯泡,此时单击"运行"按钮,程序将开始加亮执行,即以动画的形式执行程序。在这种执行方式下,数据以气泡的形式沿着节点之间的连线流动。

"保存连线值"被打开时,LabVIEW 会保存程序执行过程中每个节点的数据值,此时在连线处放入探针,会立即获得通过该连线的最新数据值。

程序正常运行时,单步运行功能是被禁用的,只有单击"暂停"按钮后,才可使单步功能变为可用。也可以直接在编辑模式中单击单步功能按钮,进入单步运行模式。

"单步步入"打开一个节点后暂停,再次单击该按钮,将执行子 VI 或结构的下一步操作,然后又暂停程序执行。该功能的快捷键为 Ctrl+↓。"单步步过"执行一个节点后,在下一个节点处暂停,其快捷键为 Ctrl+→。"单步步出"的功能是结束执行当前节点后暂停,其快捷键为 Ctrl+↑。

2.2.3 图标和连线板

VI 具有层次化和结构化的特征。一个 VI 可以作为另一个 VI 的子程序被调用,这里的子程序被称为子 VI。图标用于在主 VI 的框图中标识被调用的子 VI。连线板相当于图形化的子程序参数。默认情况下,在框图和前面板窗口的右上角显示的是当前 VI 的图标,可通过双击该图标进入编辑状态。在新建的 VI 中,LabVIEW 会自动生成默认图标。连线板和图标窗格位于前面板的右上角,图标窗格同时存在于程序框图的右上角,可以通过双击访问连线板窗格。

2.3 LabVIEW 的选板

LabVIEW 提供了三种选板:工具选板、控件选板和函数选板。控件选板含有前面板用到的所有控件,包括输入控件和显示控件。

2.3.1 工具选板

LabVIEW 的工具选板如图 2-11 所示。

工具选板提供了用于创建、修改和调试 VI 程序的各种工具。如果该选板不可见,则在"查看"菜单下选择"工具选板"命令可以显示该选板。LabVIEW 2014 中文版本默认选中的工具是顶端的"自动选择工具",单击该按钮或单击其他任一工具,将取消该工具的选择,按下 Tab 键或者 Shift+Tab 键将恢复该工具的选中状态。初学时可以不使用"自动选择工具",而在该选板上手动选择需要的工具,这样更容易入手一些。但是,当熟悉了每种工具的功能之后,建议使用"自动选择工具",因为使用"自动选择工具"可以提高 VI 的编辑速度。当从工

图 2-11 工具选板

具选板内选择了其他任何一种工具后,鼠标箭头就会变成与该工具对应的形状。当鼠标在工具图标上停留 2s 后,会弹出提示框以说明该工具的用途。

工具选板上的可选工具列在表 2-1 中。

表 2-1 工具选板上的可选工具

序号	图标	名称	功 能
1		自动选择工具	如果该工具处于选中状态,在前面板和框图中的对象上移动鼠标指针时,LabVIEW 会根据鼠标指针下对象类型和位置的不同而自动选择合适的工具
2		操作值	用于操作前面板的输入控件和显示控件。使用它向数字或字符串控件中输入值时,鼠标指针会变成编辑文本工具
3		定位/调整大小/选择	用于选择、移动对象或改变对象的大小。当用于改变对象的大小时,鼠标指针会变成各种方向的箭头形状

续表

序号	图标	名称	功　　能
4		编辑文本	用于输入标签或标题说明的文本或者创建自由标签
5		进行连线	用于在框图上连线及在前面板建立控件与连线板端子的关联。把该工具放在任一条连线上，会在"即时帮助"窗口显示连线的数据类型
6		对象快捷菜单	使用该工具在对象上单击鼠标左键，可以弹出对象的快捷菜单
7		滚动窗口	使用该工具可以不需要使用滚动条而在窗口中漫游
8		设置/清除断点	使用该工具可在VI的框图对象（子VI、函数、节点、连线和结构）上设置断点
9		探针数据	可在程序框图的连线上设置探针。通过探针窗口来观察连线上的数据变化状况。必须在数据流过之前设置探针
10		获取颜色	使用该工具提取颜色，用于编辑其他对象的颜色
11		设置颜色	用来给对象定义颜色，包括对象的前景色和背景色

在"自动选择工具"没有选中时，如果当前窗口是前面板，按 Tab 键，可使选中工具在"操作值"、"定位/调整大小/选择"、"编辑文本"和"设置颜色"之间按顺序循环切换；如果当前窗口是框图窗口，按 Tab 键，将使选中工具在"操作值"、"定位/调整大小/选择"、"编辑文本"和"进行连线"之间按顺序循环切换。

按下 Shift＋鼠标右键，可以弹出临时的工具选板，这样就可以把浮动的工具选板窗口关闭，只有需要切换工具时才弹出临时选板，以选择新的工具。

2.3.2　控件选板

只有打开前面板时，才能显示控件选板，如图 2-12 所示。

如果控件选板不可见，可以选择"查看"→"控件选板"命令以使其显示出来，也可以在前面板上单击鼠标右键，弹出临时控件选板。

控件选板用来给前面板添加各种输入控件和输出显示控件。在默认状态下，各种输入控件和

图 2-12　控件选板

输出显示控件按类型分组。图标右上角的黑色三角,表明该图标为一个子选板,还需要打开子选板再对其中具体的控件进行进一步选择。

表 2-2 给出了"新式"控件选板上各图标所代表的子选板功能的简单描述。

表 2-2　"新式"控件选板中子选板的功能

序号	图标	子选板名称	功　　能
1		数值	数值对象用于输入和显示数值。可创建滑动杆、滚动条、旋钮、转盘和数值显示框
2		布尔	各种布尔输入控件和显示控件,包括按钮、开关和指示灯
3		字符串与路径	用于创建文本字符串输入和输出显示控件、文件路径输入和显示控件
4		数组、矩阵与簇	用来创建数组、矩阵与簇
5		列表、表格	用于向用户提供表格或列表
6		图形	以图形化的方式显示数据
7		下拉列表与枚举	用来创建字符串列表和枚举类型控件
8		容器	可用于组合控件,或在当前 VI 的前面板上显示另一个 VI 的前面板
9		I/O	可将所配置的 DAQ 通道名称、VISA 资源名称和 IVI 逻辑名称传递至 I/O VI,与仪器或 DAQ 设备进行通信
10		变体与类	用来与变体和类数据进行交互
11		修饰	用于修饰前面板
12		引用句柄	用于对文件、目录、设备和网络连接进行操作

2.3.3　函数选板

只有打开了框图窗口,才能显示函数选板。函数选板如图 2-13 所示。

函数选板里有创建程序框图需要的对象,该选板上的每一个顶层图标都表示一个子选板。若函数选板不出现,则可以选择"查看"→"函数选板"命令打开它,也可以在框图窗口单击鼠标右键,弹出临时函数选板。

表 2-3 中简单描述了"编程"选板上各图标所代表的子选板的功能。

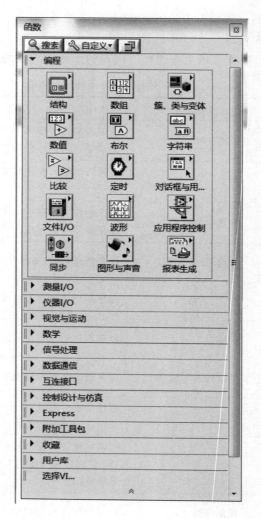

图 2-13　函数选板

表 2-3　函数选板中子选板的功能

序号	图标	子选板名称	功　能
1		结构	实现程序的控制
2		数组	用于创建和使用数组
3		簇、类与变体	用于创建和使用簇，可将 LabVIEW 数据类型转换为变体，也可将变体转换为 LabVIEW 的数据类型
4		数值	用于创建和执行算术功能，对数据进行复杂的数学操作
5		布尔	用来对单个布尔常量或布尔数组进行逻辑运算

续表

序号	图标	子选板名称	功　能
6		字符串	用于连接两个或更多的字符串,抽取字符串子集,将数据转换为字符串,以及格式化字符串以便进行文本处理或电子表格应用
7		比较	用来比较布尔量、字符串、数值、数组或者簇
8		定时	用来控制程序执行的速率以及从计算机时钟上获取时间信息
9		对话框与用户界面	用来创建、操作对话框
10		文件 I/O	用于打开或关闭文件,向文件写入或读取字符串、数值、数组或簇,进行路径操作
11	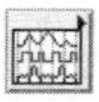	波形	用于创建含有波形值、通道信息和时间信息的波形文件,设置和获取波形属性和波形成分
12		应用程序控制	通过本地计算机或网络控制 VI,可同时控制多个 VI
13		同步	同步执行并行任务
14		图形与声音	可显示自定义图像,输入、输出图形文件的数据,也可播放声音
15		报表生成	创建或操作 LabVIEW 报表文件

2.3.4　选板操作

LabVIEW 中的"控件选板"和"函数选板"都是按层次组织的,默认情况下,以鼠标左键单击进入某一个子选板时,将会用该子选板替换原来的选板。

图 2-14 所示为"控件选板"和"函数选板"的工具条。工具条按钮从左到右分别为"搜索控件或函数"和"自定义"。

如果拖动改变了选板的大小,工具条上还会出现第三个按钮"恢复选板大小",如图 2-15所示。单击"恢复选板大小"按钮,将使选板恢复到默认的大小。

图 2-14　控件和函数选板工具条 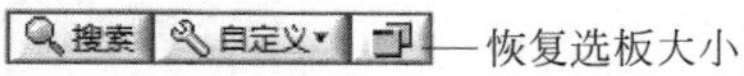　　　　图 2-15　"恢复选板大小"按钮

单击选板工具条上的"搜索"按钮,选板切换为搜索选板,如图 2-16 所示。在工具条下面的文本框中输入欲查找的控件或函数的关键字,搜索结果列表会随着关键字的输入不断更新。双击搜索结果列表中的内容,将使选板切换回普通模式并且定位到目标对象(控件、函数或节点)。

在前面板和框图窗口单击鼠标右键,可以弹出临时的控件选板和函数选板。在临时选板中,鼠标指针在子选板图标上短暂停留,就会自动弹出子选板窗口,此情况下子选板不会

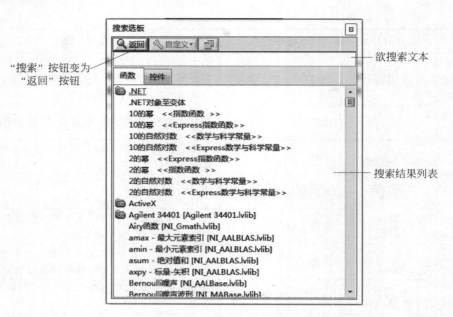

图 2-16　搜索控件或函数

替换上一层选板。

　　单击临时控件选板或函数选板左上角的图钉按钮,可以把临时选板转换为浮动窗口。通过这种方法,可以打开任意多个控件选板或函数选板窗口。单击临时子选板左上角的图钉按钮后,形成的选板浮动窗口工具条中多了一项"返回所属选板"按钮,如图 2-17 所示。

返回所属选板 —↑ 🔍搜索 🔍自定义▼

图 2-17　浮动子选板固定后的工具条

　　"返回所属选板"按钮用于返回上一层选板;利用该按钮,还可以实现快速跳转。在"返回所属选板"按钮上按下鼠标左键不放开,稍后会弹出选板列表菜单,在其中列出了从选板最上层到当前位置的路径上所有选板的名称,单击其中任何一个选板名称,即可快速跳转到该选板。在图 2-18 给出的示例中,"返回所属选板"按钮弹出菜单的内容表示从顶层"函数选板"到当前"定时结构"子选板的路径为"函数"→"编程"→"结构"→"定时结构",选择最下面的"函数",即可快速跳回顶层的"函数选板"。

图 2-18　使用"返回所属选板"按钮弹出菜单在选板中跳转

2.4　LabVIEW 的基本数据类型

和许多高级编程语言一样,LabVIEW 中有一些预定义的基本数据类型,具有这些数据类型的数据只能作为一个整体来对待,不能拆分开进行操作,比较典型的有浮点数、布尔量和字符串。基本数据类型是使用 LabVIEW 编写程序的基础,也是构成复合数据类型的基石。本节将简单介绍数值和布尔数据类型,以及在这两种数据类型上所能进行的一些操作。关于字符串和其他数据类型,将在后面的章节介绍。

2.4.1　数值数据类型

数值数据类型可以分为浮点数、整数和复数(实部和虚部都是浮点数)三种基本形式,从这三种基本形式可以衍生出更多的具体数值类型。表 2-4 给出了 LabVIEW 提供的所有数值数据类型。其中,第 1 列为数值数据类型的输入控件在框图上的端子图标,第 2 列为数值数据类型名,第 3 列为数值数据类型在存储器中存储时占用的位数,最后一列给出了相应类型所能表示的数据范围。

表 2-4　数值数据类型

框图端子图标	数值数据类型名	存储位数	数值范围
SGL	单精度浮点数	32	最小正数 1.40e−45,最大正数 3.40e+38, 最大负数−1.40e−45,最小负数−3.40e+38
DBL	双精度浮点数	64	最小正数 4.94e−324,最大正数 1.79e+308, 最大负数−4.94e−324,最小负数−1.79e+308
EXT	扩展精度浮点数	128	最小正数 6.48e−4966,最大正数 1.19e+4932, 最大负数−6.48e−4966,最小负数−1.19e+4932
CSG	单精度浮点复数	64	实部和虚部分别与单精度浮点数相同
CDB	双精度浮点复数	128	实部和虚部分别与双精度浮点数相同
CXT	扩展精度浮点复数	256	实部和虚部分别与扩展精度浮点数相同
I8	带符号字节(Byte)整数	8	−128～127
I16	带符号字(Word)整数	16	−32 768～32 767
I32	带符号长整数	32	−2 147 483 648～2 147 483 647
I64	带符号长整数	64	−9.223372e+18～9.223372e+18
U8	无符号字节整数	8	0～255
U16	无符号字整数	16	0～65 535
U32	无符号长整数	32	0～4 294 967 295
U64	无符号长整数	64	0～1.8446744e+19

此外,LabVIEW 从 8.5 版本起增加了定点数据类型(FXP)。定点数据类型是一种以二进制数(又称"位")表示一组有理数的数值数据类型。与浮点数据类型不同,定点型数据允许 LabVIEW 使用代表数据的总比特数有所变化,对于定点数,可配置为总是使用固定数量的比特数。只能储存和处理限定或固定数量比特数据的硬件和终端,也可以存储和处理定点数据,且可指定定点数据的范围和精度。

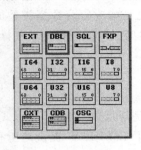

图 2-19　数值输入控件快捷菜单的"表示法"子菜单

一般情况下,前面板上数值类型的输入控件或显示控件可以被指定为表 2-4 所示的任意数值数据类型。例如,把"控件选板"→"数值"上的"数值输入控件"添加到前面板上时,其数据类型为双精度浮点数。在这个数值输入控件或其框图端子上弹出快捷菜单,"表示法"子菜单的选项如图 2-19 所示。DBL 选项方框边缘的粗线框,表示数值输入控件的当前数据类型是双精度浮点数,在这个子菜单上进行选择,可以改变数值输入控件的数值数据类型。

在图 2-20 中,标签为"数值"的数值输入控件原来的数值数据类型为双精度浮点数,在"表示法"子菜单中选择 I32 选项后,就变为了带符号长整数数值数据类型。

数值数据类型的 LabVIEW 对象有两种,一种是前面板上的数值输入控件和数值显示控件;另一种是框图上的数值常量。数值类型控件的完整列表在"控件选板"→"数值"子选板上。不同外观的数值控件在编程上没有任何实质的区别,设置众多外观不同的数值控件,仅仅是为了增强虚拟仪器面板的视觉效果。例如,在图 2-21 中给出了从"控件选板"→"数值"子选板上添加的三种不同的数值显示控件,"数值"用于一般的数值显示;"量表"模拟了实际仪器的表盘,可以用于各种物理量的显示;"温度计"则通常只用于温度数据的显示。这三种数值显示控件在框图编程上没有任何区别。

双精度浮点数　　带符号长整数

图 2-20　改变数值输入控件的数值数据类型

图 2-21　数值显示控件的三种表现形式

在数值显示控件上弹出的快捷菜单如图 2-22 所示。这个快捷菜单中的第一项即"显示项"子菜单,给出了数值输入控件可以添加的所有附加元素的开关选项列表,其中的"标签"选项表示显示控件的标签;"标题"选项表示控件的标题;"单位标签"为自定义单位标签;"基数"表示数值显示所使用的进制,打开之后,在数值输入控件的增、减量按钮右边和数值输入区左边将出现进制选择按钮,按钮上的 d 标记表示默认为十进制,单击该按钮后将弹出进制选择菜单,在其中进行选择,可以改变输入控件的表示进制;"增量/减量"选项表示增、减量按钮。

"查找接线端"选项用于从前面板定位输入控件的框图端子,在框图端子上弹出的快捷

菜单里,该选项为"查找输入控件",可以用来从框图定位前面板
上的输入控件。

"转换为显示控件"选项把输入控件变为显示控件,对于显
示控件,该选项为"转换为输入控件"。

"说明和提示…"选项打开"说明和提示"对话框,在这里,可
以定义输入控件的"说明"(会出现在"即时帮助"窗口中)和"提
示"(在运行时出现在鼠标移动到该控件上时显示的提示框中)。

"创建"子菜单给出了可以为数值输入控件建立的几种特殊
程序对象:"局部变量"、"属性节点"、"引用"和"调用节点"。部
分特殊对象的用法将在第 10 章介绍。对于输入控件的框图端
子,该菜单下还有"转换为常量"选项,用于建立以输入控件当前
值为初始值的同类型数值常量。

图 2-22   数值输入控件
快捷菜单

"替换"子菜单是一个临时控件选板,可以在该临时选板中
选择其他控件,以代替当前数值输入控件。

"数据操作"子菜单中,"重新初始化为默认值"选项把数值
输入控件还原为默认值;"当前值设为默认值"选项把当前值设
置为默认值;"剪切数据"、"复制数据"和"粘贴数据"选项则用于在数值控件之间复制数据。

选择"高级"子菜单下的"快捷键"选项可打开如图 2-23 所示的"快捷键"选项卡,在其中
能为输入控件指定快捷键。

图 2-23   用于定制控件快捷键的"快捷键"选项卡

图 2-23 中,"选中"选项区域里的下拉列表给出了可用的按键,包括功能键 F1～F12、Delete、Home 和 Esc 等。选中下拉列表中的某个选项之后,"组合键"标签下的两个复选框变为可用,"Shift 键"和"Ctrl 键"分别指定是否在快捷键组合中添加 Shift 和 Ctrl 键。"增量"选项区域里的下拉列表为控件分配一个增量快捷键,与"选中"下拉列表的功能键内容相同;且"组合键"与"选中"选项区域内的"组合键"功能也相同;"增量并选中"复选框将增量快捷键同时定义为该控件的选中快捷键。"减量"选项区域与"增量"选项区域相对应,故不再细说。"现有绑定"文本框中列出了当前 VI 中已经定义好的快捷键,如果在这个列表中选中某个已有快捷键,该快捷键将被赋予当前控件,同时取消该快捷键和原控件的关联。在"Tab 键动作"选项区域内定义控件对 Tab 键的响应情况。在程序运行时按下 Tab 键,输入焦点将在控件之间按顺序循环切换。默认情况下,除了不可见控件之外的所有控件都能接受 Tab 键的焦点切换操作。如果选中"Tab 键动作"选项区域内的"按 Tab 键时忽略该控件"复选框,则当前控件将不允许 Tab 键把焦点切换到该控件上。

"高级"菜单下的"同步显示"用于显示每一次更新;"自定义…"选项用于在当前输入控件的基础上自定义控件;"运行时快捷菜单"包括两个子菜单——"禁用"选项表示禁止运行时显示快捷菜单,"编辑"选项可以自定义运行时的快捷菜单;"隐藏输入控件"把当前控件隐藏掉;"启用状态"子菜单下的三个选项定义控件的启用状态。

数值输入控件快捷菜单的最后一个菜单项"属性",用于打开对象的属性对话框,如图 2-24 所示。

图 2-24　数值输入控件的属性对话框

每个前面板输入控件和显示控件都具有与之关联的属性对话框。属性对话框是按照选项页组织的,例如在图 2-24 所示的属性对话框中有"外观"、"数据类型"、"数据输入"、"显示格式"、"说明信息"、"数据绑定"和"快捷键"共 7 个选项卡。前面介绍过的很多快捷菜单选项都能在这里找到,在快捷菜单里和在属性对话框里定制这些控件属性和参数没有任何区别。例如"外观"选项卡中,"标签"区域的"可见"复选框定义标签的可见状态,等同于快捷菜单的"显示项"子菜单下的"标签"选项。

选择数值输入控件快捷菜单里的"数据输入"和"显示格式"选项,将分别对应打开图 2-24 所示属性对话框的"数据输入"和"显示格式"选项卡。在"数据输入"选项卡里,可以定义数值输入控件的默认值、具体的数值数据类型以及允许的数值范围。在"显示格式"选项卡里,可以定义和修改数值的表示格式。

各种数据类型的前面板输入控件和显示控件都有各自的属性对话框,尽管这些属性对话框的内容可能略有不同,但它们的组织方式和使用方法都相同。

在输入控件和显示控件的框图端子上打开的快捷菜单里,"显示为图标"菜单项默认为打开状态,也就是说,向前面板添加输入控件和显示控件时,在框图上生成的端子显示为包含控件外形的方形图标。取消该菜单项的选中状态,将使得端子恢复为传统的显示方式,在这种方式下,只能从端子了解到控件的数据类型,而无法了解控件的具体种类和外形。例如在图 2-25 中,左边为打开"显示为图标"选项后的数值输入控件端子;右边为关闭该选项后的输入控件端子。

图 2-25　控件端子的两种显示方式

数值常量在"函数选板"上的位置是"函数选板"→"编程"→"数值"→"数值常量"。添加到框图上的数值常量默认为带符号长整数类型(I32),在快捷菜单的"表示法"子菜单内进行适当的选择,可以把数值常量设置为其他数值数据类型。可以为数值常量手工输入任意数值,在程序运行过程中该数值不能改变,而且数值常量和其他类型的 LabVIEW 常量一样,只能作为数据源出现在框图上。此外,在"函数选板"→"编程"→"数值"→"数学与科学常量"选板上,有其他预定义好的重要数值类型常量可供使用,如 π(Pi)、e(e)等。

对数值类型的对象可以进行的操作都位于"函数选板"→"编程"→"数值"子选板上,如"加"、"减"、"乘"、"除"、"加 1"等。"函数选板"→"数学"→"基本与特殊函数"→"三角函数"子选板上给出了所有三角函数,"函数选板"→"数学"→"基本与特殊函数"→"指数函数"子选板上则给出了所有指数和对数函数。

2.4.2　布尔数据类型

布尔数据类型只有"真"和"假"两种取值。布尔类型的控件在"控件选板"→"新式"→"布尔"子选板上。

布尔输入控件和显示控件的快捷菜单内容与数值输入控件基本相同,故这里不再详细介绍。

布尔类型常量"真常量"和"假常量"都在"函数选板"→"编程"→"布尔"子选板上。使用操作工具单击布尔常量,可以把布尔常量值取反。例如在图 2-26 中,真常量被改为假常量。

真常量 ——— **T**　　　**F** ——— 假常量

图 2-26　使用操作工具改变布尔常量值

　　布尔输入控件的一个重要属性是机械动作,正确配置布尔输入控件的这一属性,将有助于更精确地模拟物理仪器上的开关器件。在布尔输入控件的快捷菜单里,"机械动作"子菜单中给出了所有可用的机械动作选项,如图 2-27 所示,但对于布尔显示控件,该菜单项被禁用。在图 2-27 中,出现在"单击时转换"选项方框边缘的粗线框,表示该选项为布尔输入控件当前使用的机械动作。这些菜单选项图例中使用了特殊的标记,其中 m(motion) 及其右侧的图形表示鼠标左键在布尔输入控件上的操作动作;v(value) 及其右侧的图形表示输入控件包含的布尔值的变化情况;第 2 行的机械动作图例中的 RD(read) 及其右侧图形表示 VI 读取布尔输入控件的时间点。

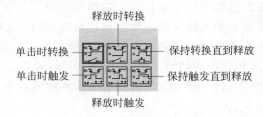

图 2-27　布尔输入控件的机械动作

　　表 2-5 中给出了布尔输入控件的 6 种机械动作的说明。

表 2-5　布尔输入控件的 6 种机械动作

机械动作图例	机械动作名称	动作说明
	单击时转换	按下鼠标时改变值,并且新值一直保持到下一次按下鼠标为止。类似电灯开关。与 VI 读取无关
	释放时转换	按下鼠标时值不变,释放鼠标时改变值,并且新值一直保持到下一次释放鼠标为止。与 VI 读取无关
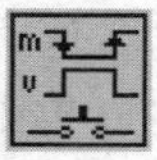	保持转换直到释放	按下鼠标时改变值,保持新值直到释放鼠标时为止。类似门铃按钮。与 VI 读取无关
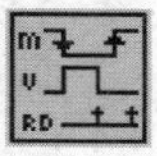	单击时触发	按下鼠标时改变值,保持新值直到被 VI 读取一次为止
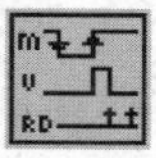	释放时触发	释放鼠标时改变值,保持新值直到被 VI 读取一次为止。类似对话框和操作系统的按钮
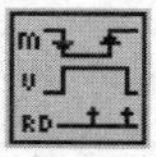	保持触发直到释放	按下鼠标时改变值,保持新值直到释放鼠标后新值被 VI 读取一次时为止

在 general\controls\booleans.llb 中的 Mechanical Action of Booleans.vi 中给出了布尔输入控件的机械动作使用示例。

在布尔输入控件的属性对话框的"操作"选项卡里,也可以设置机械动作,而且还有详尽的说明和动作效果预览。

对布尔数据进行的操作位于"函数选板"→"编程"→"布尔"子选板上。典型的布尔数据操作包括与、或、非和异或等,这些操作函数大都比较简单,这里不做过多介绍。"函数选板"→"编程"→"比较"子选板上的各种比较操作一般也返回布尔值。

在程序框图上,包括简单和复合数据类型在内的各种数据类型都有自己的特征颜色,该特征颜色表现在输入控件和显示控件的框图端子以及数据连线上。表 2-6 中给出了常见数据类型的连线样式和特征颜色。数组和簇类型都是复合数据类型,相关内容在第 5 章介绍。

表 2-6　各种数据类型的连线样式和特征颜色

端子图标	数据类型名称	连线样式和特征颜色
	数值类型	——————(浮点类型橙色,整型蓝色)
	布尔类型	·············(绿色)
	字符串类型	～～～～～(紫色)
	数组类型	—————— ══════ ━━━━━ (分别为一维、二维和三维数组,颜色随元素数据类型而变化)
	簇类型	▨▨▨▨▨(元素都是数值数据类型,棕色) ▦▦▦▦▦(元素不都是数值数据类型,紫色)

2.5　获取帮助

在 LabVIEW 的使用过程中,学会查找文档和帮助是非常重要的。开发 LabVIEW 程序的过程中,经常要使用的两种帮助资源分别是"即时帮助"(上下文帮助)和"LabVIEW 帮助"(详尽的 LabVIEW 帮助)。

如果"即时帮助"窗口没有打开,访问"即时帮助"的方法是选择"帮助"菜单下的"显示即时帮助"选项(快捷键 Ctrl+H),或者单击前面板或框图工具条最右侧的问号按钮。再次按下这些菜单选项、快捷键或工具条按钮,"即时帮助"窗口将被隐藏。

把鼠标指针移到前面板或框图的某些对象上,LabVIEW 就会在"即时帮助"窗口中给出基本的帮助信息。含有"即时帮助"帮助信息的对象包括子 VI、函数、常量、结构、选板、属性、方法、事件和对话框组件。

　　图 2-28 以对应于"搜索替换字符串"VI 的"即时帮助"窗口帮助信息为例加以说明。窗口上部列出 VI 的图标名称,从连线颜色可看出各个端子的数据类型。如果某输入端子有默认的输入参数,该默认值会在名称后面的括号中给出。名称以普通字体显示的端子是推荐连接的端子;以加粗字体显示的是必须连接的端子;灰色字体显示的是可选端子。默认情况下,在"即时帮助"窗口只显示必须连接和推荐连接的端子,可选端子仅以短线段表示。例如,示例中的"替换字符串"等端子都是推荐连接的端子;"偏移量"端子有默认值 0;"输入字符串"和"搜索字符串"是必须连接的端子。图标上方的三根短线表明有三个可选连接的端子已经隐藏。

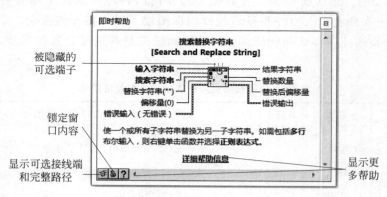

图 2-28　默认的"即时帮助"窗口

　　图标上面是 VI 名,示例中为"搜索替换字符串"。图标下面是简单的帮助和描述信息。如果有进一步的帮助可供查阅,还会给出"详细帮助信息"链接,可以单击打开 LabVIEW 帮助中的相关页。

　　"即时帮助"窗口左下角有三个按钮,从左到右分别是"显示可选接线端和完整路径"、"锁定"和"详细帮助信息"。"显示可选接线端和完整路径"按钮用于显示那些隐藏端子。"锁定"按钮用于锁定"即时帮助"窗口中的帮助内容暂不变化。锁定后,窗口标题变为"锁定即时帮助","锁定"按钮变为"解锁"。"详细帮助信息"按钮仅在存在详细帮助时可用。在图 2-29 中给出了调整设置之后的"即时帮助"窗口示例。

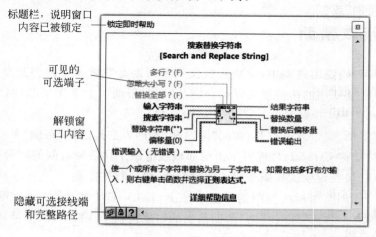

图 2-29　改变设置后的"即时帮助"窗口

选择"帮助"菜单下的"LabVIEW 帮助"命令,将打开如图 2-30 所示的"LabVIEW 帮助"窗口。这是一份十分详尽的 LabVIEW 参考和帮助手册,LabVIEW 使用过程中的几乎所有问题都可以在这里找到答案。"即时帮助"窗口中的"详细帮助信息"链接就指向"LabVIEW 帮助"中的相关条目。打开该窗口的快捷键是 F1 或 Ctrl+?。

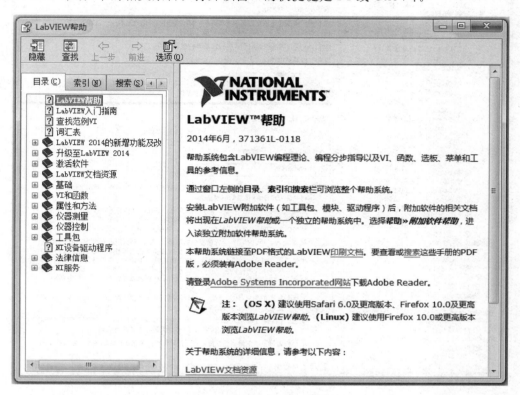

图 2-30　"LabVIEW 帮助"窗口

"LabVIEW 帮助"和 LabVIEW 开发环境的集成与交互非常紧密。在图 2-31 中给出了对应于 DAQmx 读取 VI 的帮助窗口。这是一个多态 VI,在框图中,该 VI 图标上弹出快捷菜单并选择"帮助"或者在该 VI 对应的"即时帮助"窗口单击"详细帮助信息"链接,都可以打开"LabVIEW 帮助"并定位到此 VI 的帮助页。在具体帮助页的选择一个实例下拉列表中可以选择不同的多态 VI 实例,选中一个实例后,"LabVIEW 帮助"窗口将自动滚动到该实例的帮助信息处。

单击"在程序框图上放置"按钮,可以自动切换回框图窗口并建立一个新的 DAQmx 读取 VI 的调用。单击"在函数选板上查找"按钮,将自动切换回框图窗口并在"函数选板"上定位并凸显 DAQmx 读取 VI。

LabVIEW 的其他文档以 pdf 格式存在。选择"帮助"菜单下的"搜索 LabVIEW 帮助"命令,在"LabVIEW 帮助"界面中选择"LabVIEW 文档资源",可以打开 pdf 格式的帮助文档的索引页。在这里,可以找到"LabVIEW 入门指南"、"LabVIEW 快速参考指南"、"LabVIEW 基础"、"LabVIEW 发行说明"和"LabVIEW 升级说明"等有用的文档资源,读者可以根据需要查阅。

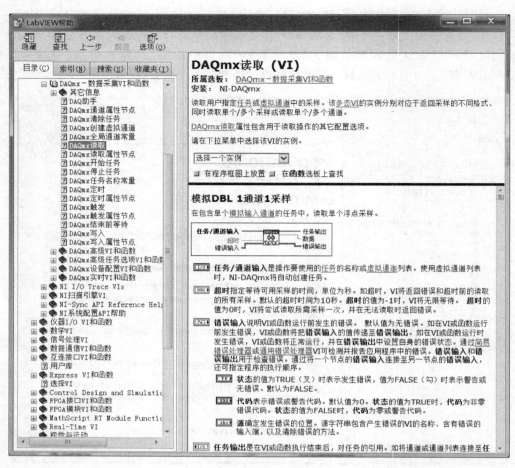

图 2-31　DAQmx 读取 VI 对应的 LabVIEW 帮助信息

第 3 章

VI 创建、编辑和调试

3.1 创建一个 VI

这里创建一个简单的 VI，其功能是求两个双精度浮点数的平均值。

（1）单击 LabVIEW 对话框中的"创建项目"→VI，先建立一个空白 VI。

（2）在前面板上创建两个数值输入控件和一个数值显示控件，并分别命名为 A、B 和"结果"。程序运行后 A 和 B 的平均数显示在"结果"中。

打开"控件选板"，定位到"新式"→"数值"子选板，单击"数值输入控件"，此时鼠标指针变为手形。移动鼠标指针到前面板上，则可以看到手形的鼠标指针下出现虚线的控件轮廓。同时，前面板工作区也被虚线包围，表示单击鼠标左键时控件将被放置到前面板上。移动鼠标指针到合适的位置单击鼠标左键，完成"数值输入控件"的放置。该操作过程如图 3-1 所示。如果建立了容器型控件并向其中加入子控件，则需注意，放置子控件时，必须在容器控件周围出现虚线时单击鼠标左键。"数值输入控件"放置到前面板上后，控件标签"数值"自动选中，直接输入 A，即把这个数值输入控件改名为 A，输入后，在前面板其他任何位置单击鼠标左键，完成了标签的编辑。重复以上，建立另一个"数值输入控件"B。仿照以上步骤，定位到"新式"→"数值"→"数值显示控件"，把"数值显示控件"放置在前面板上，命名为"结果"。

（3）按下 Ctrl＋E 键，或者选择"窗口"→"显示程序框图"命令打开框图窗口，如图 3-2 所示，可以看到前面板的三个控件在框图上已有对应的端子。前面板控件的框图端子上都标有指向右边的小箭头，输入控件端子的箭头标在右侧，表示数据从这里流入框图；显示控件端子的箭头标在左侧，表示框图上的数据从这里流入端子。

（4）添加加法和除法运算函数。向程序图窗口添加函数的过程和添加前面板控件相似，这里不再赘述。加法函数和除法函数的位置在"函数选板"→"编程"→"数值"子选板上。添加两个函数后框图窗口如图 3-3 所示。

（5）建立连线，完成程序。图 3-4 说明了在框图上从 A 端子开始定义连线的方法。这里使用默认的工具模式，即自动选择工具。把鼠标指针移动到 A 端子白色箭头附近，鼠标指针自动切换为连线工具的式样，同时白色箭头附近小矩形区域出现闪烁，此时单击鼠标左键开始连线。如果已经明确指定当前工具为连线工具，则单击 A 端子上的任意位置都可以开始连线。连线开始后，随着鼠标指针的移动，将会在连线源（A 端子）和指针之间出现流

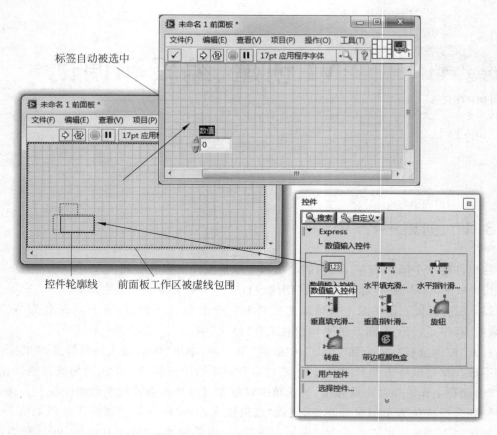

图 3-1 把输入控件放置到前面板上

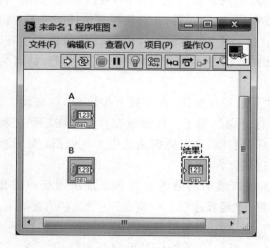

图 3-2 框图窗口

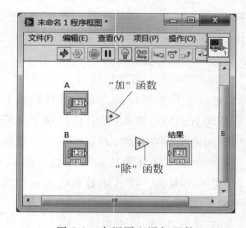

图 3-3 在框图上添加函数

动的虚线,表明连线的路径。鼠标指针移动到加法函数左上角连线区域,如果指针指向的区域发生闪动,同时出现显示输入参数名称 x 的提示框,则表明已经到达了正确的连线位置,单击鼠标左键完成连线。仿照以上步骤,在输入量 B 和加法函数的 y 输入端子、加法函数

的 x+y 输出端子和除法函数被除数 x 端子以及除法函数 x/y 输出端子和"结果"之间建立
连线。在除法函数 y 端子上单击鼠标右键弹出快捷菜单,选择"创建"→"常量"添加双精度
浮点常量作为函数的 y 输入参数。常量初始值 0 被自动选中,直接输入 2,然后确认。最终
程序框图如图 3-5 所示。按下 Ctrl+E 键回到前面板窗口,在 A、B 中填入两个任意数字,单
击运行按钮,观察计算得到的平均数。把程序保存为"平均数.vi"。

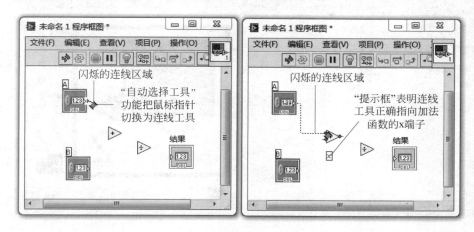

图 3-4　定义连线起点和终点

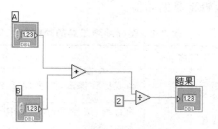

图 3-5　求解平均数的 VI 程序框图

3.2　子 VI

LabVIEW 中的子 VI,相当于文本编程语言中的函数、过程和子程序,是可以被其他 VI
调用的 VI。给 VI 定义图标和连线板后,就可以作为子 VI 进行调用。调用的方法是在框图
窗口打开时,选择"函数选板"→"选择 VI..."、然后在弹出的"选择需打开的 VI"对话框中定
位所要调用的子 VI,将其双击打开后,就可以像 LabVIEW 内置的 VI 和函数一样放在框图
上。下面介绍如何构建 VI 的图标和连线板。

3.2.1　创建和编辑图标

每个 VI 在前面板和框图窗口的右上角都显示了一个默认的图标。创建和编辑图标的
工作在图标编辑器中完成。启动图标编辑器的方法有:①用鼠标右键单击前面板窗口或者
框图窗口右上角的默认图标,在弹出的快捷菜单中选择"编辑图标..."命令;②直接双击图
标窗格;③选择"文件"→"VI 属性"命令打开"VI 属性"对话框,在"类别"下拉列表中选择

"常规"项,然后单击"编辑图标…"按钮。

    图 3-6 所示是图标编辑器窗口,可以用窗口右边的各种编辑工具设计图标编辑区中的图标。左边"模板"为 VI 图标提供模板;"图标文本"可以为 VI 图标添加文字,并调节文字大小与位置;"符号"为 VI 图标提供常用符号;"图层"用来对用户图层进行管理。

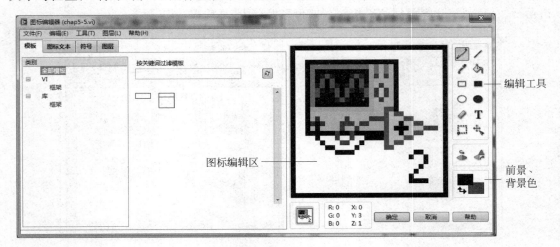

图 3-6   图标编辑器

    表 3-1 中列出了图标编辑工具的功能。

表 3-1   图标编辑工具的功能

序号	图标	名称	功　能
1	✏	铅笔	画或擦除像素,按住 Shift 键并拖动,可以画水平和竖直线
2	╱	线条	画直线,按住 Shift 键并拖动,可以画水平、竖直和对角线方向直线
3	✎	颜色复制	提取颜色并复制给前景色,复制完成后自动切换回前一工具
4	🖌	填充	用前景色填充有边框的区域
5	▭	矩形	用前景色绘制矩形,双击时用前景色给整个图标加框
6	▬	实心矩形	用前景色绘制矩形,同时用背景色填充,双击时用前景色给整个图标加框,用背景色填充
7	○	椭圆	用前景色绘制椭圆,双击时用前景色给整个图标加框
8	●	实心椭圆	用前景色绘制椭圆,同时用背景色填充,双击时用前景色给整个图标加框,用背景色填充
9	✎	橡皮擦	擦除已画像素
10	T	文本	输入文本,双击该工具选择字体。文本处于选中状态时可以使用方向键移动文本
11	⬚	选取	选取某一矩形区域以进行剪切、复制和移动,双击,则选中整个图标

续表

序号	图标	名称	功　能
12		工具	移动已有图标,按住后移动鼠标,将已有图标移动到所需位置
13		前景、背景色	显示当前前景色和背景色,单击打开颜色选择器,可以在其中改变颜色

3.2.2　定义连线板

图标是子 VI 在程序框图上的图形化表示,连线板则定义了子 VI 和主程序之间的参数接口。

定义连线板的方法是:用鼠标左键单击连线板上的接线端,再单击所要连接的控件,连线板对应接线端的颜色从白色变为黄色,即实现连线板的定义。

在连线板窗格上弹出快捷菜单,选择"模式"子菜单,子菜单中一共列出了 36 种不同的预定义连线板模式,如图 3-7 所示。预定义的连线板模式一般可以满足设计要求,如果预定义的模式与所需不完全符合,可以选择一个与所需最接近的模式,然后在其上修改完成设计。在快捷菜单里选择"添加接线端"命令,将在鼠标指针所在端子附近增加一个端子;选择"删除接线端"命令,将把鼠标指针所在端子删除掉。可以有未定义连接关系的多余端子存在。

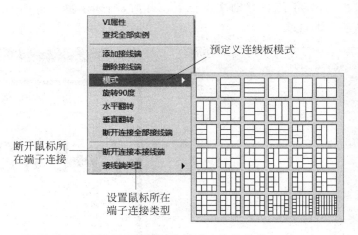

图 3-7　连线板窗格弹出快捷菜单

图 3-7 中给出的连线板窗格快捷菜单选项中,"旋转 90 度"、"水平翻转"、"垂直翻转"用于对整个连线板窗格进行转动和翻转操作;"断开连接全部接线端"用于把已经连接好的端子都断开;"断开连接本接线端"把弹出快捷菜单时鼠标指针所在位置端子的连接断开;"接线端类型"子菜单用于指定端子类型。这里的最后两个选项,在鼠标指针所在端子与前面板上的控件关联后才能使用。

定义好连线板模式后,还需要把前面板上的控件和连线板窗格的端子关联起来。把鼠标指针放在连线板中某个未连接的端子(白色)上,鼠标指针自动变换为连线工具的指针样式。单击选中的端子,该端子会变为黑色。然后,单击前面板的控件(输入控件或显示控件),控件方框边缘出现的虚线框表示控件处于选中状态,同时连线板端子变为选中控件的数据类型的颜色,表示关联成功。一般习惯把输入控件连接到连线板窗口左边的端子上,把显示控件连接到连线板窗口右边的端子上。

确定了某个端子和控件的连接关系后,就可以通过快捷菜单的"接线端类型"子菜单指定端子的连接类型。对于输入端子,"接线端类型"的可选项有"必须"、"推荐"和"可选"。如前所述,必须连接的端子在"即时帮助"中用粗体表示,调用子 VI 时必须有输入数据连线与之连接,否则程序出现错误无法运行;推荐连接的端子在"即时帮助"中以普通字体显示,可以不连接;可选连接的端子在"即时帮助"中被默认为隐藏,相应端子以灰色字体显示。输出端子不允许被指定为"必须"类型,因为子 VI 使用者有权不使用其输出数据。

3.2.3 创建子 VI 举例

在第 3.1 节中建立了一个求解两数的平均数的 VI,在这一节里,把这个 VI 改造为可供其他 VI 调用的子 VI。

1. 编辑图标

打开"平均数.vi",在前面板或框图窗口的图标窗格上双击打开图标编辑窗口。将前景色(线条颜色)设置为蓝色,背景色设置为白色,双击"实心矩形"工具,使用蓝色前景色给图标编辑区域加框,同时使用白色背景色作为填充色。选中"文本"工具,在图标中间位置写下"(a+b)/2"。在单击鼠标之前(文本处于活动态)可以使用方向键调节文本的位置,一旦单击了其他工具或按钮,就不能再移动文本位置。此时,图标编辑窗口如图 3-8 所示。单击"确定"按钮确认所做的修改。

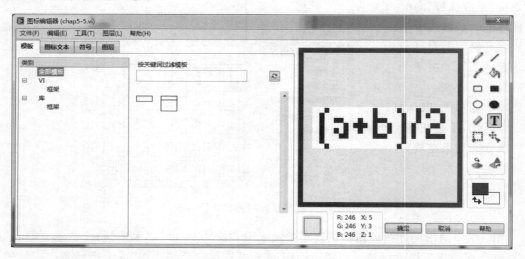

图 3-8　求平均数子 VI 的图标编辑窗口

2. 建立连线板

在前面板双击打开连线板窗格。选择左 2 右 1 的三端子连线板模式。把鼠标指针移动到连线板窗格的左上端子处单击鼠标,端子变黑,表明该端子已被选中。然后单击数值输入控件 A,连线板端子变为橙色,表明端口和 A 控件连接成功。重复这一步骤,把连线板的左下和右侧端口分别连接到 B 和"结果"控件上。在左边的两个端口上分别弹出快捷菜单并选择"接线端类型"子菜单下的"必须"命令。至此,连线板建立完毕。

3. 调用子 VI

在"函数选板"上选择"选择 VI…",在对话框中选中刚才建立好并保存在硬盘上的子 VI,将其像其他 LabVIEW 函数一样放置到框图上。

在图 3-9 中给出了调用求平均数子 VI 的例子。A 和 B 数值输入控件为子 VI 提供输入数据,子 VI 的调用结果在标签为"结果"的数值显示控件中返回。

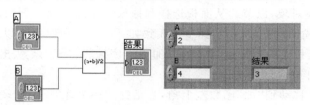

图 3-9 子 VI 调用示例

3.3 VI 编辑技术

3.3.1 创建对象

创建前面板和框图对象的最基本方法,就是从"控件选板"和"函数选板"分别向前面板和框图上拖放对象。在第 2 章已经举例说明了在前面板和框图内放置对象的基本操作过程,这里补充几个操作技巧。

从"函数选板"向框图上添加函数和子 VI 时,在默认状态下,会启动"自动连线"功能,表现为拖动函数或子 VI 时,粘在手形鼠标指针下的对象是函数和子 VI 的图标。把这些对象放置到框图上时,LabVIEW 将试图把对象的端子和附近的最佳匹配的其他端子自动连在一起。在拖动对象的过程中按下空格键,可以关闭此对象的自动连线功能,此时,在手形鼠标指针下仅显示虚线轮廓框。再次按下空格键,将恢复自动连线功能。图 3-10 给出了自动连线功能示例,默认情况下,LabVIEW 探测到附近有整型常量数据可以与"加"函数的 x 端子相匹配,于是在整型常量和 x 端子之间建立临时连线,如果把函数放置在框图上连线将正式确立。如果在放置函数前按下空格键将临时关闭自动连线功能,LabVIEW 不会再试图建立自动连线。选择"工具"→"选项…"命令打开"选项"对话框,在左侧的"类别"列表中选择"程序框图",通过"启用自动连线"复选框可以设置是否允许自动连线。

放置"加"函数时默认　　　　　　　　　按下空格键临时关闭
打开自动连线功能　　　　　　　　　　自动连线功能

图 3-10 向框图添加函数时的自动连线功能

从"函数选板"向框图上放置对象时,也需要注意目标区域的虚线框是否出现。围绕整个框图工作区的虚线框表示将把对象加入到框图上;围绕程序结构(循环、顺序和选择等)内边缘的虚线框,表示将把对象加入到相应的程序结构内。图 3-11 所示为向 While 循环结构中加入整型常量对象的情况。

虚线框表示整型常量被加入到循环结构中

图 3-11 向循环结构内加入整型常量

将"函数选板"上的 Express VI 放置到框图上后,一般会自动弹出相应的配置对话框,可以在此时指定 Express VI 配置参数。

除了从"控件选板"上选择添加控件外,还可以从框图上直接创建控件。在框图上的端子和数据连线上单击鼠标右键,从弹出的快捷菜单里选择"创建"→"输入控件"命令或"创建"→"显示控件"命令,就可以在前面板上创建适当类型的输入控件和显示控件。选择"创建"→"常量"命令,可以在框图上快速建立合适类型的常量。在建立 VI 的过程中,可以经常采用这种方法创建对象,以节约从面板选择和拖放对象的时间。例如,建立一个把输入数字加 2,将加法结果输出的简单 VI。其步骤大致如下:

(1)选择工具面板上的自动选择工具以加快程序编辑。把"函数选板"→"编程"→"数值"→"加"添加到框图窗口中。

(2)把鼠标指针移动到"加"函数左上角,当指针切换为连线工具、端子出现闪烁并且出现 x 提示框时,表明鼠标指针正位于"加"函数的 x 输入端子上。按下鼠标右键,在弹出的快捷菜单里选择"创建"→"输入控件"命令。该操作在前面板上创建数值输入控件的同时,在框图上将输入控件端子和"加"函数的 x 端子连在一起。数值输入控件的标签被选中,可以直接输入修改标签内容。该过程如图 3-12 所示。

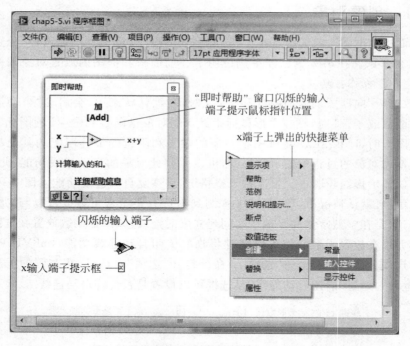

图 3-12　在框图上利用端子快捷菜单快速创建前面板输入控件

(3)利用同样的办法,在"加"函数的 y 端子上弹出快捷菜单,选择"创建"→"常量"命令,LabVIEW 自动在框图上生成数值常量,且选中其数值编辑区,常量初始值为 0,直接输入数值 2 作为其常量值,然后单击工具条最左边的对号按钮确认所做修改。单击框图任何空白区域或者按下数字小键盘上的回车键,同样可以完成对数值修改的确认。

(4)同样,从"加"函数的输出端子快捷菜单建立显示控件,此时程序如图 3-13 所示。

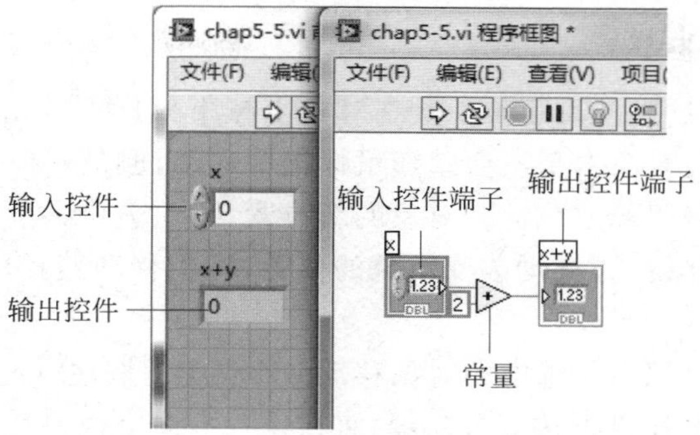

图 3-13　从框图上建立前面板控件和框图常量

（5）按下 Ctrl＋E 键切换到前面板窗口，在 x 中输入某一个数字，单击运行按钮，将在 x＋y 中看到输入值加 2 后的结果。通过这种方法为前面板和框图增加对象，要比从选板中选择快很多。

3.3.2　选择对象

移动、复制和删除等编辑操作一般要针对被选中的对象进行，所以选取对象是 VI 编辑的重要环节。选取对象时，需要确定当前选中的工具是定位工具（"定位/调整大小/选择"），或者单击"自动选择工具"按钮，由 LabVIEW 在鼠标位置合适时自动选择定位工具。

如果选择了定位工具，当鼠标指针位于对象上时，单击鼠标就可以完成选取工作；如果单击自动选择工具按钮，则需要观察鼠标指针的变化情况，只有变成定位工具的指针时，才能单击对象完成对象选取。被选中的对象方框边缘将出现流动的虚线选取框。如果想同时选择多个对象，按住 Shift 键的同时，使用定位工具逐个单击所要选取的对象。选择多个对象的另一种更快捷的方法是用鼠标左键拖曳出一个选择框，落在框内的所有对象都将被选中。在图 3-14 中给出了选取多个对象的示例。

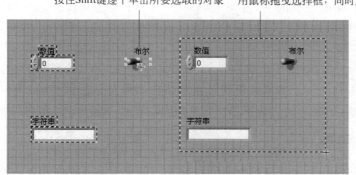

图 3-14　同时选择多个对象的方法

如果有对象被选中，单击一个没有选中的对象或空白区域，将取消已有的所有选择。另外，不能同时选中前面板和框图上的对象。

3.3.3　移动对象

移动对象的基本方法是使用定位工具在对象上按下鼠标不放,拖动对象到目标位置后松开鼠标。在此过程中,对象本身不会跟随鼠标指针移动,但是一个具有对象轮廓的虚线框将随鼠标指针移动,以表明释放鼠标时对象的新位置。

如果先按住了 Shift 键,再拖动改变对象的位置,将把移动路径限制在水平或者竖直方向上。

按一下方向键,可以把当前选中的对象移动一个像素;按住方向键,将重复移动直到松开方向键为止。按下 Shift 键再按下方向键,将在这一方向上快速移动当前选中的对象。

3.3.4　复制和删除对象

复制对象,要求先选中所有需要复制的对象,然后选择"编辑"→"复制"命令或按下 Ctrl＋C 快捷键,再选中目标位置,选择"编辑"→"粘贴"命令或按下 Ctrl＋V 快捷键完成复制操作。在同一个 VI 中复制前面板输入控件或显示控件,将自动在原控件标签后添加适当的数字序号以构成新控件的标签;在不同 VI 前面板间复制输入控件或显示控件时,如果目标VI 中没有相同的标签,将保持控件的原有标签。

与复制对象相似的操作是克隆对象。克隆对象的操作是选中所有需要克隆的对象,按住 Ctrl 键不放开,拖动对象到目标位置松开鼠标,然后放开 Ctrl 键。克隆对象在很多情况下和复制对象完全相同,所不同之处在于:对于框图上的局部变量和属性节点(有关局部变量和属性节点请参见第 10 章),复制操作会建立新的前面板输入控件和显示控件,而克隆操作仅为前面板控件建立新的局部变量或属性节点。

欲删除对象,同样要求先选中想要删除的对象,然后选择"编辑"→"删除"命令完成删除操作。也可以按下 Back Space 键或 Delete 键删除选中对象。"标签"和"标题"等子对象作为控件的固有组成部分,不能按上述方法删除,只能把它们隐藏。在前面板的对象上按下鼠标右键,在弹出的快捷菜单里选择"显示项"→"标签"或"显示项"→"标题"命令,可以切换标签和标题的可视状态。需要说明的是,框图上的函数、子 VI 和输入控件、显示控件端子只有"标签"而没有"标题",函数和子 VI 对象的标签默认都是隐藏的,可以在快捷菜单中打开标签的显示。

选中某个程序结构(While 循环、"顺序结构"和"条件结构"等),然后执行删除操作,将同时删除该结构中的所有代码。如果只想删除程序结构而保留其中的代码,可以在程序结构边沿上单击鼠标右键,在弹出的快捷菜单里选择"删除 While 循环"或"删除顺序"命令。

3.3.5　标注对象

前面板上的输入控件和显示控件都有其固有标签。如果把输入控件和显示控件的框图端子理解为图形化编程语言的变量,标签就是变量名,因此,为对象指定恰当的标签非常重要。在 LabVIEW 中,不同控件可以指定相同的标签,但这很可能会在编程工作中引起对象混淆,从而产生程序错误。

如果一个控件的标签被隐藏,可以在该控件上弹出快捷菜单,选择"显示项"→"标签"命令打开标签显示。图 3-15 中给出了打开数值输入控件标签的操作示例。控件快捷菜单的

"显示项"→"标签"命令是开关选项,对已经打开标签显示的控件再次选中此命令,将会关闭标签显示。

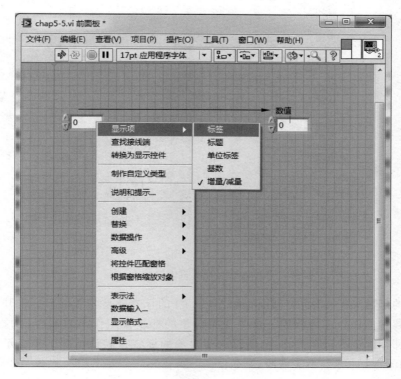

图 3-15　打开数值输入控件标签显示

新放置到前面板上的控件带有默认的标签,并且这个默认的标签被选中,可以直接输入新的文本作为控件标签。输入完毕后,有三种确认编辑操作的方法:用鼠标单击窗口的空白区域;单击工具条上的对号按钮;按下数字小键盘上的 Enter 键。键盘主键区的 Enter 键用于建立多行文本,不能作为文本输入有效的确认按键。

如果想要修改已有的标签,可以选择工具选板上的"编辑文本"单击标签进行修改,也可以打开自动选择工具功能,把鼠标指针置于标签之上双击左键选中整个标签文本,然后进行修改操作。

建议给程序中的每个输入控件和显示控件设置互不相同、意义贴切且尽可能简单的标签,这将有利于代码编写和阅读。推荐为输入控件或显示控件指定合适的标签后,隐藏前面板的标签显示,利用框图端子上的标签作为控件标识符进行图形代码的编写;前面板的修饰工作采用"标题"来完成,可以采用较详尽的文本作为控件标题,还可以改变标题的颜色和字型。在控件弹出快捷菜单中选择"显示项"→"标题"命令可以打开标题显示,与标签显示选项相同,这也是一个开关选项。

除了前面板上的输入控件和显示控件所具有的固有标签之外,在 LabVIEW 中还有另外一种标签,称为自由标签。可以在前面板和框图上建立自由标签,方法是选中"编辑文本"单击前面板或框图的空白区域,直接输入文本然后确认输入。如果打开了自动选择工具功能,则双击前面板或框图上的空白区域也可以开始自由标签的编辑。框图上的自由标签的作用一般是给图形化代码加注释,可以改变标签的前景和背景色以增强注释效果;前面板上的自由标签则用于辅助构建友好的用户界面。图 3-16 给出了建立自由标签的示例。

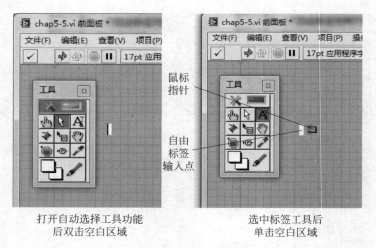

打开自动选择工具功能　　　　　　选中标签工具后
后双击空白区域　　　　　　　　　单击空白区域

图 3-16　建立自由标签

框图上的函数和子 VI 也有其固有标签,子 VI 的标签就是其文件名。打开这些框图对象标签的步骤和前面板控件相同。这些框图对象的标签仅用作函数和 VI 的提示说明,不像控件标签那样起到变量名的作用,所以这些对象的标签在默认情况下不显示。函数标签可以修改,而子 VI 的标签不能修改。

3.3.6　改变文本字体、大小、形状和颜色

文本属性的修改主要通过前面板和框图窗口工具条上的"应用程序字体"下拉列表进行。"应用程序字体"下拉列表如图 3-17 所示。

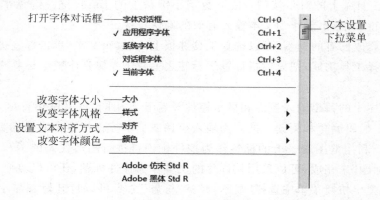

图 3-17　工具条上的"应用程序字体"下拉列表

这里所说的文本,主要指前面板各种控件的固有标签文本、自由标签文本、数值控件的刻度数字和字符串控件中的文本等。为了建立美观的用户界面,经常需要对这些文本特性进行修改。

如果在对"应用程序字体"下拉列表中的选项选择之前选中了一个或多个对象,则所做的选择应用于这些对象。如果没有预先选中任何对象,所做的文本属性改变将应用于默认字体。默认字体是新建立对象时使用的默认字体,改变默认字体不会影响已建立对象的字体。

文本设置下拉菜单里,"应用程序字体"、"系统字体"和"对话框字体"都是 LabVIEW 系统中预定义的字体。它们的定义保证了在平台之间移植 VI 时字体外貌尽可能相似。"应用程序字体"是最常用的默认字体,用于"控件选板"、"函数选板"和新建立控件的标签等场合。"系统字体"是 LabVIEW 菜单所用字体。"对话框字体"是在对话框中采用的字体。"当前字体"选项代表最后使用的字体风格。

选中对象后,选择"字体对话框…"命令,将弹出"选项字体"对话框,如图 3-18 所示。

图 3-18 "选项字体"对话框

在这个对话框中所做的选择将会应用于被选中对象。例如,可以从"字体"下拉列表中选择预定义字体或其他系统中已安装的字体;在"大小"下拉列表中指定字号大小;在"对齐"下拉列表中定义对齐风格;单击"颜色"定义字体颜色;右侧的多个复选框则用于添加如粗体、斜体等更多风格属性。这些选项下面是字体预览框,所选的字体属性都可以在这里看到效果预览。"默认前面板"和"默认程序框图"复选框位于字体预览框的下面,这两个复选框在"选项字体"对话框中默认为关闭状态,可以单击打开它们。如果"默认前面板"复选框被选中,所有字体属性设置将不仅仅应用于已经选中的对象,该字体还将被设置为前面板的默认字体,即前面板上新建立对象时采用的字体;如果"默认程序框图"被选中,字体设置也将被作为框图默认字体保留下来,并被应用于新建的框图对象。

如果事先没有选中任何对象,根据当前窗口是前面板还是框图,选择"字体对话框…"命令将打开"前面板默认字体"或"程序框图默认字体"对话框。在这个对话框中的字体属性选择,将设置为前面板默认字体或框图默认字体。该对话框与"选项字体"的布局相同,不同之处仅在于,对于通过前面板打开的"前面板默认字体"对话框中的"默认前面板"复选框被打开且不能关闭;对于经框图打开的"程序框图默认字体"对话框的"默认程序框图"复选框被打开且不能关闭。

有些控件的文本分为多个部分,可以分别为它们指定字体属性。例如图 3-19 中的表盘控件,其文本分为两部分,一部分是标签"仪表";另一部分是数字刻度 0～10。如果选中了整个表盘控件,改变字体属性将同时应用到这两部分文本;如果只选中其中的标签"仪表",则改变字体属性只应用到标签上;同理,若只选中其中的数字刻度,则改变字体属性只应用到刻度上。

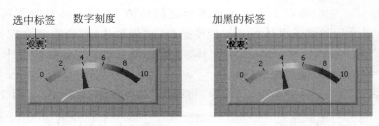

图 3-19　只改变表盘标签的字体属性

"应用程序字体"下拉列表里面的其他选项与前面介绍的"字体对话框"里的内容相同,都可以用来对选中对象或者当前窗口默认字体进行修改。

3.3.7　排列对象

第 2 章已经给出了工具条上对齐对象和分布对象按钮的下拉列表选项的较直观的解释,这里不再重复。这些操作都需要先选中所有目标对象,然后再选择适当的下拉列表选项完成操作。

3.3.8　改变对象大小

直接选中定位工具,或者打开自动选择工具功能让 LabVIEW 自动选中定位工具,都可以完成改变对象大小的操作。把定位工具放置到对象上后,将在对象周围出现用于改变大小的方形小手柄或者小圆圈,在圆形对象周围出现小圆圈,其他对象周围出现方形小手柄。

对象的不同组成部分可以各自独立改变大小互不影响。例如在图 3-20 中,左图是一个数值输入控件,其数字输入框和标签可以独立改变大小。标签周围的 8 个方形手柄表明在水平和竖直以及斜向方向上都可以改变大小。上下左右 4 个手柄用于单独在水平或竖直方向改变大小;四角上的手柄用于在斜向上,即同时在水平和竖直方向改变大小。正如左图数值输入控件的数字输入框一样,LabVIEW 中的某些对象只允许在一个方向上改变大小,

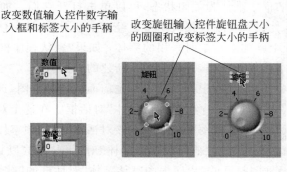

图 3-20　控件的不同组成部分可以分别改变大小

表现为只在水平或只在竖直方向上有两个改变大小的手柄。右图是一个旋钮输入控件,其旋钮盘和标签也可以分别改变大小。

当把定位工具的鼠标指针移动到这些手柄和圆圈上时,鼠标指针会变成双箭头。按下并拖动鼠标,就可以在箭头方向上改变当前对象的大小。图 3-21 中,拖动数值输入控件的数字输入框上的手柄使其在水平方向改变大小。

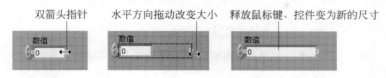

图 3-21 拖动改变控件大小

但框图上的很多对象不能改变大小,如函数、子 VI 和控件的框图端子等。

除了使用定位工具之外,还可以使用前面板的工具条上的改变对象大小下拉列表中的选项改变对象尺寸。这时,一般以多个对象中的特定一个为标准,把其他对象按照这个标准进行放大或缩小。

3.3.9 改变对象颜色

在建立前面板和框图对象时,LabVIEW 会自动给对象着色。大部分对象的颜色是允许修改的,不能修改颜色的有前面板输入控件在框图上的端子、程序连线、LabVIEW 函数和子 VI。端子和连线的颜色表示了它们的数据类型,所以不能修改。另外,还可以修改前面板和框图工作区的颜色。

前面板控件往往由多个部分组成,每一个部分都是一个可以改变颜色的对象。例如图 3-22 所示的"量表"控件("控件选板"→"新式"→"数值"→"量表"),可以划分为如下 6 个子对象:标签、刻度线、刻度数字、指针轴、指针和表盘,所有这些子对象都可以独立定义颜色。

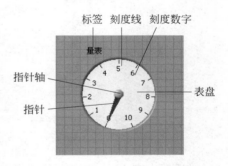

图 3-22 "量表"显示控件的多个子对象

某些对象只能指定一种颜色,而另外一些对象可以分别为其指定前景色和背景色。前景色和背景色的具体定义随着对象不同而不同。例如在图 3-22 所示的"量表"控件的子对象中,标签、刻度数字和表盘都有各自的前景色和背景色,其他可视对象包括刻度线、指针轴和指针都只能指定一种颜色。

改变对象颜色时,先选取工具选板上的设置颜色按钮,然后在想要改变颜色的对象上单击鼠标右键,会弹出如图 3-23 所示的颜色拾取器。对于只有一种颜色的对象和具有前景色、背景色的对象,颜色拾取器的内容会略有不同。图 3-23 中所示颜色拾取器是在某个具有前景色、背景色的对象上弹出的。

颜色拾取器中的最上面一行即第 1 行是灰度谱和透明颜色设置框;第 2 行色谱比较柔和,适于对前面板的控件进行着色;第 3 行的色谱比较明亮,适合加亮提醒的场合。

在三行颜色谱下面有两行小颜色框,每个小框中都有一种颜色,其中第 1 行是用户自定义颜色,可以在"选项"对话框中自由修改和定义,具体方法是选择"工具"→"选项…"命令,

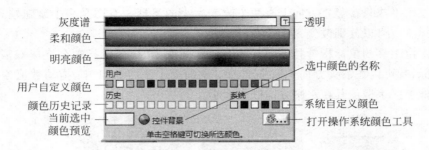

图 3-23　在某个同时具有前景色、背景色对象上弹出的颜色拾取器

在打开的"选项"对话框内的"环境"中找到"颜色",然后单击"自定义颜色…"按钮,会弹出如图 3-24 所示的"用户颜色"对话框。

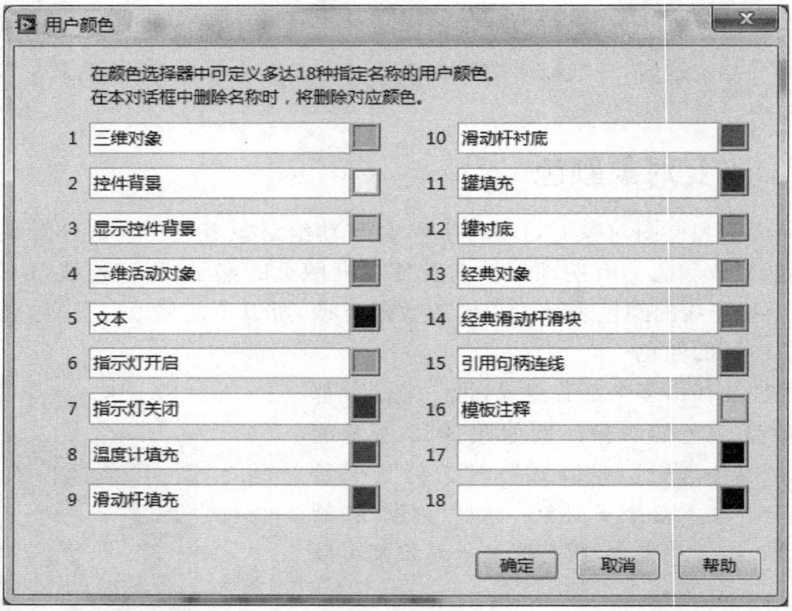

图 3-24　定义颜色拾取器中的用户自定义颜色

　　对话框中有 18 个文本框用于指定用户自定义颜色的名称,每个文本框后面有一个颜色框,用于指定与文本框中的名字相关联的具体颜色。LabVIEW 为我们预定义了 16 种用户颜色;且在这个对话框中,还可以添加新的用户颜色或者删除已有颜色。添加的方法是先在空白文本框中输入一个合适的名字,然后在文本框后面的颜色框中选中与之对应的颜色。要想删除某个已有的用户颜色,只要把该颜色对应的文本框清空即可。

　　颜色拾取器中第 2 行小颜色方框分为左右两个部分。左边是最近使用过的颜色的历史记录,右边是系统颜色。系统颜色并不是固定不变的,每种系统颜色名字所对应的具体颜色随着操作系统的颜色配置的变化而变化。

　　当前选中颜色预览矩形框中给出了颜色预览。对于不具有前景背景色之分的对象上弹出的颜色拾取器,预览框是一个整体;而有前景背景色之分的对象上弹出的颜色拾取器,其预览框也划分为左右两个部分,左边是对象前景色的预览,右边是背景色的预览。这时,选中的颜色预览框也是前景背景选择提示框。默认情况下,指定的颜色同时应用于前景和背景。如果想单独指定前景色,按下 F 键,这时预览框的左半边将被白色方框框住,表明指定的颜色只作用于前景色。按下 B 键后,预览框的右半边将被白色方框框住,表明指定的颜色只作用于背景色。按下其他任何键,将重新回到同时指定前景背景色的状态。或者直接按下空格键和 F、B 之外的其他任何键,将在指定前景色、指定背景色和前景背景色同时指定之间顺序循环切换。

单击位于颜色拾取器的右下角的"更多颜色..."按钮,将打开 Windows 系统提供的颜色设置工具,在该工具中可以用鼠标选取颜色,也可以按红、绿、蓝分别指定颜色分量。

如果想取消指定颜色的操作,按下 Esc 键即可。

3.3.10　建立和编辑连线

框图上的常用对象有输入控件和显示控件端子、函数和子 VI 等。输入控件和显示控件是单端子对象,而函数和子 VI 一般有多个端子。连线一般在端子之间进行,连线时可以使用工具选板上的连线工具,或按下自动选择工具按钮。如果直接选择了连线工具,线轴形状的鼠标指针置于某个端子上时,整个端子都会闪烁,表明单击鼠标将对该端子连线。用自动选择工具时,自动选择工具的鼠标指针移动到端子上的非热区部分时保持定位工具的鼠标样式和功能,只有移动到端子的热区上后,LabVIEW 才自动选中连线工具,如图 3-25 所示。对于框图函数和子 VI,建立端子连线时将出现提示框,以指明鼠标指针所在端子的名称,可以根据这一信息确认鼠标热点位于正确的端子上。

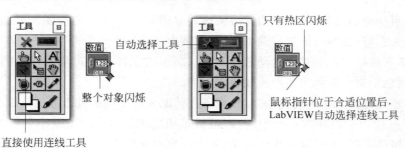

图 3-25　为数值输入控件端子连线

在需要连线处单击鼠标,移动鼠标指针到目标端子上再次单击鼠标,即可建立连线。连线时,要连接的两个端子哪个是数据源,哪个是目标端子没有关系,不需要考虑运行时连线上的数据流向。

在移动连线工具建立连线路径时,连线起点和鼠标指针当前位置之间会出现流动的虚线预览路径。LabVIEW 会默认使用自动寻路功能建立连线路径,即绕开其他框图对象以避免从其中穿过,且同时尽量减少拐角的数目。另外,自动寻路功能会尽量保证连线从输入控件框图端子右侧流出和从显示控件框图端子左侧流入。

开始连线之后,可按下 A 键,以临时关闭自动寻路功能,这时需要手动指定连线路径。在手动指定路径的情况下,如果不在空白区域单击鼠标,将建立只有一个直角拐角的连线,如图 3-26 所示。直角连线的第一个边是垂直还是水平和最初移动鼠标的方向相同。可以按空格键在两种方向之间切换。手动连线时,在连线过程中单击鼠标将建立一个新的直角连线,新的直角连线的方向同样由开始新连线后最初的鼠标移动方向决定。

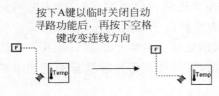

按下A键以临时关闭自动
寻路功能后,再按下空格
键改变连线方向

图 3-26 手动连线时如果不单击鼠标
只建立一个直角拐角

开始连线之后如果想取消连线动作,可按下 Esc 键或者将线头连回连线起点。建立连线过程中,无论直接选中连线工具还是使用自动选择工具,都可以双击鼠标暂停连线。选中连线工具或者打开自动选择工具功能后,把鼠标指针移动到断线上都会引起断线的闪烁(同时会显示提示框以描述断线错误),此时单击鼠标可以在断线基础上继续连线工作。

建立好连线后,可能需要对其进行修改和编辑,修改的第一步就是选中所要编辑的连线。选择连线的方法是:单击选择线段,双击选择分支,三击选择整个连线,如图 3-27 所示。连线被选中的部分以流动的虚线框包围,此时按下 Delete 或者 Back Space 键将删除所选连线。使用定位工具可以移动所选中连线在框图窗口中的位置,与其相连的连线会自动做相应变化以保证连接。

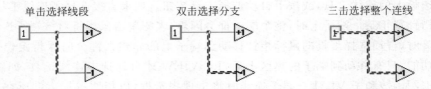

单击选择线段   双击选择分支   三击选择整个连线

图 3-27 通过鼠标单击选取部分或全部连线

连线时可能会出现错误,表现为完成的连线是带有红色叉子的虚线。可以在错误的连线上按下鼠标右键,在弹出的快捷菜单里选择"列出错误"命令,打开"错误列表"窗口察看错误原因,或者直接把连线工具或自动选择工具状态下的鼠标指针定位到错误的连线上稍微停留,会有黄色的提示框弹出指明连线错误原因。

错误的连线可能有多种情况,必须根据不同情况采取不同的处理办法。例如,如果一条连线在连接过程中按前述方法被中断,则可以采用连线工具连接上悬空的线头继续连线;如果连线逻辑没有问题,只是多出了线头,则可以选中该线头并删除;如果连线上有多于一个或没有数据源,则必须提供正确数目的数据源;如果两个不同数据类型端子之间建立了连线而且没有默认的类型转换机制,也会提示连线错误,此时必须采用适当的转换机制或者修改程序逻辑。

悬空线头引起的错误如图 3-28 所示。双击选中该分支,然后按下 Delete 键,就可以删除多余的悬空线头。有时,悬空的线头因为被其他对象所掩盖而无法看到,此时可选择"编辑"→"删除断线"命令或者按下快捷键 Ctrl+B 移除所有的错误连线。

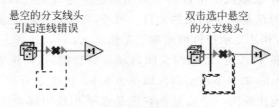

悬空的分支线头   双击选中悬空
引起连线错误   的分支线头

图 3-28 删除悬空的线头

另外一种比较特殊的错误是数据回环，如图 3-29 所示。LabVIEW 的数据流驱动机制要求一个节点只有当所有的输入端子都接收到合法输入之后才能执行，执行节点之后，输出端子上才有合法的输出值。图 3-29 中，由于加法函数的第 2 个加数是自己的输出数据，而输出数据在函数获得合法的加数并且求得结果之前始终无效，这样的回环显然无法执行。

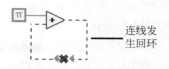

连线发生回环

图 3-29　数据回环引起的连线错误

3.3.11　其他编辑技术

编辑中可以随时按下 Ctrl＋Z 键或者选择"编辑"→"撤销"命令，以取消最近的若干步操作。能够取消的操作步数默认值为 99。通过"工具"→"选项..."命令打开"选项"对话框，在该对话框左侧的列表中选中"环境"，在右侧的"每个 VI 允许的最大撤销步骤"文本框中可修改能够取消的操作步数。修改前，先要取消下面的"使用默认"复选框的打开状态。

向框图上添加代码时可能会遇到这样的情况：目标区域附近的图形元素排列过于紧密，无法在其中插入新代码。这时可以选中定位工具，然后按下 Ctrl 键不放开，并在框图的目标区域拖曳出适当的选择框，松开鼠标键后，LabVIEW 将在此处插入空白区域。

3.4　VI 调试技术

与 VI 调试相关的工具都可以通过框图窗口工具条上的按钮加以访问。图 3-30 给出了框图工具条上的调试相关按钮。

图 3-30　框图窗口工具条

程序错误主要有两种，一种是程序编辑语法错误，这时程序无法运行，运行按钮由原来的白色箭头图标变为灰色的折断箭头图标。对这种错误的处理方法就是先定位错误位置，然后再根据正确的语法修改代码。典型的编辑和语法错误有：

(1) 由于框图连线的一端悬空或者连线两端的数据类型不匹配造成断线。

(2) 应连接的框图端子没有连线。

(3) 子 VI 不能执行，或在向框图放置子 VI 后又编辑了该子 VI 的连线板。

出现程序不能运行的错误时，单击运行按钮或者选择"查看"→"错误列表"(Ctrl＋L)命令将弹出"错误列表"窗口。"错误列表"窗口中，"错误项"列表会给出包含错误的 VI 的名称；"错误和警告"列表给出在"错误项"列表中选中的出错 VI 的所有错误和警告；"详细信息"文本框中给出错误和警告的详细描述，在某些情况下还含有简单的修改提示信息。单击"显示错误"按钮或者双击错误描述信息，都可以定位到出错对象。选中"显示警告"复选框，会使对话框的错误列表包含可能的警告信息，同时在产生警告信息时，工具条最左端会出现警告按钮。选择"工具"→"选项..."命令打开"选项"对话框，在左侧的列表里选择"环境"，然后选中"默认在错误列表对话框中显示警告"复选框,这样,每次启动 LabVIEW 时,便都默认打开警告信息。

另一种程序错误是语义和逻辑上的错误,或者是运行时某种外界条件得不到满足引起的运行错误。这种错误更难以排除。LabVIEW 无法指出语义错误的位置,必须由程序员对程序进行充分测试并仔细分析运行结果来发现错误。一旦发现程序运行逻辑有问题,就可以借助 LabVIEW 提供的调试工具查找错误的具体位置和出错原因。下面分别介绍 LabVIEW 提供的几种调试工具。

3.4.1　单步执行

单步执行用于观察 VI 运行时的每一个动作。单击框图窗口工具条上的"单步步入"或"单步步过"按钮,即可开始单步运行。单步执行过程中,把鼠标指针移动到"单步步入"、"单步步过"和"单步步出"按钮上稍微停留,将会弹出提示框,进而提示单击该按钮将会采取何种动作。

3.4.2　设置执行程序高亮

单击框图窗口工具条上的"高亮显示执行过程"按钮,即可打开执行加亮功能。执行加亮时,节点之间的数据流动采用在连线上移动的气泡来表示,此时,程序运行速度较慢,方便程序员观察调试。

3.4.3　探针工具

探针用来检查 VI 运行时的即时数据。在流过可疑数据的连线上弹出的快捷菜单上选择"探针"命令,或者使用工具选板上的探针工具单击数据连线,都可以为数据线增加探针。

3.4.4　断点

使用工具选板上的断点工具,可为代码中的子 VI、节点和连线添加断点。当 VI 在某个断点处暂停时,LabVIEW 自动把框图窗口设为当前窗口并且用选取框框住添加了断点的对象,此时,可以在这一位置开始单步运行;可以使用探针探测即时数据;可以检查前面板控件的数据值;也可以单击暂停按钮继续程序的执行。选择"操作"→"断点"命令,便可以查找所有断点。

第 4 章

程 序 结 构

LabVIEW 执行的是数据流驱动机制,此外还必须有循环、分支等特殊的控制程序流程的程序结构,才可能设计出功能完整的应用程序。本章详细介绍 LabVIEW 为用户提供的程序结构,包括 While 循环、平铺式顺序结构、层叠式顺序结构、条件结构、反馈节点、For 循环、公式节点、事件结构。所有结构均在"函数选板"→"编程"→"结构"子选板上。

4.1 循环结构

4.1.1 While 循环

While 循环是"函数选板"→"编程"→"结构"子选板的第二个模块,如图 4-1 所示。

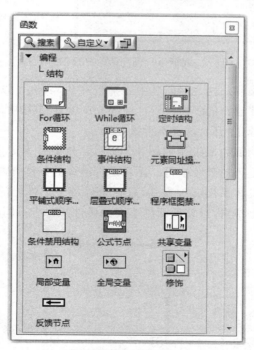

图 4-1 "结构"子选板和 While 循环模块

把 While 循环放置到框图上的步骤如图 4-2 所示。在子选板 While 循环模块上单击鼠标左键后,指针变为手形。把鼠标指针移动到框图上,可以看到鼠标指针变成了缩小的 While 循环的样子。在框图上的适当位置按下鼠标左键并拖曳出虚线框,虚线框的范围就是松开鼠标时 While 循环结构占据的矩形区域。在 While 循环结构的矩形区域内,可以放置需要循环执行的任意图形化程序代码,而且这种结构还可以进行嵌套,即其中还可以有循环结构。

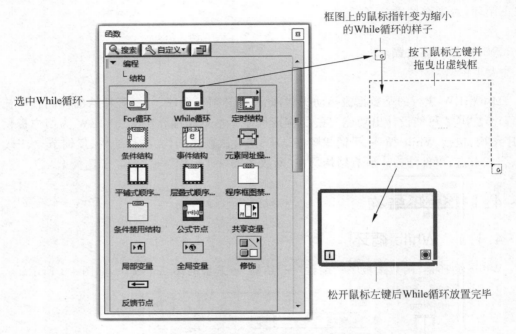

图 4-2　把 While 循环结构放置在框图上

可以在放置 While 循环结构之后向其中添加程序代码,也可以在拖曳生成 While 循环结构时直接用虚线框框住已有的程序代码。向 While 循环结构中添加代码的操作与直接向框图的空白工作区添加程序相同,这里不再赘述。

有关 While 循环结构的组成说明如图 4-3 所示。其中右下角是"循环条件"端子,用于在每次循环后判断循环是否还继续执行。循环是否继续的条件有两种,即"真时停止"(默认的条件)和"真时继续",具体采用哪种方式,可在条件端子上弹出的快捷菜单里指定;也可以使用操作工具在端子上单击,以切换两种不同的条件。对应不同的循环条件,该端子的图

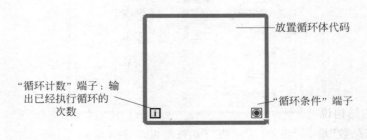

图 4-3　While 循环结构说明

标也不同。左下角标有字母 i 的小矩形框是"循环计数"端子,它可在每次循环中提供当前循环次数的计数值;i 的初始值为 0。While 循环结构矩形区域除上述两端子之外的其他空白区域,都可以放置程序代码。

  While 循环的执行流程:首先"循环计数"端子输出数值,循环内部的子框图开始执行。子框图的所有代码都执行完后,循环计数器的值加 1,根据流入"循环条件"端子的布尔类型数据判断是否继续执行循环。条件为"真时停止"时,如果流入的布尔数据为真值,则停止循环,否则继续循环;条件为"真时继续"时,情况相反。While 循环中的代码至少执行一次。

  While 循环被放置在框图上之后,仍然可以改变其尺寸大小,改变的方法与改变前面板控件大小相似。

4.1.2 For 循环

  For 循环是"函数选板"→"编程"→"结构"子选板的第一个模块。向框图上添加 For 循环,并使得已有时间延迟 Express VI 代码加入到该 For 循环中的步骤如图 4-4 所示。

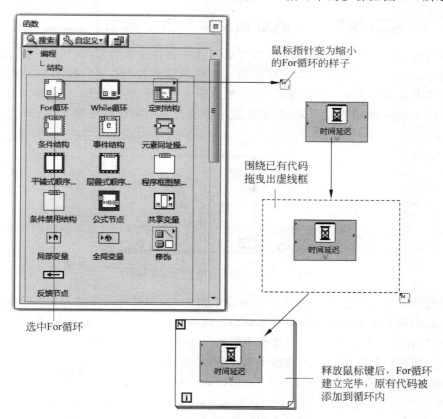

图 4-4   在已有代码周围建立 For 循环

  For 循环的结构说明如图 4-5 所示。一般情况下,For 循环中子框图的执行次数由接入其左上角"循环总数"端子的整数值决定,循环次数在 For 循环开始执行之前已经确定,无须在每次循环后判断循环是否继续。

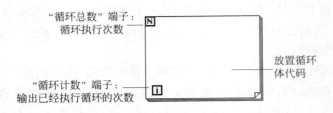

图 4-5　For 循环的结构说明

　　For 循环的执行流程：在开始执行 For 循环之前，从"循环总数"端子读入循环需要执行的次数（注意，即使以后连入"循环总数"端子的值发生改变，循环次数仍然为循环执行前读入的数值）。然后"循环计数"端子输出当前值，即当前已经执行的循环次数。接下来执行 For 循环内部的子框图代码。子框图代码执行完成后，如果执行循环次数没有达到预设次数，则继续循环；否则退出循环。如果"循环总数"端子的初始值设为 0，则 For 循环内的程序一次都不执行。For 循环的执行次数也可以由其他方法决定，关于这一点，在后续章节会有介绍。

4.1.3　循环结构内外的数据交换与自动索引

　　循环结构可以与外界代码交换数据，方法是直接把其外部对象与内部对象用连线连接起来。这时，连线在循环结构边框上将出现一个称为隧道的小方格。隧道小方格的颜色取决于流过其中数据的类型。如图 4-6 所示，数值输入控件输入的数值通过 While 循环边框上的隧道传入循环中，在每次循环时，都把这个数值与一个随机数相乘，其结果被送到显示控件 x * y 中。

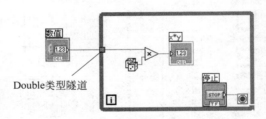

图 4-6　While 循环边框上的数据隧道

　　循环的所有输入数据都是在循环之前读取完毕的，即循环开始之后，就不再读取输入值。输出数据只有在循环完全退出后才输出。例如图 4-6 中"数值"输入数据只在循环运行前读入一次，在执行循环时，即使该控件中的值发生改变也不影响程序运行结果，每一次与随机数函数相乘的都是最初读入的那个值。所以，如果想在每一次循环中都检查某个端子的数据，就必须把这个端子放在循环内部，即作为子框图的一部分。

　　在图 4-7 中，左图里"停止"按钮位于循环内部，并以此作为循环结束的条件。于是，在每一次循环中都可以从该按钮端子读到最新值，从而可以正确判断按钮是否被按下。而在右图中，"停止"按钮位于循环外部，通过底边框上的输入隧道与循环条件端子连接在一起。这种情况下，对"停止"按钮的值将仅在循环开始前读取一次，然后就把这个值用于每一次循环。

　　While 循环和 For 循环均具有一种特殊的自动索引功能。当把一个数组连接到循环结

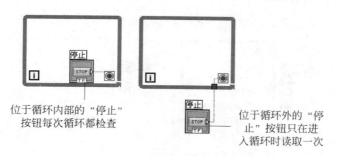

位于循环内部的"停止"
按钮每次循环都检查

位于循环外的"停
止"按钮只在进
入循环时读取一次

图 4-7　"停止"按钮的位置对循环执行的影响

构的边框上生成隧道后,可以选择是否打开自动索引功能。如果自动索引功能被打开,则数组将在每次循环中按顺序流过一个值,该值在原数组中的索引与当次循环的端子值相同。也就是说,数组在循环内部将会降低一维,如二维数组变为一维数组,一维数组变为标量元素等。对于 For 循环,自动索引被默认打开,而对于 While 循环,该功能被默认关闭。

图 4-8 给出了循环结构自动索引功能的示例。例子中采用了默认的自动索引设置。打开自动索引功能的隧道小方格中间会出现"[ ]"标志,表明将在这个隧道上生成数组;而关闭索引功能的隧道小方格是实心的。图 4-8 中,两个循环的输入数据相同,都是整型常量数组,数组中有 3 个整型数值,即 1、2 和 3。

For循环的自动索引默认打开　　　　　　While循环的自动索引默认关闭

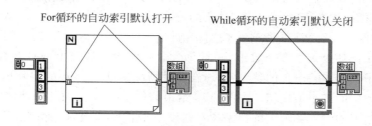

图 4-8　循环结构自动索引示例

For 循环的计数端子没有接入任何数据,因为循环次数也可以根据接入的数组元素个数确定(此时,要求数组输入必须打开自动索引功能)。图 4-8 中 For 循环的循环次数为输入的整型数组长度 3,每次循环,顺序取出该数组的一个元素进行运算。输出数据在输出隧道上也是默认打开自动索引功能的,此时将会在输出隧道上累积生成数组,生成数组中的每个元素,就是每次循环中到达输出隧道的数据。所以,图 4-8 中"数组"显示控件的最终值与输入的常量数组完全相同,含有 3 个元素,即 1、2 和 3。

While 循环的执行次数仍然受"循环条件"端子的输入决定,与输入数组是否自动索引无关。图 4-8 中关闭了自动索引,因而数组将直接输入循环中,每次循环都在右端输出隧道上出现整个数组数据,但是该数据并不输出。而直到循环结束时,输出隧道的当前值才被输出到"数组"显示控件中,其值为循环开始时输入的整型常量数组数据。所以,程序运行完毕得到了与 For 循环相同的结果。两者的区别在于,For 循环只执行 3 次,而 While 循环将执行很多次。

改变自动索引开关状态的操作如图 4-9 所示。在关闭了自动索引功能的隧道上弹出快捷菜单,选择"启用索引"命令将打开自动索引功能,此时,快捷菜单的"启用索引"命令会变为"禁用索引"命令,选择此命令,便可以关闭自动索引。

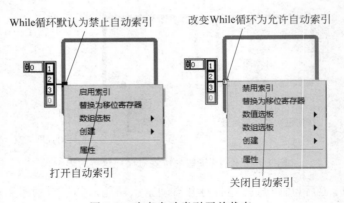

图 4-9　改变自动索引开关状态

　　如果在图 4-8 中改变了输入和输出隧道端子的自动索引开关状态,那情况会怎样呢?

　　对于图 4-8 左边的 For 循环,如果输出改为禁止自动索引,则输出隧道只能接入标量数值显示控件,三次循环后,显示控件中将得到原来数组的第 3 个元素"3"。如果输出仍为自动索引打开而输入为自动索引关闭,则将在输出隧道形成二维数组,其每一行都是原来的一维数组。此时,必须在 For"循环总数"端子处指定循环次数,其值将作为最后输出的二维数组的行数。如果输入和输出隧道都为禁止自动索引,则同样必须在"循环总数"端子指定循环次数。此时,循环次数由"循环总数"端子的输入值决定,在循环退出时,从输出隧道输出原来的数组,与图 4-8 中 While 循环的情况相仿。

　　如果为 For 循环接入了多个数组,并且每个数组的输入隧道上都打开自动索引,同时"循环总数"端子也接入一个正的整型常量,在这种情况下,For 循环的实际执行次数由这些可能的执行次数中的最小值决定。在图 4-10 给出的例子中,For 循环的计数端子输入 5,连接到打开自动索引的输入隧道上的整型和双精度数组长度分别为 3 和 4。For 循环将运行 3 次,循环退出时在"数值"显示控件中输出最后一次循环索引值 2。

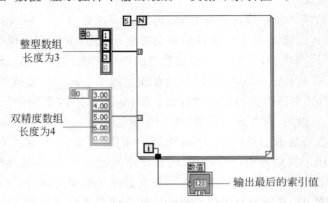

图 4-10　决定 For 循环的执行次数

4.1.4　移位寄存器和反馈节点

　　循环结构还有一种称为移位寄存器的附加对象,其功能是把当前循环完成时的某个数据传递给下一次循环的开始。

添加移位寄存器的方法如图 4-11 所示。在循环结构的左或右边框上弹出快捷菜单,选择"添加移位寄存器"命令,即可添加一对移位寄存器。

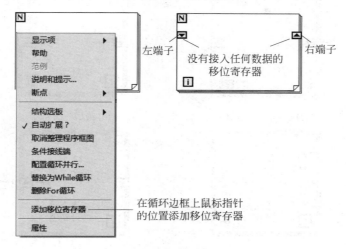

图 4-11 为 For 循环添加移位寄存器

新添加的移位寄存器由左、右两个端子组成,都为黑色边框、黄色底色,而且左、右端子分别有一个向下和向上的黑色箭头。这里的颜色表明,移位寄存器还没有接入任何数据。当接入数据后,移位寄存器的颜色会发生相应变化,以反映所接入数据的类型。

带有向上箭头的右端子在每一次循环结束时保存传入其中的数据,然后把这一数据在下一次循环开始前传给左端子。这样,就可以从左端子得到前一次循环结束时保留在右端子中的值。

可以为移位寄存器的左端子指定初始化值。移位寄存器左端子的初始化值将在循环开始前读入一次,循环开始后不再读取其中的数据。一般情况下,建议为移位寄存器左端子明确地提供初始值以避免错误。移位寄存器的值也可以输出,输出发生在循环结束后;输出的值是移位寄存器右端子的最终值。

移位寄存器的工作流程如图 4-12 所示。数字序号(1)~(4)按执行时间先后顺序排列。

一个移位寄存器可以有多个左端子,但只能有一个右端子,此情况下,在多个左端子中将保留前面多次循环的数据值,能够保存的数据值数目与左端子数目相同。在左端子一侧,最近一次循环保留在右端子的数据进入最上面的左端子,它当中原来的数据下移到第二个端子,第二个左端子中原来的数据移到第三个端子,依此类推。建立移位寄存器时只有一个左端子。为其添加多个左端子的方法如图 4-13 所示。该图中给出了添加左端子的两种方法:在已有左端子上右击,从弹出的快捷菜单中选择"添加元素"命令;或者直接使用定位工具拖曳最下面的左端子的下边沿,拖曳过程中的虚线格个数指示将要添加的左端子个数。

删除某个左端子的方法是:在想要删除的左端子上右击,从弹出的快捷菜单中选择"删除元素"命令。这种方法无论所要删除的左端子是否连有数据都可以使用。另一种删除左端子的方法是使用定位工具拖曳整个左端子队列的最上沿(向下拖曳)或者最下沿(向上拖曳),拖曳的结果是从边沿开始的若干个左端子被删除。在拖曳过程中,如果遇到某个左端子上存在数据连线,则拖曳只能到此为止。

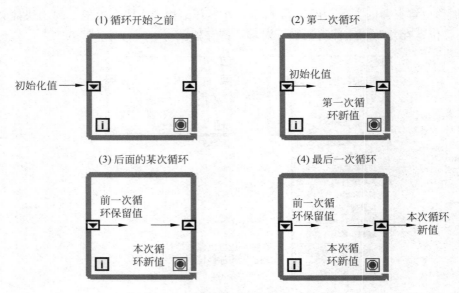

图 4-12 移位寄存器的工作流程

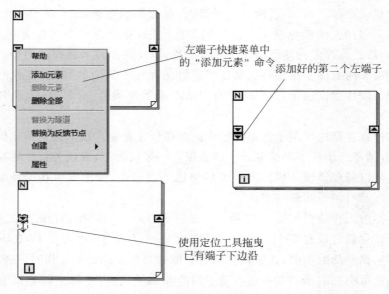

图 4-13 为移位寄存器添加左端子

　　反馈节点和只有一个左端子的移位寄存器的功能完全相同,同样用于在两次循环之间传递数据,它是一种更简洁的表达方式。

　　在图 4-14 给出的例子中,左、右两者的程序功能完全相同,都是在数字显示控件 x＋1 中每间隔 1s 输出一个不断累加的正整数值。可以看到,反馈节点也可以有自己的初始化端子,即右边 While 循环的左边框上的边框为蓝色(表明接入了整型数据)且中间带有菱形的端子。反馈节点的箭头方向是向左还是向右无关紧要。数据在本次循环结束前从反馈节点的箭尾端进入,在下一次循环开始后从反馈节点的箭头流出。

　　移位寄存器和反馈节点之间的转换非常容易。在移位寄存器的左或右端子上右击,从

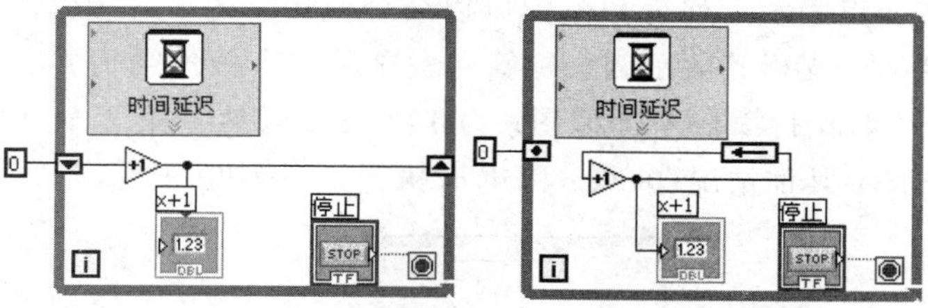

图 4-14　移位寄存器和反馈节点

弹出的快捷菜单中选择"替换为反馈节点"命令，即可转变为同样功能的反馈节点；在反馈节点本身或者其初始化端子上右击，从弹出的快捷菜单中选择"替换为移位寄存器"命令，即可转变为同样功能的移位寄存器。

反馈节点一般不需要手动添加。在循环结构里，当把子 VI、函数或者子 VI、函数组合的输出接入同一子 VI、函数或组合的输入时，将自动建立反馈节点和初始化端子。

如果从没有初始化的移位寄存器转化生成反馈节点，或者从函数选板上添加反馈节点，则新生成的反馈节点没有初始化端子。可以在反馈节点上右击，从弹出的快捷菜单中选择"初始化接线端"命令，以为其添加初始化端子。

4.2　条件结构

条件结构位于"函数选板"→"编程"→"结构"子选板上。条件结构放置在框图上的方法与循环结构相同。条件结构的组成如图 4-15 所示。其左边框上有一个输入端子，该端子中心有一个问号，称为"分支选择器"，上边框上有"选择器标签"。

图 4-15　条件结构的组成

条件结构有一个或者多个子框图，每个子框图都是一个执行分支，每一个执行分支都有自己的选择器标签。执行条件结构时，与接入分支选择器数据相匹配的标签对应的框图得到执行。分支选择器端子的值可以是布尔型、字符串型、整型或者枚举类型。

通过把条件结构拖动到框图上的方法创建该结构时，默认的分支选择器为布尔类型：LabVIEW 自动生成了两个子框图，标签分别为真和假。条件结构子框图是堆叠在一起的，单击标签左边和右边的减量、增量按钮，将使当前显示框图在堆叠起来的多个框图中进行一次前、后切换。单击选择器标签右端的向下黑色箭头将弹出所有已定义的标签列表，可以利用这个列表在多个子框图之间实现快速跳转。当前显示的框图分支对应的标签前有"√"标记。

对于 LabVIEW 的条件结构，要么在选择器标签中列出所有可能的情况，要么必须给出一种默认情况。

指定选择器标签时，可以按列表和范围指定。列表是英文逗号分开的多个项目，范围则用连续的两个英文句点表示。列表和范围可以结合使用。图 4-16 中给出了综合使用列表和范围指定条件结构分支标签的示例。标签列表显示这个条件结构共有 4 个分支,分支选择器值小于等于－1 时执行第 1 个子框图;为 1、3 或 4 时执行第 2 个子框图;大于等于 7 时执行第 4 个子框图;其他情况(0、2、5 和 6)时执行第 3 个框图。

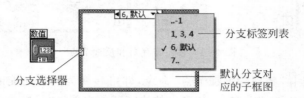

图 4-16　按列表和范围指定条件结构标签

在图 4-17 中给出了条件结构从边框上弹出的快捷菜单。"在后面添加分支"命令,用于在当前分支后面增加一个空白分支并自动生成合适的标签;"在前面添加分支"命令的功能

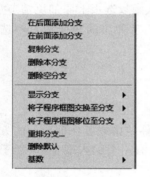

图 4-17　条件结构快捷菜单

是在当前分支前面增加一个空白分支;"复制分支"命令将复制当前框图分支,并且把新生成的分支置于当前分支的后面;"删除本分支"命令用于删除当前分支;"删除空分支"命令用于删除所有不包含代码的空白分支;"显示分支"子菜单列出所有分支的标签,可以实现分支之间的快速跳转,这与单击选择器标签右侧向下箭头的作用相同;"交换分支的程序框图"子菜单把当前分支内容和目标分支内容对换,其他分支不受任何影响。

"将子程序框图移位至分支"子菜单把当前分支内容移动到目标分支之后,两者之间的所有分支顺序移动。在图 4-18 所示的示例中,把标签为 1 的分支内容移动到标签 3 后,原来标签 2 和 3 的内容将顺次前移。

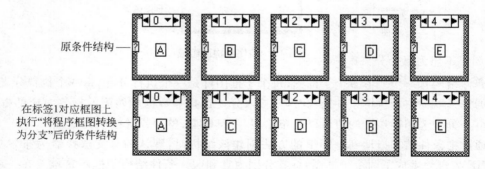

图 4-18　条件结构移动分支举例

"删除默认"命令用于去除当前分支的"默认"标记,只对带有"默认"标记的分支起作用。对于不带"默认"标记的分支,该命令将被"本分支设置为默认分支"代替。

"重排分支…"命令用于对所有分支进行重排序,通过该命令打开的"重排分支"对话框如图 4-19 所示。在"分支列表"中每个分支标签占据一行。重排序时,在"分支列表"中把想要改变位置的标签拖动到目标位置即可。"分支选择器全名"总是显示选中标签的完整内容。"排序"按钮可以对标签实现自动排序,排序时,将依据每个标签的第一个数字值。

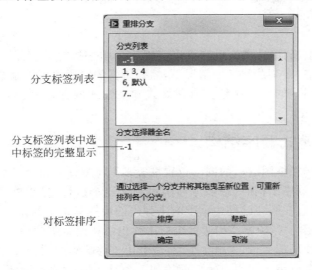

图 4-19　"重排分支"对话框

　　分支选择器的值可用于条件结构内部编程。跨越条件结构边框连线时,会在边框上生成隧道,输入隧道在每个分支中都可使用,输出隧道必须从每一个分支都得到明确的输入值,否则程序无法运行。在图 4-20 所示的条件结构示例中,左图的输出隧道是空心的,表示有些分支中没有为其接入输入值,此时程序无法运行;右图中的输出隧道是实心的,表明每个分支中都有接入值。

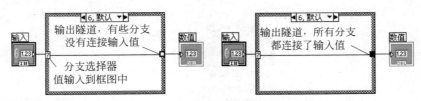

图 4-20　条件结构的输出隧道要求在所有分支都有输入值

　　如果不想为每个分支都明确指定输出隧道的输入值,则可以为没有接入隧道输入值的分支使用接入隧道的数据所属类型的默认值,其方法是在输出隧道上右击,从弹出的快捷菜单中选择"未连线时使用默认"命令。这是一个开关选项,如果选项前出现"√"号,则表明该功能已经打开,如图 4-21 所示。

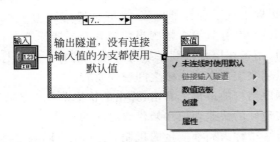

图 4-21　对输出隧道上没有接入输入值的分支采用默认值

4.3 顺序结构

在 LabVIEW 中,利用数据流机制可以实现很多顺序执行的功能。但是只有数据流控制的顺序执行还不够,在某些复杂的情况下,需要更强的顺序执行控制结构。顺序结构就是为满足这一需求而引入的。顺序结构有层叠式和平铺式两种之分,都在"函数选板"→"编程"→"结构"子选板上。

4.3.1 层叠式顺序结构

层叠式顺序结构在框图窗口的同一位置堆叠多个子框图。每个子框图(被称为一个帧)有各自的序号,执行顺序结构时,按照序号由小到大逐个执行,最小序号为0。初建立的顺序结构只有一帧,通过在顺序结构边框上右击弹出的快捷菜单中的命令,可为顺序结构添加帧。在图 4-22 中给出了在顺序结构边框上右击弹出的快捷菜单,"添加顺序局部变量"命令用于为顺序结构添加局部变量;"删除顺序"命令用于移除顺序结构,同时保留当前帧代码;"在后面添加帧"命令可用于在当前帧后面添加一个空白帧;"在前面添加帧"命令用于在当前帧前面添加一个空白帧;"复制帧"命令用于对当前帧进行复制,并把复制的结果作为新帧放到当前帧的后面;"删除本帧"命令用于删除当前帧,只有一帧时该选项不可用。

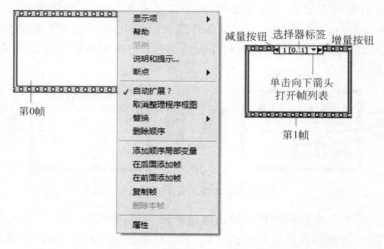

图 4-22　为顺序结构添加更多的帧

图 4-22 中,左图为刚刚建立的顺序结构,只有第 0 帧。选择"在后面添加帧"命令生成新帧之后,在结构的上边框出现了选择器标签,此时标签内容为 1[0..1],表示该顺序结构含有第 0 到第 1 帧,一共两帧,并且第 1 帧为当前帧。选择器标签左右的两个箭头按钮分别为减量按钮和增量按钮,用于在层叠式顺序结构各帧中选择。单击标签右侧的向下黑色箭头,将打开帧列表,可以用来实现在多个帧之间快速跳转。

在具有多个帧的顺序结构的边框上右击,弹出的快捷菜单里还有"显示帧"和"本帧设置为"子菜单,它们可以实现帧的快速切换和帧代码之间的互换。

层叠式顺序结构有一种称为局部变量的机制,用于在不同帧之间实现数据传递。在顺序结构边框上右击,从弹出的快捷菜单中选择"添加顺序局部变量"命令即可为当前帧添加局部变量。添加局部变量之后,接入该局部变量的数据,在当前帧后面的各个帧中可以作为输入数据使用。

在图 4-23 中给出了应用顺序结构局部变量的例子。该顺序结构共有 4 帧(为便于读者阅读程序,将各帧截图后按顺序水平排列放在了一起),在第 1 帧的右边框添加了局部变量。在添加局部变量的帧前面的所有帧(这里为第 0 帧)中,局部变量不能使用,仅用阴影方块占位,表示在后面的某一帧中该位置会建立局部变量。在第 1 帧中调用了"时间计数器"函数(其位置为"函数选板"→"编程"→"定时"→"时间计数器"),返回系统毫秒定时器的当前计数值。"时间计数器"函数的返回值输入到右边框的局部变量中,局部变量的箭头表明数据的流动方向。在第 2 帧中调用了"时间延迟"Express VI 延时 3s,局部变量中的值可以作为输入数据使用,但是这一帧中没有用到。在第 3 帧中,第 2 次"时间计数器"函数调用返回值与局部变量中保存的定时器计数值做减法,再除以 1000 后折算为秒,输出到数值显示控件中。如果把第 2 帧的延时函数换为某段代码,就可以统计该代码的执行时间。

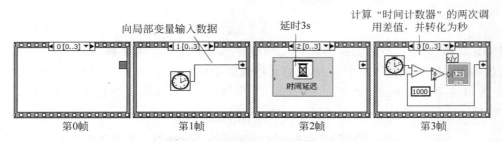

图 4-23 层叠式顺序结构局部变量应用举例

可以为顺序结构添加任意多的局部变量。删除局部变量的方法是,在想要删除的局部变量上右击,从弹出的快捷菜单中选择"删除"命令。

外部数据与顺序结构内部数据进行交换时,会在结构边框上建立隧道。在顺序结构执行之前,输入隧道上得到输入值,在执行顺序结构的过程中,这个值保持不变,而且每个帧都能读取这个输入数据。只能在某一个帧中向输出隧道写入数据,如果在超过一个帧中对同一输出隧道赋值,则会引起多个数据源的错误。输出隧道上的值只有在整个顺序结构完全执行完之后才会输出。

4.3.2 平铺式顺序结构

平铺式顺序结构与层叠式顺序结构实现相同的功能,其区别仅为表现形式不同。平铺式顺序结构如图 4-24 所示。新建的平铺顺序结构同样只有一帧,在右击帧边框时弹出的快捷菜单中选择"在后面添加帧"命令,将在这一帧后面(右边)添加一个空白帧;选择"在前面添加帧"命令,将在这一帧的前面(左边)添加一个空白帧,新添加帧的宽度比较小,拖曳帧的边框,可以把这一帧改变到合适的大小。

层叠式顺序结构的优点是节省框图窗口空间。平铺式顺序结构占用的空间比较大,但比较直观,方便代码阅读。

平铺式顺序结构不能添加局部变量,因为每个帧都是可见的,不需要借助局部变量这种机制在帧之间传送数据。在图 4-25 中给出了与图 4-23 所示层叠顺序结构功能完全相同的

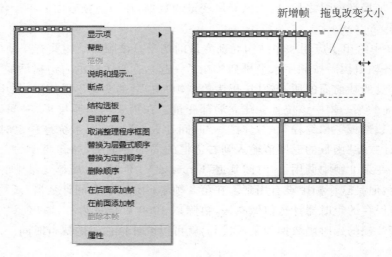

图 4-24　平铺式顺序结构

平铺顺序结构,其第 1 帧的数据直接穿过帧壁和第 2 帧传送到第 3 帧。实际上,在图 4-23 给出的层叠式顺序结构边框上右击,从弹出的快捷菜单中选择"替换"→"替换为平铺式"命令,就可以自动转换为图 4-25 所示的平铺式顺序结构。相反方向的转换也是可行的。

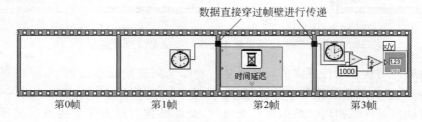

图 4-25　平铺式顺序结构示例

　　有些时候,顺序结构对编写代码很有帮助,但是需要注意的是不能滥用。顺序结构的使用,会强制程序代码按规定好的步骤运行。而某些情况下,利用 LabVIEW 所固有的并行运行机制,可能会提高程序的运行效率。另外,LabVIEW 的数据流机制可以实现简单的顺序执行逻辑,在并不复杂的情况下,不一定要用顺序结构,而且数据流机制的程序运行性能会相对好一些。

4.4　公式节点

　　LabVIEW 是一种比较完善的图形化编程语言,然而一些复杂的算法完全依赖图形代码来实现会过于烦琐。为此,在 LabVIEW 中引入了以文本编程形式实现程序逻辑的所谓公式节点。公式节点位于"函数选板"→"编程"→"结构"子选板上。新添加的公式节点如图 4-26 所示。

　　使用操作值工具、编辑文本工具或自动选择工具,在公式节点

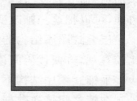

图 4-26　公式节点

中间空白位置单击鼠标,空白区域内最上方闪烁的文本插入点表明,公式编辑状态已经打开。代码文本的语法和 C 语言十分相似,可以在帮助文档中 Formula Node 条目下的 Formula Node Syntax 链接找到,这里不再列出。

公式节点中可以使用的 LabVIEW 预定义函数如表 4-1 所示。

表 4-1 LabVIEW 中公式节点的预定义函数

函　数　名	相对应的 LabVIEW 图形函数	函　数　功　能
abs(x)	绝对值	返回 x 的绝对值
acos(x)	反余弦	以弧度为单位计算 x 的反余弦
acosh(x)	反双曲余弦	计算 x 的反双曲余弦
asin(x)	反正弦	以弧度为单位计算 x 的反正弦
asinh(x)	反双曲正弦	计算 x 的反双曲正弦
atan(x)	反正切	以弧度为单位计算 x 的反正切
atan2(x,y)	反正切（2 输入）	以弧度为单位计算 y/x 的反正切
atanh(x)	反双曲正切	计算 x 的反双曲正切
ceil(x)	向上取整	把 x 取整到大于等于 x 的最小整数
ci(x)	余弦积分	计算任何非负实数的余弦积分
cos(x)	余弦	计算 x 的余弦,其中 x 用弧度表示
cosh(x)	双曲余弦	计算 x 的双曲余弦
cot(x)	余切	计算 x 的余切($1/\tan(x)$),x 用弧度表示
csc(x)	余割	计算 x 的余割($1/\sin(x)$),x 用弧度表示
exp(x)	指数	计算 e 的 x 次幂
expm1(x)	指数（Arg）−1	计算 e 的 x 次幂减 1($(e^x)-1$)
floor(x)	向下取整	把 x 截断至小于等于 x 的最大整数
getexp(x)	尾数与指数	返回 x 的指数
gamma(x)	Gamma 函数	计算 Gamma 函数或者不完全 Gamma 函数
getman(x)	尾数与指数	返回 x 的尾数
int(x)	最近数取整	把 x 四舍五入到最近的整数
intrz(x)	—	把 x 四舍五入到 x 和 0 之间最接近的整数
ln(x)	自然对数	计算 x 的自然对数(以 e 为底)
lnp1(x)	自然对数（Arg ＋1）	计算($x+1$)的自然对数
log(x)	底数为 10 的对数	计算 x 的对数(以 10 为底)
log2(x)	底数为 2 的对数	计算 x 的对数(以 2 为底)
max(x,y)	最大值与最小值	比较 x 和 y 并返回较大值
min(x,y)	最大值与最小值	比较 x 和 y 并返回较小值
mod(x,y)	商与余数	计算 x/y 的余数,商向负无穷方向取整
pow(x,y)	x 的幂	计算 x 的 y 次幂
rand(x)	随机数（0−1）	生成 0,1(不包含 0 和 1)之间的随机浮点数
rem(x,y)	商与余数	计算 x/y 的余数,商向最接近整数方向四舍五入
si(x)	正弦积分	计算任何实数的正弦积分
sec(x)	正切	计算 x 的正切($1/\cos(x)$),x 以弧度为单位
sign(x)	符号	如果 x 大于 0 则返回 1;如果等于 0 则返回 0,如果小于 0 则返回 −1
sin(x)	正弦	计算 x 的正弦,x 以弧度为单位

函　数　名	相对应的 LabVIEW 图形函数	函　数　功　能
sinc(x)	sinc	计算 x 的正弦除以 x 的值($\sin(x)/x$),x 以弧度为单位
sinh(x)	双曲正弦	计算 x 的双曲正弦
sizeOfDim(ary,di)	—	返回数组 ary 的第 di 维的大小
spike(x)	spike 函数	产生任何实数的 spike 函数
sqrt(x)	平方根	计算 x 的平方根
step(x)	阶越	生成实数 x 的阶跃函数
tan(x)	正切	计算 x 的正切,x 以弧度为单位
tanh(x)	双曲正切	计算 x 的双曲正切

　　表 4-1 中,第 1 列为在公式节点中调用函数时使用的函数名;第 2 列为实现相同功能的图形化 LabVIEW 函数名称,可以在函数面板中使用搜索功能定位这些图形化函数;第 3 列则是对函数功能的简短描述。

　　在表 4-2 中,按照优先级从高到低给出了公式节点中可以使用的操作符。

表 4-2　公式节点中可以使用的操作符

运　算　符	含　义
**	求幂
+,-,!,~,++,--	正,负,逻辑反,按位求补,前置和后置增量,前置和后置减量
*,/,%	乘,除,求模(余数)
+,-	加和减
>>,<<	算术右移和左移
>,<,>=,<=	大于,小于,大于或等于,小于或等于
!=,==	不等和相等
&	按位与
^	按位异或
|	按位或
&&	逻辑与
||	逻辑或
? :	条件表达式
=,op=	赋值,复合赋值 op 可以是+,-,*,/,>>,<<,&,^,|,%,**

　　在图 4-27 中给出了公式节点的示例,其功能是进行摄氏温度与华氏温度之间的转换。输入变量为 Type 和 Input,当 Type 为 0 时,认为 Input 中的输入值为摄氏温度,公式节点把这个温度值转换为华氏温度,转换结果保存在输出变量 FahrenheitDegree 中;当 Type 为 1 时,认为 Input 中的输入值为华氏温度,公式节点把这个温度值转换为摄氏温度,转换结果保存在输出变量 CelsiusDegree 中。条件分支采用了 if…else 语句,其详细语法和其他可用语句参见帮助文档。

　　公式节点通过输入、输出端子与外部的图形代码交换数据。添加输入和输出端子的方法是在公式节点的左、右边框上右击,从弹出的快捷菜单中选择"添加输入"命令添加输入端

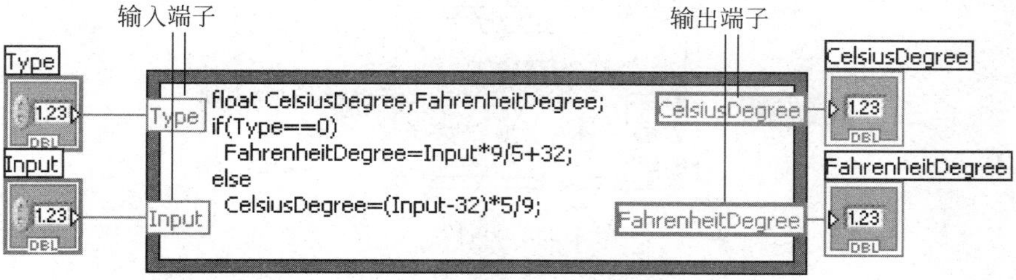

输入端子
输出端子
Type
1.23
DBL
Input
1.23
DBL
Type
Input
float CelsiusDegree,FahrenheitDegree;
if(Type==0)
FahrenheitDegree=Input*9/5+32;
else
CelsiusDegree=(Input-32)*5/9;
CelsiusDegree
FahrenheitDegree
CelsiusDegree
1.23
DBL
FahrenheitDegree
1.23
DBL

图 4-27 完整的温标转换公式节点

子；选择"添加输出"命令添加输出端子，此时，端子自动获得输入焦点。输入端子的名称必须与公式节点文本代码中的输入变量名称相同。编辑完端子名称后，按 Enter 键或者工具条左侧的"√"号按钮或者单击空白区域，都可以确认已有的编辑操作。建立 Type 输入端子后，在端子上右击，从弹出的快捷菜单中选择"创建"→"输入控件"命令，自动创建数值输入控件作为输入端子 Type 的输入数据。该输入控件端子的标签自动选中，输入 Type 后确认。采用相同的步骤为公式节点添加其他的输入和输出端子。

公式节点的输入端子和输出端子的数量没有限制，而且都可以通过拖曳改变在节点边框上的位置。各输入端子不能有相同的名字，各输出端子也不能有相同的名字，但输入端子可以与输出端子有相同的名字。输出端子的边框线比输入端子粗些。公式节点文本代码中的每一个变量（包括中间变量）都必须有一个输入或输出端子与之对应。如果公式节点的代码比较长不方便浏览，则可在代码区域右击，从弹出的快捷菜单中选择"显示项"→"滚动条"命令打开滚动条。

图 4-28 所示是另一个公式节点的例子。其中 y 是计算过程中的一个中间变量，也作为输出端子引出公式节点，但是并不与外界代码连接，因为并不关心这个中间变量的值。这个例子中还打开了代码编辑区域的滚动条。

输入端子
滚动条
输出端子
x
1.23
DBL
x
y=x**2;
z=1+sin((y+0.5)*pi);
y
z
z
1.23
DBL

图 4-28 公式节点的中间变量处理和代码区滚动条

4.5 事件结构

对用户操作的响应和处理是构建图形用户界面时的重要内容。事件结构的运行方式与 Windows 操作系统的事件处理非常相似。

事件结构位于"函数选板"→"编程"→"结构"子选板上。向框图添加事件结构的方法和添加其他程序结构相似。新添加到框图上的事件结构如图 4-29 所示。

事件结构包含如下几个基本的组成部分：上方边框中间是选择器标签，用于标识当前显示的子框图所处理事件的事件源；事件数据节点为子框图提供所处理事件的相关数据；

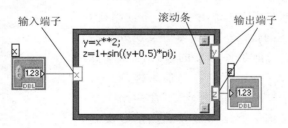

图 4-29 事件结构

事件超时端子隶属于整个事件结构,用于为超时事件提供超时时间参数。

事件数据节点由若干个事件数据端子组成,使用操作工具单击事件数据节点的某个端子将打开数据列表,可以在其中选择所要访问的数据。使用定位工具拖曳事件数据节点的上下边沿,可以增减数据端子。

事件超时端子接入的以毫秒为单位的整数值指定了超时时间,本结构在等待其他类型事件发生的时间超过超时时间后将自动触发超时事件。为超时端子接入值－1,表示不产生超时事件。

事件结构的组织方式是把多个子框图堆叠在一起,根据所发生事件的不同,每次只有一个子框图得到执行,并且该子框图执行完后,事件结构随之退出。例如在图 4-29 中,程序执行到事件结构时暂时停止运行,进入事件等待状态,直到某个已经注册的事件(这里只有一个超时事件:超时)发生时,程序继续执行事件的子框图代码,执行完毕后,事件结构退出。显然,在构建用户界面时,需要处理任意多的事件,这就导致了事件结构往往被放置在While 循环内部,与循环结构搭配使用。

指定事件结构中事件的事件源和事件类型的过程称为注册事件。注册事件有两种方法:一种是静态事件注册;另一种是动态事件注册。

在事件结构边框上右击,弹出图 4-30 所示的快捷菜单。其中,"删除事件结构"命令用于删除事件结构,仅仅保留当前事件分支的代码;"编辑本分支所处理的事件…"命令用于编辑当前事件分支的事件源和事件类型;"添加事件分支…"命令用于在当前事件分支后面增加新的事件分支;"复制事件分支…"命令用于复制当前事件分支,并且把复制结果放置在当前分支后面;"删除本事件分支"命令用于删除当前分支;"显示动态事件接线端"命令则用于显示动态事件端子。

图 4-30 事件结构边框快捷菜单

对于事件结构,无论执行编辑、添加还是复制等操作,都会打开如图 4-31 所示的"编辑事件"对话框。每个事件分支都可以配置为处理多个事件,当这些事件中的任何一个发生时,对应事件分支的代码都会得到执行。在"编辑事件"对话框中,"事件分支"下拉列表中列出所有事件分支的序号和名称,在这里选择某个分支时,"事件说明符"列表会列出为这个分支配置好的所有事件。"事件说明符"列表的组成结构如下:每一行是一个配置好的事件,每行都分为左右两部分,左边列出事件源(为应用程序、VI、动态、窗格、分隔栏和控件这六个可能值之一),右边给出该事件源产生的事件名称。图 4-31 中,为分支 0 只指定了一个事件,事件源是应用程序,事件名称是超时,即它是由应用程序本身产生的超时事件。

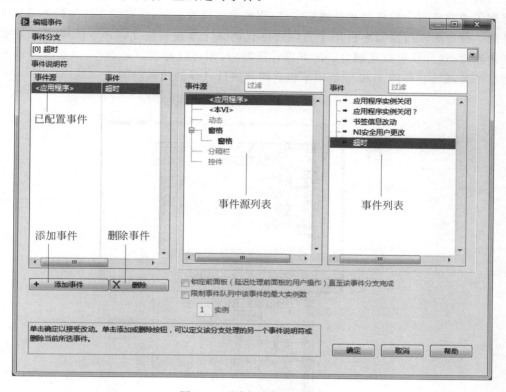

图 4-31 "编辑事件"对话框

在"事件说明符"列表中选中某一个已经配置好的事件之后,"事件源"列表在六种可能的事件源里自动选中对应的事件源,"事件"列表在选中事件源可能产生的所有事件列表中自动选中对应的事件。图 4-31 中在"事件说明符"列表选中了应用程序产生的超时事件后,"事件源"列表中自动选中事件源应用程序,"事件"列表中显示应用程序事件源的所有可能事件(应用程序实例关闭、应用程序实例关闭?、书签信息改动、NI 安全用户更改、超时),并且超时事件被选中。

改变已有事件的方法,是先在"事件说明符"列表中选中该事件,然后在"事件源"列表中选择新的事件源,这时"事件"列表给出该事件源可能产生的所有事件列表,在其中选择所要处理的事件,即可完成对已有事件的修改操作。

为当前事件分支添加事件的方法是,单击"事件说明符"列表下侧的"添加事件"按钮,这时在"事件说明符"的事件列表最下面出现新的一行,事件源和事件名都为待定,用"-"表示。在"事件源"列表中选择合适的事件源,然后在"事件"列表给出的该事件源所能够产生的所有事件中选择所需要的事件,即可完成添加事件的操作。选中"事件说明符"列表中的某个事件,然后单击下侧的"删除"按钮,将删除这个事件。

LabVIEW 的事件分为通知事件和过滤器事件两种。在"编辑事件"对话框的"事件"列表中,通知事件左边为绿色箭头,过滤器事件左边为红色箭头。通知事件用于通知程序代码某个用户界面事件发生了,并且 LabVIEW 已经进行了最基本的处理。例如,修改一个数值控件的数值时,LabVIEW 会先进行默认的处理,即把新数值显示在数值控件中,在这之后,如果已经为这个控件注册了"值改变"事件,该事件的代码将得到执行。可以有多个事件结构都配置成响应某个控件的某个通知事件,当这个事件发生时,所有的事件结构都得到了该事件的一份备份。过滤器事件用于告诉程序代码某个事件发生了,LabVIEW 还未对其进行任何处理,这样就可以定制自己的事件处理方法,如可以修改事件数据,或者完全放弃对该数据的处理等。在图 4-32 中给出了包含两种事件处理的代码示例。

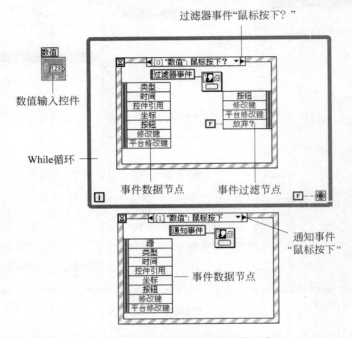

图 4-32 通知事件和过滤器事件举例

在图 4-32 中,把事件结构放在 While 循环内部,这样只要循环条件端子接入的布尔量为假,循环就会一直运行下去。事件结构共有两个事件分支,其序号分别为 0 和 1。分支 0 响应"数值"输入控件上的名为"鼠标按下?"的过滤器事件,该事件发生时弹出对话框,提示消息为"过滤器事件"。因为事件过滤节点"放弃?"上接入布尔常量假,使得通知事件"鼠标按下"得以顺利生成。分支 1 用于处理通知事件"鼠标按下",处理代码仅仅是弹出提示内容为"通知事件"的消息框。图中 While 循环条件端子接入假常量,在"数值"控件上单击鼠标将会首先弹出消息为"过滤器事件"的消息框,确认之后,分支 0 执行完毕,紧接着弹出"通知事件"消息框,再次确认后重新进入等待事件的状态。如果分支 0 中的事件过滤节点"放弃?"上接入布尔值真,则通知事件"鼠标按下"不会产生。

有时需要把事件注册的过程限制在某一段代码之内,或者需要在运行时改变事件注册,此时,就应该使用动态事件注册。有关动态事件的注册请参考其他教材。

第 5 章

数组、簇和波形

除了如整数、双精度浮点数、单精度浮点数、布尔和字符串这样的基本数据类型外，LabVIEW 还提供了复合数据类型和对这些复合数据类型进行操作的函数和子 VI。灵活使用复合数据类型，将极大地方便 VI 的编程工作。本章介绍的复合数据类型包括数组、簇和波形。

5.1 数组

5.1.1 数组的创建

数组是相同类型的元素的集合，LabVIEW 中的数组可以随意改变长度。创建数组时，首先要创建数组框架，然后向其中添加输入控件以确定数组元素的数据类型，添加之后数组长度仍为 0。数组常量和输入控件可以作为数据源，数组显示控件可以作为数据流动的目标位置。数组输入控件和显示控件的框架位置是"控件选板"→"新式"→"数组、矩阵与簇"→"数组"，数组常量框架的位置是"函数选板"→"编程"→"数组"→"数组常量"，如图 5-1 所示。

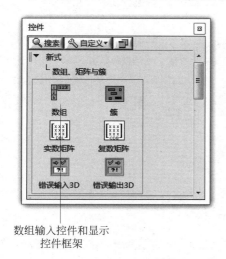

数组输入控件和显示
控件框架

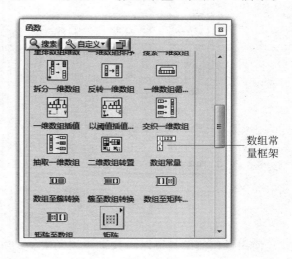

数组常
量框架

图 5-1 数组框架在控件选板和函数选板上的位置

图 5-2 给出了放置在框图上的数组常量框架与放置在前面板上的数组输入控件和显示控件框架，它们都由索引区域和元素区域两个部分组成。默认情况下，数组只显示一个元

素,该元素的索引值在数组索引区域中显示。使用操作值工具单击索引区域的上下两个小箭头,可以浏览数组元素,即元素区域的元素随着索引值的变化而变化。图 5-2 中,索引区域只有一个索引值,说明刚刚建立的数组框架都是一维数组框架。

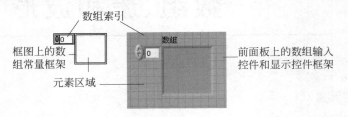

图 5-2　数组框架

数组的索引都是从 0 开始的,即含有 n 个元素的数组的索引值是从 0 到 $n-1$ 的非负整数。在数组索引区域右击,从弹出的快捷菜单选择"显示项"→"索引框"命令可以关闭索引的显示。这是一个开关选项,再次选择该选项可以恢复索引的显示。

图 5-3 中给出了创建布尔类型数组常量的示例。首先在"函数选板"的"数组"子选板上选中数组常量框架,拖曳并放置到框图上的合适位置,然后在"函数选板"→"编程"→"布尔"子选板上选中"真常量"或"假常量",并将其拖曳到数组框架的元素区域内,此时可以看到元素区域的内侧出现虚线框。放下布尔常量后,数组框架的元素区域变为布尔常量的大小,框架的颜色变为绿色。此时元素区域变为加灰的布尔常量图标,表明整个数组仍然为空。向数组框架元素区域中填入的布尔常量,仅仅提供了数组元素的类型信息,而还没有生成任何具体数组元素。

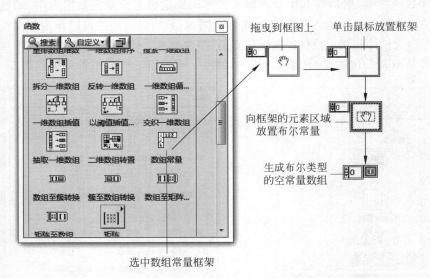

图 5-3　建立布尔类型数组常量

使用操作值工具可以向数组添加元素。例如在图 5-3 所示的示例中,建立空的布尔数组常量之后,使用操作值工具单击空数组的元素区域,可以看到其中的布尔常量图标发生变化,表明已经成功添加了元素。使用操作值工具,可以使常量值在"真"与"假"之间切换。

可以改变已经建立好的数组里某个元素尺寸的大小,改变大小后,数组里的其他元素的尺寸会变为同样大小。改变尺寸大小的操作仍要遵守元素数据类型本身的限制,如数值类型元素只能在水平方向改变尺寸大小；而字符串可以在垂直和水平两个方向上改变大小。

只显示一个元素的默认形式称为单元素形式，同时显示多个元素的形式称为表格形式。改变单元素数组元素大小和把数组显示形式由单元素变为表格形式两种操作的区别，仅仅在于拖曳前鼠标位置的不同。当鼠标指针为箭头形状时，可改变元素尺寸的大小；当鼠标指针为网格形状时，可改变为表格形式显示方式。图 5-4 给出了这两种操作的例子。对于一维数组，显示多个元素有水平和垂直两种显示方式。水平方向拖曳鼠标指针，可把一维数组在水平方向显示；垂直方向拖曳鼠标指针，则能把一维数组在垂直方向显示。水平方向显示时，最左侧的元素对应于索引区域的索引值；垂直方向显示时，最上面的元素对应索引区域的索引值。

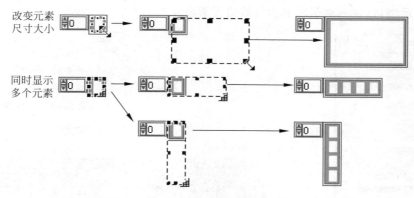

图 5-4   改变数组元素的大小和改变所显示元素的个数

为数组空元素赋值时，比当前元素的索引值小的所有空元素都自动被赋予该元素数据类型的默认值。图 5-5 中给出了一个示例。空整型数组采用表格形式显示，同时可见的元素数为 5。为索引值是 2 的空元素指定整型值 1 之后，较低索引值(0 和 1)的空元素自动被赋予整型数据类型的默认值 0。

图 5-5   建立数组元素时较小索引值空元素自动采用默认值生成

可以改变前面板上数组输入控件和显示控件元素的默认值，如图 5-6 所示。在这个例子里，把一个显示 4 个元素的表格形式的空整型数组显示控件的第一个元素指定为整型数值 1，然后在第一个元素上右击，从弹出的快捷菜单中选择“数据操作”→“当前值设置为默认值”命令，可以发现第一个元素后面的空元素内的加灰默认值都变成数值 1。

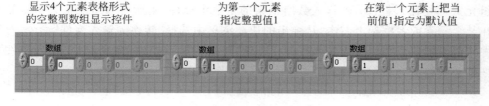

图 5-6   改变数组元素默认值

在某个数组常量的索引区和边框上右击弹出的快捷菜单如图 5-7 所示。其中,"转换为输入控件"和"转换为显示控件"命令可分别把数组常量变为前面板上的输入控件和显示控件;"添加维度"命令可把数组增加一维;"删除维度"命令能把数组减小一维;"添加元素间隔"命令的功能在于增加数组元素之间的间隙。

在图 5-8 中给出了二维数组的示例。左边是元素类型为"圆形指示灯"布尔显示控件的空的二维数组显示控件;右边是元素类型为字符串常量的空的二维数组常量。二维数组的索引区域有两个索引输入控件,上面的为行索引,下面的为列索引。与一维数组一样,二维数组的索引值也以 0 为基值。例如,索引值为 (3,4) 的元素实际上位于第 4 行、第 5 列。

数组索引区域的显示值永远为元素区域左上角元素的索引值,在图 5-9 中给出了一个二维数组的示例,以说明索引值显示与数组元素显示的关系。

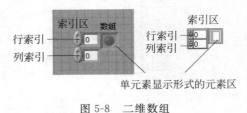

图 5-8　二维数组

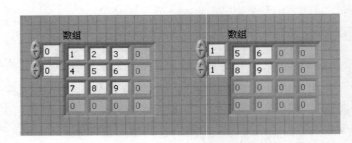

图 5-7　数组常量索引区快捷菜单　　　　图 5-9　二维数组索引显示和元素显示的对应关系

图 5-9 左边给出了一个 3 行 3 列的整型二维数组输入控件,元素值 6 的索引为 (1,2);7 的索引为 (2,0);其左上角第一个元素 1 的索引为 (0,0)。当采用与编辑普通数值控件相同的方式编辑索引区域,使其值为 (1,1) 后,元素显示区域自动调整,使得索引值为 (1,1) 的元素 5 显示在左上角,结果如图 5-9 右边所示。

三维数组的索引由页、行和列组成,每一页都可以认为是一个二维数组,其操作方式与低维数组相仿。

一般来说,任何类型的控件和常量都可以用来定义为数组的元素,但数组、子面板控件、ActiveX 控件、波形图表、XY 图则不能作为数组元素。

建立前面板上的数组控件时,如果在确立数组类型时拖入数组框架的是输入控件,则所有数组元素都是输入控件;若拖入数组框架的是显示控件,则所有数组元素就都是显示控件。在某个元素或者框架上右击,从弹出的快捷菜单中选择"转换为输入控件"命令(对于显示控件),可以把整个数组变为输入控件;选择"转换为显示控件"命令(对于输入控件),便可以把整个数组变为显示控件。

5.1.2 数组操作函数

下面介绍一些典型的数组操作函数(在"函数选板"→"编程"→"数组"子选板上),这些函数对于数组的使用非常重要。对于一些函数,本节将给出应用示例。除了明确要求一维和二维输入数组参数的示例外,其他示例都使用图 5-10 给出的常量三维整型数组作为输入数组。三维数组是在二维数组的基础上增加"页"作为第三维得到的,每个"页"都可视为一个二维数组。图 5-10 中的三维数组共有两页,每页 3 行 4 列,第 0 页元素为 1~12,第 1 页元素为 13~24,元素按由小到大顺序排列。

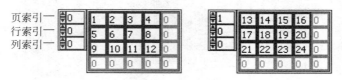

图 5-10 三维数组示例

1. 数组大小

数组大小
[Array Size]

数组 ——————— 大小

"数组"为任意维数的数组,"大小"返回各维的长度。如果数组为一维,"大小"返回一个整数值;如果"数组"为多维,"大小"返回一维整型数组,每个元素为输入数组对应维的长度。图 5-11 所示的示例中,把三维数组接入"数组大小"函数的"数组"输入端后,在"大小"端右击,从弹出的快捷菜单中选择"创建"→"显示控件"命令,建立名为"大小"的整型数组显示控件。运行程序后,在数组显示控件中便得到如图 5-11 所示的前三个元素值为 2(页)、3(行)和 4(列)的数组。

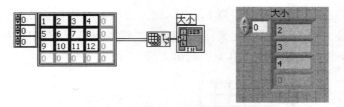

图 5-11 "数组大小"函数示例

2. 索引数组

索引数组
[Index Array]

n 维数组 ——————
索引0 ——————— 元素或子数组
索引$n-1$ ——————

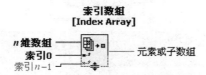

任意类型的 n 维数组接入"n 维数组"输入端子后,函数自动生成 n 个索引输入端子,这 n 个输入端子作为一组使用。使用定位工具拖曳该函数符的下边沿,可以增加新的输入索引端子组,每组索引输入端子对应一个输出端口,此时,相当于使用同一输入数组对该函数

进行多次调用。输出端口"元素或子数组"返回索引值对应的标量或数组。索引输入端子组中，默认情况下除了第一个索引输入端子以外的其他索引输入端子都被禁用。禁用的索引输入端子由一个空心小方框表示；未禁用的索引输入端子由实心小方形表示。解除索引输入端子禁用状态的方法是接入索引数据值。图 5-12 中为"索引数组"函数配置了两组索引输入，第一组接入了页索引和行索引，输出第 1 页第 1 行元素构成的一维数组；第二组同时接入了三个索引，返回第 1 页第 2 行第 1 列的元素 22。注意这里的页、行和列的标号都是从 0 开始的，而且函数中的索引输入端子按顺序分别为页、行和列索引。

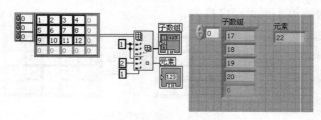

图 5-12   "索引数组"函数示例

3. 替换数组子集

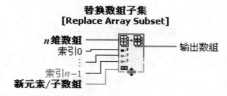

任意类型的 n 维数组接入函数"n 维数组"输入端子后，自动生成 n 个索引参数输入，这 n 个索引参数和"新元素/子数组"一起构成一组输入参数，所完成的功能是用"新元素/子数组"的内容替换索引值的索引目标。拖曳函数下边沿，可以添加更多组输入参数，每组对应一个输出端口"输出数组"。"输出数组"返回替换之后的结果。

在图 5-13 中只接入一个行索引值 1，这样，输入数组的替换目标就是所有页的第 1 行构成的二维数组；接入输入端子"新元素/子数组"的二维数组第 0 行，用来替换输入三维数组第 0 页的第 1 行，第 1 行用来替换第 1 页的第 1 行。

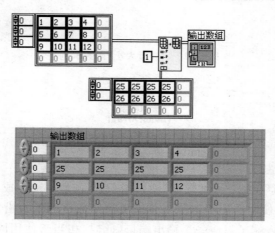

图 5-13   "替换数组子集"函数示例

4. 数组插入

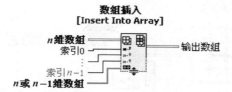

数组插入
[Insert Into Array]

n维数组
索引0
索引n−1
n或n−1维数组
输出数组

任意类型的 n 维数组接入函数"n 维数组"输入端子后自动生成 n 个输入索引参数,这 n 个索引参数和"n 或 n−1 维数组"一起构成一组输入参数,该函数把"n 或 n−1 维数组"的内容插入到索引值指示的位置。需要特别注意的是,每组 n 个输入索引参数中只能连接 1 个,其他索引参数不能使用。

图 5-14 给出一个示例,函数只接入行索引值 1,因为原三维数组有两页,故其用意是把 "n 或 n−1 维数组"接入的二维数组的第 0 行插入第 0 页的第 1 行的位置,把"n 或 n−1 维 数组"接入的二维数组的第 1 行插入第 1 页的第 1 行的位置。运行后在"输出数组"中可以 看到,第 0 页的原来第 0 行后面出现了元素全为 25 的一行,第 1 页的原来第 0 行后面出现 了元素全为 26 的一行。

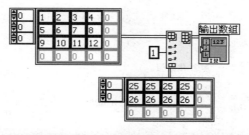

图 5-14 "数组插入"函数示例

5. 删除数组元素

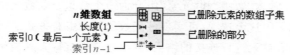

删除数组元素
[Delete From Array]

n维数组
长度(1)
索引0(最后一个元素)
索引n−1
已删除元素的数组子集
已删除的部分

该函数从输入数组中删除单个元素或子数组,位置由索引值决定,删除数目由"长度"决定。"已删除元素的数组子集"为删除操作之后的数组;"已删除的部分"为被删除的元素或子数组。索引端子的数目等于"n 维数组"的维数 n,只有一个索引端子可以接入输入值。在图 5-15 中,"删除数组元素"函数接入行索引 0 和删除长度 2,表明从每一页的第 0 行开始删除两行,删除结果如图 5-15 所示。此时,两个输出参数也都是三维数组。如果删除长度为 1,则"已删除的部分"将为二维数组。

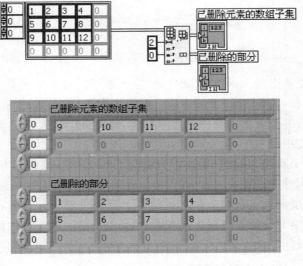

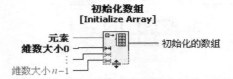

图 5-15 "删除数组元素"函数示例

6. 初始化数组

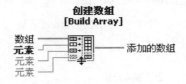

该函数的功能是创建并初始化一个 n 维数组,每一维长度分别由维数大小 $0\sim n-1$ 指定,创建之后,数组的每一个元素的值都与输入参数"元素"相同。该函数刚刚放置在框图上时,只有一个维数大小输入端子,此时创建的是指定长度的一维数组。使用定位工具向下拖曳此函数下边沿,可以增加更多的维长度输入端子,从而创建多维数组。

7. 创建数组

创建数组
[Build Array]

数组
元素
元素
元素 ————— 添加的数组

"创建数组"函数把若干个输入"数组"和"元素"组合为一个数组。函数快捷菜单中有一个开关选项"连接输入",打开和关闭这个选项,可实现该函数的两种组合方式。当"连接输入"被打开时,"添加的数组"是把所有输入进行连接的结果,其维数与所有输入参数中的最高维数相同;当"连接输入"关闭时,所有的输入参数的维数必须相同,输出数组比输入数组高一维。

如果所有的输入参数维数相同,在函数上右击弹出的快捷菜单里可选择打开或关闭"连接输入"选项。如果输入参数维数不同,则"连接输入"被打开且不能关闭。如果所有的参数都是标量,则"连接输入"自动关闭且不能被打开,输出为一维数组,按顺序包含所有输入参数。

在框图上创建该函数时,只有一个输入端子,在输入端子上右击,从弹出的快捷菜单中选择"添加输入"命令,或者使用定位工具向下拖曳函数下边沿,都可以增加更多的输入端子。

8. 数组子集

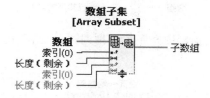

此函数的功能是返回从"索引"参数指定的位置开始,"长度"参数指定长度的数组子集。每一个"索引"和一个"长度"构成一对,索引-长度对的数目与输入数组的维数相同。输出"子数组"的维数也与输入"数组"相同。

9. 数组最大值与最小值

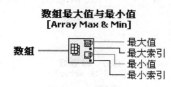

此函数的功能是,在输出参数"最大值"中返回数组元素中的最大值,"最大索引"返回第一个最大值的索引;在输出参数"最小值"中返回数组元素中的最小值,"最小索引"返回第一个最小值的索引。

10. 重排数组维数

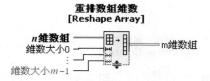

对于该函数,输入可以是任意类型的 n 维数组,维数大小 $0\sim m-1$ 为 m 个维长度输入参数。该函数把"n 维数组"重整为 m 维数组后在"m 维数组"中输出,"m 维数组"每个维的长度在维数大小 $0\sim m-1$ 中给出。创建该函数时,只有 1 个维长度输入参数,向下拖曳函数下边沿,可以增加任意多的维长度输入参数。图 5-16 所示的示例中,一维数组被重整为 2 行 4 列的二维数组。

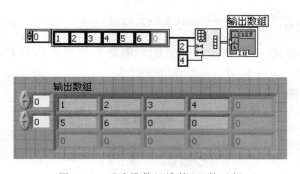

图 5-16　"重排数组维数"函数示例

11. 一维数组排序

该函数的功能是,对数组元素按升序重新排列,排序结果在"已排序的数组"中返回。

12. 搜索一维数组

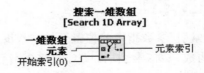

该函数的功能是,对"一维数组"中输入的数组,从"开始索引"指示的位置开始搜索值为"元素"的元素。如果找到了这个元素,则在"元素索引"中返回索引值,如果没找到,则返回 -1。

13. 拆分一维数组

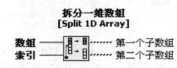

该函数的功能是,根据"索引"接入的值把输入数组分为两个部分,索引号小于"索引"端接入值的元素形成一个数组,在"第一个子数组"中返回;后面其他元素在"第二个子数组"中返回。

14. 反转一维数组

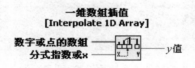

该函数能颠倒一维数组元素排列的顺序,如果数组长度为 n,则第 0 元素和第 $n-1$ 元素交换,第 1 元素和第 $n-2$ 元素交换,等等。

15. 一维数组移位

一维数组移位
[Rotate 1D Array]

n
数组 ——▭——— 数组(最后 n 个元素置于前端)

如果把一维数组排成一行,该函数完成的功能就是把元素循环右移 n 个位置;如果 n 为负整数,则循环左移 $-n$ 个位置。

16. 一维数组插值

一维数组插值
[Interpolate 1D Array]

数字或点的数组 ——▭——— y 值
分式指数或x

该函数可实现对一维数组"数字或点的数组"进行插值。

17. 以阈值插值一维数组

以阈值插值一维数组
[Threshold 1D Array]

数字或点的数组 ─┐
过阈值的 y ──── 分式指数或 x
开始索引(0) ─┘

该函数可直接求出一维数组的门限值。

18. 交织一维数组

交织一维数组
[Interleave 1D Arrays]

数组0 ─┐
数组1 ──── 交织的数组
数组 $n-1$ ─┘

该函数的功能是,把 n 个一维数组"数组 0"～"数组 $n-1$"进行插接,默认情况下有两个输入端子,可以通过向下拖曳函数下边沿的方法增加输入端子数目。输出"交织的数组"的前 n 个元素(第 0～$n-1$ 个元素),依次为数组 0～$n-1$ 的第 0 个元素,"交织的数组"的第 n～$2n-1$ 个元素依次为数组 0～$n-1$ 的第 1 个元素,依此类推。如果数组 0～$n-1$ 长度不同,以最小长度为准,对其他输入数组进行截取。

19. 抽取一维数组

抽取一维数组
[Decimate 1D Array]

数组 ──── 元素0, n, $2n$, …
         元素1, $n+1$, $2n+1$, …

该函数可接纳输入数组为任意类型的一维数组,默认情况下有两个输出端子,可以通过向下拖曳函数下边沿的方法增加输出端子数目。如果输出数组的个数为 n,则输入数组的第 0、n、$2n$ 等元素组成第一个输出数组;输入数组的第 1,$n+1$,$2n+1$ 等元素组成第二个输出数组,依此类推。

20. 二维数组转置

二维数组转置
[Transpose 2D Array]

二维数组 ──── 已转置的数组

该函数可直接对二维数组进行转置操作,转置结果在"已转置的数组"中返回。

5.2 簇

5.2.1 簇的创建

与数组相似,LabVIEW 中的簇也是一种复合数据类型。与数组不同的是,簇的元素类型可以相同也可以不同;另外,簇不能在运行时添加新元素。

建立簇时首先要建立簇框架,然后向簇框架中添加对象作为簇元素。簇输入控件和显示控件的框架在"控件选板"→"新式"→"数组、矩阵与簇"子选板上；而簇常量框架则是在"函数选板"→"编程"→"簇与变体"子选板上，如图 5-17 所示。

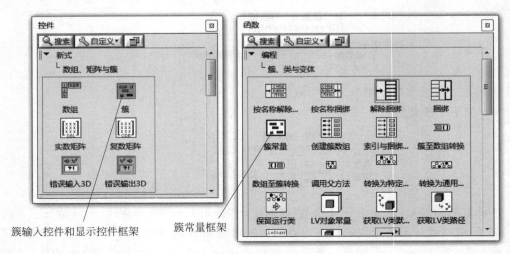

簇输入控件和显示控件框架   簇常量框架

图 5-17   簇框架在控件选板和函数选板上的位置

图 5-18 给出了创建簇输入控件的一个示例。首先选中控件选板上的簇框架，此时鼠标指针变为手形，然后移动鼠标指针到前面板上，在鼠标指针的下面出现簇框架的虚线轮廓。在适当的位置单击鼠标完成簇框架的放置，此时簇框架的标签"簇"自动被选中，可以输入修改标签内容。

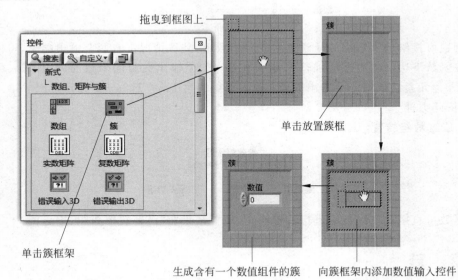

图 5-18   建立含有一个数值输入控件的簇控件

从控件选板上拖曳一个数值输入控件到簇框架内，当簇框架内边沿出现虚线框时，单击鼠标便可把数值输入控件作为元素添加到簇中。放置数值输入控件后，默认标签"数值"被选中，可对其进行编辑修改。图 5-18 中添加的是一个数值控件，实际中，可以根据需要重复前述步骤,添加任何类型的对象。

在簇框架上右击,弹出的快捷菜单中"自动调整大小"子菜单中的 4 个选项可以用来调整簇框架的大小以及簇元素的布局。"无"选项不对簇框架做出调整;"调整为匹配大小"选项用于调整簇框架的大小,以适合所包含的所有元素;"水平排列"选项在水平方向压缩排列所有元素;"垂直排列"选项则在垂直方向压缩排列所有元素。

簇的元素有一定的排列顺序,即为创建簇时添加这些元素的顺序。簇元素的排列顺序很重要,因为对簇的很多操作都需要它。例如图 5-19 左边图形中给出的簇常量,添加元素的顺序是先整数 2,然后布尔常量"真",最后字符串常量"abc",这 3 个常量的顺序号分别是 0、1 和 2。在采用"水平排列"和"垂直排列"方式调整簇元素布局时,分别按顺序号从左到右和从上到下排列这 3 个簇元素;在为簇显示控件赋值时,也必须考虑簇元素的顺序。作为数据源的簇数据的元素类型排序,必须与簇显示控件的元素类型排序相同。

普通状态　　　　　　　　　　元素顺序编辑状态

图 5-19　簇元素顺序编辑状态

改变已有簇中元素排列顺序的方法,是在簇的框架上右击,从弹出的快捷菜单中选择"重新排列簇中控件…"命令,打开簇元素顺序编辑状态,见图 5-19 中右边图形。

在图 5-19 所示元素顺序编辑状态下,簇元素上有两个序号,左边反显(黑底白字)的为新序号;右边加灰的为修改之前的旧序号。最初工具栏提示"单击设置 0",这时,单击三个簇元素之一,将把被单击元素设置为第 0 个元素。设置完第 0 个元素后,工具栏提示信息变为"单击设置 1",单击另一个元素将把其设置为第 1 个元素。重复此过程,直到改好所有元素的顺序。在编辑元素顺序号的过程中,随时可以单击工具栏中的"√"按钮,以确认所做的修改并回到普通状态;或者单击"×"按钮取消所做的修改。

簇中的所有元素必须同时为输入控件或者同时为显示控件。对于簇输入控件,在其中任何一个元素或者簇框架上右击,从弹出的快捷菜单里选择"转换为显示控件"命令,都将把所有元素变为显示控件,从而整个簇变为一个显示控件;对于簇显示控件,在其中任何一个元素或者簇框架上右击,从弹出的快捷菜单里选择"转换为输入控件"命令,都将把整个簇变为一个输入控件。

5.2.2　簇操作函数

下面介绍对簇进行操作的重要函数。这些函数在"函数选板"→"编程"→"簇与变体"子选板上。

1. 捆绑

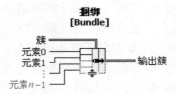

当不接入输入参数"簇"时,"捆绑"函数把元素 $0 \sim n-1$ 打包生成含有 n 个元素的新簇,并在"输出簇"中输出,输入元素的数目可以任意,接入输入端子的顺序决定了所生成新簇中元素的顺序;当接入了"簇"参数时,输入元素的端子数目自动调整为与"簇"所含元素数相同,该函数功能变为替换"簇"中的指定元素,并将替换结果在"输出簇"中输出。没有接入替换元素的原簇元素保持不变。接入元素的顺序必须与"簇"中所含元素的顺序按类型匹配。刚放置在框图上的"捆绑"函数只有两个元素输入端口,向下拖曳函数下边沿或在端子上右击,从弹出的快捷菜单中选择"添加输入"命令,都可以增加输入端口。

图 5-20 中给出了"捆绑"函数代码示例。其中,上半部分代码中没有接入"簇"参数,新创建的簇在"输出簇"中输出,此时所有元素输入端子必须都接入输入数据。图 5-20 中,下半部分"捆绑"函数接入了"簇"参数,元素输入端子自动根据输入的簇常量调整为字符串类型、整数类型和布尔类型的三个输入端子。第 1 个参数被修改为"abc",第 3 个参数被修改为"真",第 2 个参数保持不变。修改前后的簇分别在"簇"和"输出簇"中输出。

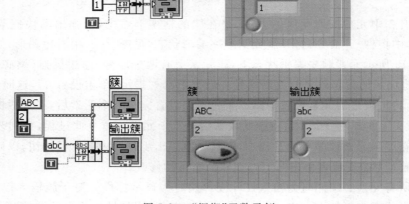

图 5-20 "捆绑"函数示例

2. 解除捆绑

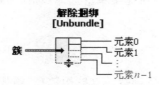

该函数的功能是对输入簇进行解包,接入"簇"输入参数后,输出端子数自动调整为与输入的"簇"所含的元素数目相同,"簇"中的元素按顺序出现在输出端子上。图 5-21 给出了"解除捆绑"函数的示例。簇常量作为输入接入"解除捆绑"函数的"簇"输入端子,运行该函数的程序后,元素 0～2 中获得了常量簇中的相应元素。

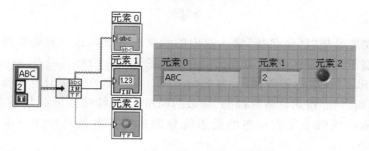

图 5-21　"解除捆绑"函数的示例

3. 按名称捆绑

为执行此函数,"输入簇"参数必须接入,而且要求其元素至少一个有标签。刚放置在框图上的"按名称捆绑"函数只有一个元素输入端子,向下拖曳函数下边沿可以增加输入端子。该函数的功能为按照标签替换"输入簇"中的元素,替换结果在"输出簇"中输出;不能使用该函数修改没有标签的元素。使用操作值工具单击输入端子标签区域,会弹出带有标签的簇元素的标签列表,可以按标签选择该端子所对应的簇元素。

图 5-22 中给出了"按名称捆绑"函数的示例。默认情况下,框图上的簇常量元素没有标签,这里在字符串和布尔类型元素上右击,从弹出的快捷菜单中选择"显示项"→"标签"命令,分别指定标签为"字符串"和"布尔"。这样,就可以使用"按名称捆绑"函数替换字符串和布尔类型元素的值。由于没有为整型元素提供标签,所以不能在"按名称捆绑"函数的调用中修改整型元素的值。本示例中,为标签名称是"字符串"的簇元素指定的新值为"abc";为标签名称是"布尔"的簇元素指定的新值为"真"。该函数的调用结果在簇显示控件"输出簇"中返回。

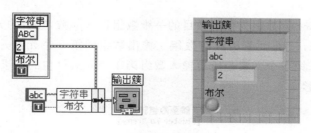

图 5-22　"按名称捆绑"函数示例

4．按名称解除捆绑

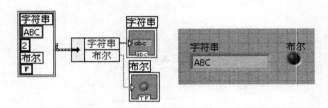

该函数的功能是把"已命名簇"输入簇中的元素按标签解包。只能获得拥有标签的元素。单击输出端子的标签区域,可以弹出带有标签的簇元素的标签列表。

图 5-23 给出了"按名称解除捆绑"函数的示例。输入簇常量中只有字符串和布尔类型元素拥有标签,所以在"按名称解除捆绑"函数的调用中,只能获得标签为"字符串"和"布尔"的元素的值。簇中的两个带有标签的元素值分别在字符串显示控件和布尔显示控件中输出。

图 5-23 "按名称解除捆绑"函数示例

5．创建簇数组

该函数把相同类型的 n 个输入参数组件 $0 \sim n-1$ 分别打包成簇,然后,组成元素为簇的一维数组在"簇数组"中输出。输入参数可以都为数组,但要求维数相同。

6．索引与捆绑簇数组

索引与捆绑簇数组
[Index & Bundle Cluster Array]

x 数组
y 数组 ────── 簇数组 $(xi, yi, \cdots, zi)$
z 数组

为使用该函数,$x \sim z$ 数组为任意数目的一维数组输入参数,数组的元素类型不必相同。"簇数组"$(xi, yi, \cdots, zi)$ 是元素为簇的数组。输出数组的第 0 个元素是所有输入数组第 0 个元素打包的结果;第 1 个元素是所有输入数组第 1 个元素打包的结果,依此类推。

7．簇至数组转换

簇至数组转换
[Cluster To Array]

簇 ═══════▤▥▢▥········ 数组

为执行该函数,要求输入簇的所有元素为相同类型。该函数完成的功能是把所有簇元素按顺序组合为一维数组在"数组"中输出。

8. 数组至簇转换

数组至簇转换
[Array To Cluster]

数组 ┄┄┄┄┄┅⫿⫿⫿┅┄┄┄┄ 簇

该函数把"数组"中的元素按顺序打包成簇,然后在"簇"中输出。

5.3 波形

5.3.1 波形的创建

在信号采集、处理和分析过程中,经常要使用所谓波形数据类型。在 LabVIEW 中,波形的结构与簇十分相似,故可以认为波形是一种特殊类型的簇。波形的特殊之处在于具有预定义的固定结构;只能使用专用的函数打包和解包。LabVIEW 提供了很多功能强大的函数用来操作波形数据。

在具体介绍波形之前,先简介"时间标识"和"变体"数据类型。

时间标识是 LabVIEW 中记录时间的专用数据类型。时间标识常量路径为"函数选板"→"编程"→"定时"→"时间标识常量"。时间标识输入控件和显示控件在"控件选板"→"新式"→"数值"子选板上。图 5-24 中给出了时间标识对象示例。

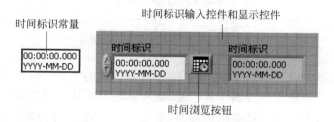

图 5-24　时间标识类型常量和控件

时间标识对象默认显示的时间值为 0。在时间标识常量和前面板控件上右击,从弹出的快捷菜单中选择"数据操作"→"设置时间和日期…"命令,将打开如图 5-25 所示"设置时间和日期"对话框,在这个对话框里可以修改日期和时间。单击"设置为当前时间"按钮,或右击选择时间标识常量和前面板控件,从弹出的快捷菜单中选择"数据操作"→"设置为当前时间"命令,都可以把时间标识对象包含的时间值设置为当前时间。对于时间标识输入控件对象,单击其附带的时间浏览按钮,可以快速打开"设置时间和日期"对话框,而控件快捷菜单中的"显示项"→"时间/日期浏览按钮"是显示时间浏览按钮的开关选项。

图 5-25　"设置时间和日期"对话框

变体是 LabVIEW 中另外一种特殊的数据类型。任何数据类型都可以转化为变体类型，然后为其添加属性，并在需要时转换回原来的数据类型。变体这种数据类型的操作函数都在"函数选板"→"编程"→"簇与变体"→"变体"子选板上。

1. 转换为变体

转换为变体
[To Variant]

任何数据 ——————⬚—————— 变体

该函数可完成任意类型数据到变体类型数据的转换。"任何数据"输入参数可为任意类型的数据；"变体"输出参数为转换成变体类型之后的新数据。

2. 变体至数据转换

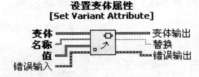

变体至数据转换
[Variant To Data]

类型
变体 —— 数据
错误输入 —— 错误输出

该函数的功能是把变体类型数据转换为适当的 LabVIEW 数据类型。"变体"输入参数为变体类型数据，"类型"输入参数为需要转换的目标数据类型的数据，只取其类型，具体值没有意义。"数据"输出参数为转换之后的输出数据。

3. 设置变体属性

设置变体属性
[Set Variant Attribute]

变体 —— 变体输出
名称 —— 替换
值 —— 错误输出
错误输入

该函数的功能是为变体类型输入数据添加或修改属性（属性包括属性名和属性值）。"名称"输入参数为字符串类型的属性名，"值"输入参数为任意类型的属性值。如果名为"名称"的属性已经存在，则完成对该属性的修改，并且"替换"输出值为真；否则完成新属性的添加工作，并使"替换"输出值为假。

4. 获取变体属性

获取变体属性
[Get Variant Attribute]

变体 —— 变体副本
名称 —— 名称
默认值（空变体）—— 值
错误输入 —— 错误输出

该函数的功能是获取变体类型输入数据的属性值。"名称"输入参数为想要获得的属性的名字，变体类型的"默认值（空变体）"输入参数定义了属性值的类型和默认值，如果没有找到目标属性，就在"值"中返回默认值。输出参数"值"为找到的属性值，必须单独调用"变体至数据转换"函数转换为适当的数据类型。输出参数"名称"为字符串类型的数组，包含所有已定义属性的名称。

下面介绍波形数据的类型。通常情况下波形数据含有 4 个组成部分：t0 为时间标识常量类型，表示波形数据的时间起点；dt 为双精度浮点类型，表示波形相邻数据点之间的时间间隔，以秒为单位；Y 为双精度浮点数组，按照时间先后顺序给出整个波形的所有数据点；"属性"为变体类型，用于携带任意的属性信息。

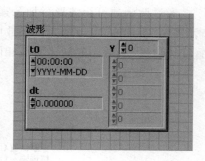

图 5-26　默认状态下的波形控件

找到波形类型控件位置的途径是"控件选板"→"新式"→I/O→"波形"。默认情况下，波形控件显示了 3 个元素：t0、dt 和 Y，如图 5-26 所示。在波形控件上右击，从弹出的快捷菜单中选择"显示项"→"属性"命令可以打开波形控件的"属性"的显示。

5.3.2　波形操作函数

有关波形的操作函数，都位于"函数选板"→"编程"→"波形"子选板上，这里介绍其中最基本的几个函数。

1. 创建波形

该函数的功能是建立或修改已有波形。默认情况下该函数只有"波形"和 Y 输入端子；向上拖曳函数上边沿，还可以增加 dt、t0 输入端子；向下拖曳函数下边沿，可以增加 attributes 即属性输入端子。使用操作值工具单击端子，可以弹出元素选择快捷菜单。如果"波形"端子没有接入，此函数会根据输入参数建立新的波形数据，并在输出端子中返回；如果"波形"端子接入了已有波形数据，则根据接入的"波形成分"数据修改波形数据，修改之后的结果在输出端子中返回。如前所述，attributes 端子为变体类型，可能需要使用"转换为变体"函数先进行数据转换，然后再接入 attributes 输入端子。

2. 获取波形成分

该函数的功能是把波形解包。默认情况下该函数只有 Y 输出端子；向上拖曳函数上边沿，还可以增加 dt、t0 输出端子；向下拖曳函数下边沿，可以增加 attributes 输出端子。使用操作值工具单击端子，可以弹出元素选择快捷菜单。

3. 设置波形属性

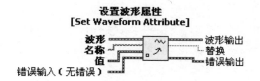

通过此函数可为波形添加元素"名称"和"值"。实际上,属性是为波形中的变体类型元素"属性"添加的,可以认为该函数中封装了"设置变体属性"函数。"替换"参数的含义和"设置变体属性"函数中的同名参数相同。

4. 获取波形属性

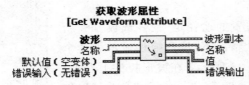

该函数可用于获取波形中名为"名称"的属性,可以认为该函数中封装了"获取变体属性"函数。

在"函数选板"→"编程"→"波形"子选板上还有很多其他波形操作函数,也还有实现波形测量和波形发生的子 VI,可以在使用时查阅。一些波形操作函数比较简单,可以在框图上双击该函数图标,打开其对应的 VI 窗口,观察其内部实现函数功能的具体细节。

在某些应用领域经常会用到波形数组。波形数组是由波形作为元素组成的数组。例如在数据采集中,常常要从多个数据通道中的每个通道各采集一个波形,这时,数据采集函数输出的数据类型经常就是一个波形数组。获得波形数组之后,使用数组函数从数组中提取出波形元素,然后就可以使用前面介绍的波形函数对波形数据进行处理了。

第 6 章

图形显示控件

LabVIEW 为检测数据的图形化显示提供了丰富的支持。强大的图形显示功能增强了用户界面的表达能力,极大地方便了用户对虚拟仪器的学习和掌握。图形显示控件位于"控件选板"→"新式"→"图形"子选板上,如图 6-1 所示。

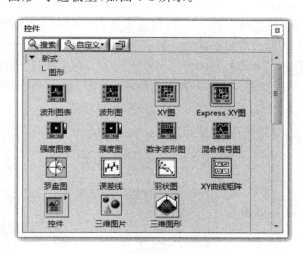

图 6-1 "图形"子选板

波形图和波形图表是 LabVIEW 图形显示的两种最基本控件。这两种控件名称虽相近,但在 LabVIEW 中却有很大差别。波形图表将数据在图形显示区中实时、逐点(或者一次多个点)地显示出来,可以反映被测物理量的变化趋势,类似于传统的模拟示波器、波形记录仪的显示方式。波形图则用于对已采集数据进行事后显示处理,它根据实际要求,将数据组织成所需的图形一次显示出来。下面介绍几个常用的图形控件。

6.1 波形图

图 6-2 给出了前面板上的波形图示例。

在图 6-2 所示的默认情况下,波形图控件上除绘图区域之外的可见元素,包括有"标签"、"图例"、"X 标尺"和"Y 标尺"。

波形图的基本显示模式是按等时间间隔显示数据点,而且每一时刻只对应一个数据值。

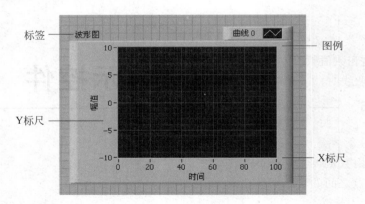

图 6-2　波形图

6.1.1　波形图的数据格式

图 6-3 给出了 examples\general\graphs\gengraph.llb 中的 Waveform graph.vi 的示例框图，它展示了波形图所能接受的所有数据输入形式。图 6-3 中的波形数据来源于两个双精度数组，而这两个数组的数据则来自于打开自动索引功能的 For 循环边框上的输出隧道。在 For 循环中，对 $0\sim 2\pi$ 之间均匀分布的 100 个点（角度数据，单位为弧度）调用"函数选板"→"数学"→"基本与特殊"→"三角函数"子选板上的"正弦"和"余弦"函数。

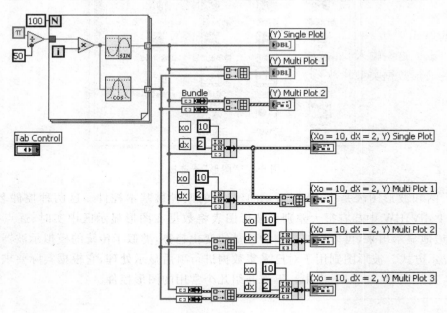

图 6-3　Waveform graph.vi 框图

使用波形图可以绘制出一条或多条曲线，在这两种情况下，有着不同的数据组织格式。绘制一条曲线时，波形图可以接受如下两种数据格式：

（1）一维数组，对应于图 6-3 中的（Y）Single Plot。此时，默认时间从 0 开始，而且相邻数据点之间的时间间隔为 1s，即时刻 0 对应数组中的第 0 个元素，时刻 1 对应数组中的第 1

个元素,等等。

(2) 簇数据类型,对应于图 6-3 中的(X0＝10,dX＝2,Y)Single Plot。簇中应包括时间起点、时间间隔和数值数组这三个元素。

绘制多条曲线时,波形图可以接受如下数据格式:

(1) 二维数组,对应于图 6-3 中的(Y) Multi Plot 1。数组的每一行反映的是一条曲线的数据,时间从 0 开始,相邻数据点之间的时间间隔为 1s。

(2) 由簇作为元素的一维数组,对应于图 6-3 中的(X0＝10,dX＝2,Y) Multi Plot 1。每个簇元素都由数值类型元素 t0、dt 和数值类型数组这三个元素组成。t0 作为时间起点,dt 为相邻数据点之间的时间间隔,数值数组代表一条曲线的数据点。这是最通用的一种多曲线数据格式,因为其允许每条曲线都有不同的起始时间、数据点时间间隔和数据点长度。

(3) 数值类型元素 t0、dt 以及数值类型二维数组 Y 组成的簇,对应于图 6-3 中的(X0＝10,dX＝2,Y) Multi Plot 2。其中,t0 作为时间起点,dt 为相邻数据点之间的时间间隔,二维数组 Y 的每一行为一条曲线的数据。

(4) 把数组打包成簇,然后以簇作为元素组成数组,对应于图 6-3 中的(Y) Multi Plot 2。每个簇里包含的数组都是一条曲线。当多条曲线的数据点的个数不同时,可以使用这种数据组织方式。时间起点从 0 开始,相邻数据点之间的时间间隔为 1s。

(5) 数值类型元素 t0、dt 以及以簇为元素的数组这三者组成簇,该簇中的数组元素的每一个簇元素都由一个一维数组打包而成,这最初始的每个一维数组都是一条曲线。对应于图 6-3 中的(X0＝10,dX＝2,Y) Multi Plot 3。所有曲线共用最外层簇提供的起始时间 t0 和时间间隔 dt 参数。

除了上面这些输入数据的组织方式外,波形图还可以直接接受波形数据类型(单曲线)或元素为波形数据类型的数组(多曲线)作为输入数据。在图 6-4 给出的示例中,调用"函数

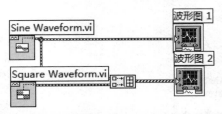

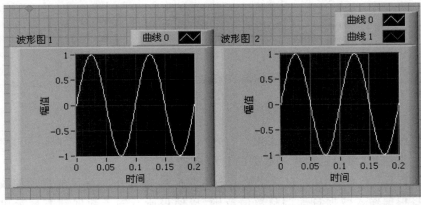

图 6-4　使用波形图显示波形数据类型数据

选板"→"信号处理"→"波形生成"子选板上的"正弦波形"和"方波波形"产生波形类型的正弦和方波信号,并将正弦信号的波形数据直接送入"波形图 1"显示控件显示出来;同时,还把正弦信号和方波信号的波形数据用"创建数组"函数组成数组后,再送入"波形图 2"显示控件显示出来。

6.1.2 定制波形图的属性

在波形图上右击,弹出的快捷菜单如图 6-5 所示。在这个菜单里,可以配置波形图的一些最基本的属性。其中,"显示项"子菜单中列出了波形图一些附属元素的开关选项;"查找接线端"命令用于定位波形图控件的框图端子;"转换为输入控件"命令用于把波形图转换为输入控件。

在右击波形图弹出的快捷菜单中的"X 标尺"子菜单如图 6-6 所示。其中,"刻度间隔"子菜单有两个可选项,用于指定刻度标记的分布类型:默认情况下"均匀"被选中,此时刻度标记将均匀分布。这种情况下"X 标尺"子菜单中的"添加刻度"和"删除刻度"选项均被禁用。如果选中"刻度间隔"子菜单中的"任意"选项,则刻度标记可以任意分布。选中操作值工具,把鼠标指针移动到某一个刻度标记上时,指针变为双箭头的形状,此时可以拖曳刻度标记到任意位置;如果在拖曳之前按下了 Ctrl 键,将会创建新的刻度标记。也可以在"X 标尺"上右击,从弹出的快捷菜单中选择"添加刻度"命令,在鼠标指针所在位置创建新的刻度标记。在已有刻度标记上右击,从弹出的快捷菜单中选择"删除刻度"命令,将删除该刻度标记。

图 6-5 波形图弹出的快捷菜单

图 6-6 "X 标尺"子菜单

选择"X 标尺"子菜单中的"格式化…"命令,将打开波形图"属性"对话框的"格式与精度"选项卡。在这里,可以定制标尺数据的显示格式。

选择"X 标尺"子菜单中的"自动调整 X 标尺"命令,将打开 X 标尺的自动缩放功能。此时,X 标尺将根据输入数据自动调整数值范围,以使得所有输入数据都能显示出来。打开"近似调整上下限"选项后,终止标尺标记将把标尺舍入到标尺间距的整数倍的位置上;如果想让标尺确切设置为输入数据的范围,就必须关闭该选项。"显示标尺标签"开关选项用于控制 X 标尺标签名称的显示。

右击波形图弹出的快捷菜单中的"Y 标尺"子菜单中的内容与"X 标尺"的相同。

在右击波形图弹出的快捷菜单中,"转置数组"选项用于在绘制多条曲线前先对二维数据做转置,因为在某些情况下(例如多通道数据采集得到的二维数组),多条曲线可能在二维数据中按列组织,而波形图默认要求多条曲线数据按行组织。通过"属性"选项可以打开波形图的属性对话框,其中的选项一般在快捷菜单中也可以找到。

在图 6-2 给出的波形图示例中只包含了波形图的几个最基本附属组件,在右击弹出的快捷菜单中的"显示项"子菜单中包含更多的组件显示选项。图 6-7 给出的波形图打开了所有组件的显示,使用波形图时,可根据需要定制具体显示哪些元素。

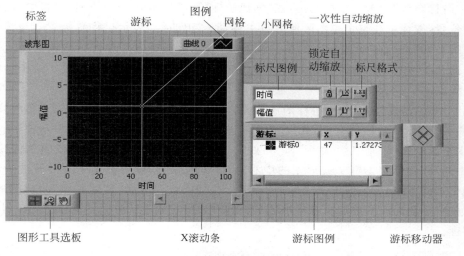

图 6-7　波形图元素

下面介绍波形图上一些组件的功能和使用方法。

1. 网格

波形图的曲线显示区域划分为很多称为网格的格子,划分成的更细的格子称为小网格。

2. 标尺图例

用于定制 X 和 Y 方向上标尺的相关选项。第一行对应于水平标尺(如时间),第二行对应于垂直标尺(如被测信号的幅度)。每一行上都有一个标尺名称编辑文本框、"锁定自动缩放"按钮、"一次性自动缩放"按钮和"标尺格式"按钮。如前所述,自动缩放是波形图的特殊功能,打开该功能后,波形图会根据输入数据的长度和幅值自动调整标尺范围,以使得曲线数据完全显示在波形图的曲线显示区域内。在波形图上右击弹出快捷菜单,"X 标尺"→"自动调整 X 标尺"和"Y 标尺"→"自动调整 Y 标尺"分别为两个标尺上的自动缩放开关选项。这两个开关选项等同于标尺图例上的"锁定自动缩放"按钮。"一次性自动缩放"按钮根据当前曲线数据对标尺进行一次性缩放,单击"锁定自动缩放"按钮后,一次性自动缩放按钮始终处于按下状态。

"标尺格式"按钮的弹出菜单如图 6-8 所示。其中,"格式"定义标尺显示的数据格式,如各种进制和科学计数法等。"精度"定义数据精度,共有 7 个选项。"映射模式"中可以选择映

射模式为线性或对数关系。"显示标尺"定制整个标尺的显示开关状态。"显示标尺标签"选项

图 6-8 "标尺格式"按钮
弹出菜单

仅在"显示标尺"被选中时才可用,用于确定标尺标签的显示开关状态。"网格颜色"选项将打开颜色拾取器,在颜色拾取器窗口按下空格键,将在前景色、背景色和前背景色之间切换。前景色为 X 或 Y 方向上网格线的颜色,背景色为小网格线的颜色。

3. 游标

用来读取波形图上某一点的确切坐标值,游标所在点的坐标值显示在"游标图例"中。例如图 6-7 中,名为"游标 0"的游标所在位置的坐标为(47,1.27273)。在游标图例中可以编辑改变游标名称和游标点的坐标位置;"游标移动器"可以移动选中的游标。

在"游标图例"中单击鼠标右键,在"创建游标"选项中有三个子选项。"自由"表示不论曲线的位置,游标可在整个绘图区域内自由移动;"单曲线"表示仅将游标置于与其关联的一条曲线上,游标可在该曲线上移动;"多曲线"表示将游标置于绘图区域内的特定数据点上。多曲线游标可显示与游标相关的所有曲线在指定处的值,且游标可置于绘图区域内的任意曲线上。

图 6-9 所示为创建了两个游标的波形图。其中一个为"自由",另一个为"单曲线"。选中"单曲线"游标单击鼠标右键,弹出如图 6-10 所示的快捷菜单。其中,"显示项"选择是否显示"水平滚动条"、"垂直滚动条"和"列首";"关联至"将此游标与一条或多条曲线关联;"置于中间"将游标置于整个波形图的中心;"转到游标"以该游标为中心展开波形图。注意,"置于中间"的功能是波形图坐标轴不动而改变游标位置,而"转到游标"的功能则相反,是游标位置不动而改变波形图坐标轴。"创建游标"用于创建新游标。"删除游标"用于删除当前游标。

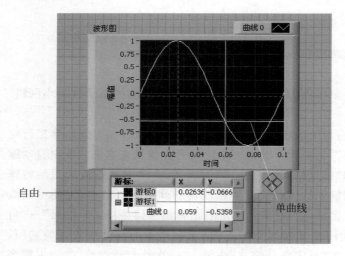

图 6-9 波形图与"游标图例"

图 6-10 "单曲线"游标右键菜单

"属性"子菜单如图 6-11 所示。其中,"颜色"选项打开颜色拾取器,以定制游标的新颜色。"游标样式"定制游标线的样式:①在水平(X)和竖直(Y)两个方向上分别指向正负无穷大的两条射线;②在一个方向上是两条线段,而在另一个方向上是两条射线;③在两个

方向上都是两条线段；④没有游标线。"点样式"定制游标点的外形,可以从预定义的 16 个
游标外形中进行选择,或者不显示游标点。"线条样式"定制游标线的风格。"线条宽度"选择游标线线宽。选择"显示名称"命令后,将在游标点旁边出现游标名称。"允许拖曳"选项选中后,允许对游标进行拖曳,否则只能用"游标移动器"进行移动。

图 6-11 "属性"子菜单

4. 图形工具选板

见图 6-7 左下角处,用于选择鼠标操作模式。选板上有三个按钮,按下十字标志按钮将操作模式切换为普通模式,在这种模式下可以移动游标。标志为放大镜的按钮是缩放工具按钮。如图 6-12
所示,缩放工具按钮弹出菜单上一共有 6 个选项,第一行的三个选项分别是按鼠标拖曳出来的矩形放大、水平范围放大和竖直范围放大。第二行第一个选项用于取消最近一次的缩放操作;第二个选项把波形图的显示区域按鼠标所在点位置放大,放大操作从按下鼠标时开始,连续放大直到释放鼠标为止;第三个选项与第二个相反,完成对波形图的按一点连续缩小操作。

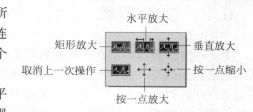

图 6-12 缩放工具选项

图形工具选板上的最后一个手形按钮为平移工具(见图 6-7),用于在 X-Y 平面上移动可视区域的位置。使用操作工具对图形作水平放大之后,也可以使用 X 滚动条在水平方向移动可视区域的位置。

5. 图例

可以在"图例"(见图 6-7)上定义曲线的各种相关参数。使用编辑文本工具单击曲线图例上的曲线名称,可以对其进行修改。默认情况下,"图例"上只显示第一条曲线的图例;使用定位工具,可以添加其他曲线图例。右击曲线"图例",将弹出如图 6-13 所示的快捷菜单。

图 6-13 中,"常用曲线"中预设了 6 种曲线显示方式,分别是平滑曲线、数据点显示为小方格、同时显示小方格和曲线、填充曲线和坐标轴包围区域、直线图、直方图,如图 6-14 所示。

单击"颜色"选项将弹出颜色拾取器,用于定义曲线的颜色。在颜色拾取器中按下空格键,将在前景色、背景色和前背景色之间切换。针对不同的曲线显示方式,颜色拾取器中的

图 6-13 右击"图例"弹出的快捷菜单

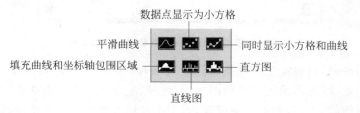

图 6-14 "常用曲线"子菜单

前景色和背景色有不同的定义,例如在"常用曲线"中选中平滑曲线显示方式时,前景色没有定义,背景色为曲线颜色;选中把曲线上的数据点显示为小方格的显示方式时,前景色定义小方格的颜色,背景色没有定义;选中填充曲线和坐标轴包围区域的显示方式时,前景色为填充色,背景色为曲线颜色。

在"线条样式"子菜单中选择曲线风格,如连续直线、虚线和点画线等。在"线条宽度"中可选择 6 种预定义的曲线宽度。在"直方图"中选择预定义的直方图绘制方式。"填充基线"给出了 4 种填充水平参考基线:无、零、负无穷大和无穷大,具体填充时,是从曲线向水平参考基线填充。"插值"中给出了绘制曲线时连接数据点的 6 种可能方式。"点样式"中指定数据点的显示方式,共有 16 种预定义数据点图形可供选择。"平滑"开关选项决定是否打开防锯齿功能,打开该功能,可以使曲线显示得更光滑。

6.2 波形图表

上一节介绍的波形图在接收到新数据时,先把已有数据曲线完全清除,然后根据新数据重新绘制整条曲线。波形图表与波形图的不同在于,波形图表保存了旧数据,且所保存旧数据的长度还可以自行指定。新传给波形图表的数据被接续在旧数据的后面,这样,就可以在保持一部分旧数据显示的同时显示新数据。

绘制单曲线时,波形图表可以接受的数据格式有两种,分别是标量数据和数组。标量数据和数组被接续在旧数据的后面显示出来。输入标量数据时,曲线每次向前推进一个点;输入数组数据时,曲线每次推进的点数等于数组的长度。图 6-15 中给出了使用波形图表绘制单曲线的一个示例。在每次循环中,为"波形图表(单点)"送入一个随机数,同时使用 For 循环生成长度为 10 的随机数数组在"波形图表(10 点)"中输出。前者在每次 While 循环里更新一个数据,而后者更新 10 个数据。在 While 循环里还调用了"时间延迟"Express VI,具体延时 1s,以避免因数据更新太快而不便观察。

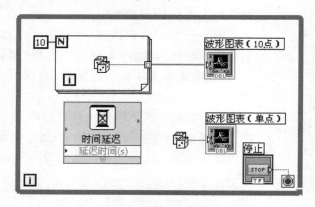

图 6-15　使用波形图表绘制单曲线代码示例

绘制多条曲线时,可以接受的数据格式也有两种:第一种是每条曲线的一个新数据点(数值类型)打包成簇,然后输入到波形图表中,这时,波形图表为所有曲线同时推进一个点;第二种是每条曲线的一个数据点打包成簇,若干个这样的簇作为元素构建数组,再把数组传送到波形图表中。数组中的元素个数决定了绘制波形图表时每次更新数据的长度。在这种数据格式下,波形图表为所有曲线推进多个点。在图 6-16 中给出了绘制多条曲线的代码示例。该示例共绘制两条曲线,"波形图表(单点)"每秒钟里为每条曲线更新 1 个点,"波形图表(10 点)"每秒钟内为每条曲线更新 10 个点。

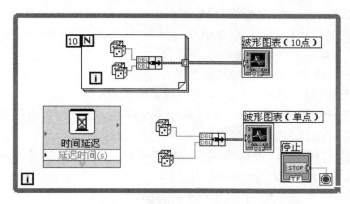

图 6-16　使用波形图表绘制多曲线代码示例

波形图表有一个缓冲区用来保存历史数据,缓冲区容纳不下的旧数据将被舍弃。通过在波形图表上右击弹出的快捷菜单中的"图表历史长度…"命令可以定制缓冲区长度。波形图表上显示曲线的点数不能大于缓冲区的大小。

在绘制多条曲线时,波形图表的默认情况是把这些曲线绘制在同一个坐标系中。在波形图表上右击弹出的快捷菜单中的"分格显示曲线"命令,可用于把多条曲线绘制在各自不同的坐标系中,这些曲线坐标系从上到下排列。选中后,该命令变为"层叠显示曲线",用于在同一坐标系下显示多条曲线。

在波形图表上右击弹出的快捷菜单中的"高级"→"刷新模式"子菜单下可以指定三种刷新模式,如图 6-17 所示。"带状图表"是默认模式,在这种模式下,波形从左到右绘制,到达右边界时,旧数据开始从波形图表左边界移出,新数据接续在旧数据之后显示。在"示波器图表"模式下,波形

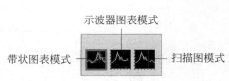

图 6-17　波形图表的三种刷新模式

从左到右绘制,到达右边界后整个波形图表被清空,然后重新从左到右绘制波形。在"扫描图"模式下,从左到右绘制波形,到达右边界后,波形重新开始从左到右绘制。这时,原有波形并不清空,而且在最新数据点上有一条垂直方向的清除线,这条清除线随新数据向右移动,逐渐擦除旧波形。

6.3　XY 图

XY 图也以曲线方式显示数据,与波形图、波形图表的不同之处在于,XY 图不要求水平坐标等间隔分布,而且允许绘制一对多的映射关系,如绘制封闭曲线等。

XY 图的数据组织格式相对波形图来说要简单些,下面给出简单介绍。

XY 图绘制单曲线时,可以接受如下两种数据组织格式:

(1)x 数组和 y 数组打包生成的簇。绘制曲线时,把相同索引的 x 和 y 数组元素值作为

一个点,按索引顺序连接所有的点生成曲线图。

(2) 簇组成的数组,每个数组元素都是由一个 x 坐标值和一个 y 坐标值打包生成。绘制曲线时,按照数组索引顺序连接数组元素解包后组合而成的数据坐标点。

绘制多条曲线时,同样可以接受两种数据组织格式:

(1) 先由 x 数组和 y 数组打包成簇建立一条曲线,然后把多个这样的簇作为元素建立数组,即每个数组元素对应一条曲线。

(2) 先把 x 和 y 两个坐标值打包成簇作为一个点,以点为元素建立数组。然后把每个数组再打包成一个簇,每个簇表示一条曲线数据。最后建立由簇组成的数组。把由点构成的数组打包这一步是必要的,因为 LabVIEW 中不允许建立元素为数组的数组,必须先把数组用簇包起来然后才能作为数组元素。

有关 XY 图的代码示例,可以参考 LabVIEW 自带的程序实例 examples\general\graphs\gengraph.llb 中的 XY Graph.vi。

XY 图的属性配置与波形图相似,这里不再介绍。

通过"控件选板"→"新式"→"图形"子选板上的"Express XY 图"把普通的 XY 图和"创建 XY 图"Express VI 绑定在一起,向前面板添加这个模块时,将同时添加 XY 图和"创建XY 图"Express VI。"创建 XY 图"Express VI 接受"X 输入"和"Y 输入"两个动态数据类型的输入参数,"XY 图"输出参数直接接入到 XY 图显示控件绘制曲线。在图 6-18 中给出了应用示例。For 循环输出的两个数组接入"X 输入"和"Y 输入"时,自动生成对"转换至动态数据"函数的调用,把数组类型数据转换为 Express VI 可以接受的动态数据类型的数据。示例代码运行后,在 XY 图中绘制出一个单位圆。如果数据源提供的数据是波形类型,则不需要调用"转换至动态数据"函数而直接连接到"创建 XY 图"Express VI 的输入端子上。

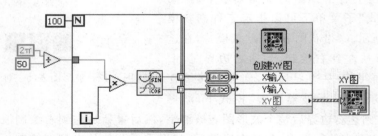

图 6-18 "Express XY 图"应用举例

6.4 强度图表显示控件

强度图表是一种使用颜色块在二维坐标平面上表示三维数据的工具。刚添加到前面板上的强度图表如图 6-19 所示。从该图中可以看到,强度图表与前面介绍过的曲线显示工具在外形上的最大区别在于,强度图表拥有标签为"幅值"的颜色控制组件,如果把标签为"时间"和"频率"的坐标轴分别理解为 X 和 Y 轴,则"幅值"组件相当于 Z 轴的标尺。

强度图表接受的数据类型是数值元素构成的二维数组,数组元素的值就是 Z 轴上数据的值。在强度图表的显示区域里,Z 轴数据采用色块的颜色深度来表示。例如,如果定义了

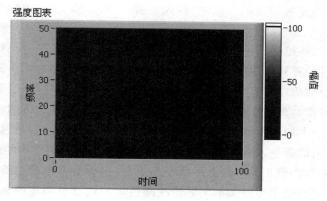

图 6-19　强度图表示例

如下所示的数值—颜色对应表：

数值	5	6	10	13	45	50	61
对应颜色	蓝	紫	浅红	深红	橙	黄	绿

并且输入强度图表的二维数组为：

$$\begin{array}{ccc} 50 & 50 & 13 \\ 45 & 61 & 10 \\ 6 & 13 & 5 \end{array}$$

则强度图表将显示为：

深红	浅红	蓝
黄	绿	深红
黄	橙	紫

原数组第 0 行在强度图表中对应于最左边的一列，而且各元素对应色块按从下到上排列；原数组第 1 行在强度图表中对应于左数第二列，同样从下到上排列，其他行以此类推。

每个颜色块在二维坐标平面上占据一个边长为 1 的方块区域，例如在上例中，以该平面上坐标(0,0)与(1,1)间连线为对角线的方块颜色为黄色；以(1,0)和(2,1)为对角线的方块颜色为橙色；以(1,1)和(2,2)为对角线的方块颜色为绿色等。

与波形图表相似，在强度图表里，新输入的数据将接续在旧数据后面显示。例如，如果在前面的例子里显示了 3×3 的数组数据之后，再向其中输入第 0 行为(61,45,5)、第 1 行为(45,5,61)的二维数组，则强度图表的颜色显示将变为(包括旧数据和新数据)：

深红	浅红	蓝	蓝	绿
黄	绿	深红	橙	蓝
黄	橙	紫	绿	橙

可以改变强度图表中的数值—颜色对应表。强度图表的 Z 轴实际上是一个"颜色梯度"控件，可以采用手动指定和属性节点两种方法来定制强度图表的 Z 轴数值—颜色对应

关系。在具体介绍指定对应表的方法之前,先来看一下 LabVIEW 中"颜色梯度"控件的使用方法。

"颜色梯度"控件在控件选板上的位置是"控件选板"→"经典"→"经典数值"→"颜色梯度"。当把这个控件放置到前面板上时,默认建立了一个显示控件,如图 6-20 所示。可以看到,颜色梯度显示控件的左边有一个颜色条,颜色条边上有数字刻度,当显示控件得到数值输入数据时,输入值作为刻度在颜色条上对应的颜色显示在控件右侧的颜色框中。如果输入数值不在颜色条边上的刻度值范围(在图 6-20 中是 0~100)内,则超过上界(100)时显示颜色条上方小矩形内的颜色,超过下界(0)时显示颜色条下方小矩形内的颜色。在编辑和运行程序时,可以使用操作值工具单击上下两个小矩形,这时会弹出颜色拾取器,可以在里面定义越界颜色。还可以使用编辑文本工具修改颜色条左边已有刻度的数值,也可以拖动刻度到新的位置,从而修改颜色与数值的对应关系,但是这样操作时,颜色条中的颜色种类将保持不变。增加颜色种类的方法是在刻度数字上右击,弹出的快捷菜单中的"刻度颜色"选项下是一个颜色拾取器,可以在其中指定该刻度数字所对应的新颜色。实际上,图 6-20 中的颜色梯度只包含 5 个颜色值:0 对应黑色,50 对应蓝色,100 对应白色,超过上界显示为白色,超过下界显示为红色。0~50 和 50~100 之间的颜色都是插值的结果。在颜色条上右击弹出的快捷菜单里选择"添加刻度"命令,可以增加新的刻度,增加刻度之后,可以使用上面介绍的方法改变新刻度对应的颜色,这样就为颜色梯度增加了一个数值—颜色对。

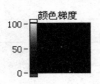

图 6-20   前面板上的"颜色梯度"
显示控件

除了手动定制"颜色梯度"的数值—颜色对应关系外,还可采用编程的办法使用属性节点定制数值—颜色对应关系。对于强度图表,颜色梯度的三个属性名为 Z Scale. Marker Values[](Z 标尺. 刻度值)、Z Scale. Low Color(Z 标尺. 低彩)和 Z Scale. High Color(Z 标尺. 高彩)。

在 LabVIEW 里,表示颜色的整型数值不适于直接使用,可以使用"函数选板"→"编程"→"数值"→"转换"→"RGB 至颜色转换"和"颜色至 RGB 转换"两个子 VI 实现 R、G、B 颜色分量整数值与表示颜色的单个整数值之间的转换。也可以使用"函数选板"→"编程"→"对话框与用户界面"→"颜色盒常量"作为颜色常量,为框图提供颜色数据。指定颜色数据的方法,是使用操作值工具单击该常量图标,在弹出的颜色拾取器中选择所需的常量颜色。

强度图与强度图表的用法基本相同,不同之处仅仅在于,强度图接到新数据时,会自动清除旧数据的显示;而强度图表则是把新数据的显示接续到旧数据的后面。

6.5   数字波形图

数字波形图用于显示数字数据,尤其适合定时框图或逻辑分析器使用。

在介绍数字波形图以前,首先介绍一下数字数据类型和数字波形数据类型。数字波形数据类型是波形数据类型的一种,也包括起始时间(t0)、时间间隔(dt)、数据和属性,只不过数据部分要求是数字数据类型的数据。关于数字波形的操作函数,都集中在"函数选板"→"编程"→"波形"→"数字波形"子选板内,读者可参考自学。

数字数据控件和数字波形控件位于"控件选板"→"新式"→I/O 子选板上,如图 6-21 所示。

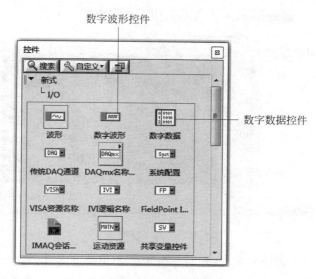

图 6-21　数字数据控件和数字波形控件在选板中的位置

数字数据控件显示按行排列的数字数据。数字数据控件可用于创建数字波形或显示从数字波形中提取的数字数据。数字数据控件的显示方式如图 6-22 所示,图中显示了 6 个采样数据,每个采样数据用 8 位二进制数表示。

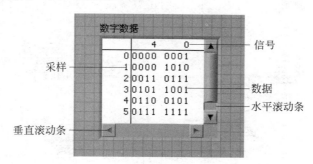

图 6-22　数字数据控件的显示方式

用户可在数字数据控件中插入或删除行和列。若需插入行,则右击采样列的一个采样,在弹出的快捷菜单中选择"在前面插入行"命令即可。若需删除行,则右击采样列的一个采样,在弹出的快捷菜单中选择"删除行"命令即可。若需插入列,则右击信号行的一个信号,在弹出的快捷菜单中选择"在前面插入列"命令即可。若要删除列,则右击信号行的一个信号,在弹出的快捷菜单中选择"删除列"命令即可。

还可在控件中剪切、复制和粘贴数字数据。若需剪切数据,则选中要剪切的行或列,右击并从弹出的快捷菜单中选择"数据操作"→"剪切数据"命令。只能剪切整行或整列数据。不能用剪切得到的数字数据创建一个新行或新列。若需复制数据,则选择要复制的区域,右击并从弹出的快捷菜单中选择"数据操作"→"复制数据"命令。若要粘贴数字数据,则选择插入区域并从右击弹出的快捷菜单中选择"数据操作"→"粘贴数据"命令。粘贴数字数据时，必须选择一个与被剪贴或复制区域同样大小的区域。

下面介绍数字波形图。数字波形图接收数字波形数据类型、数字数据类型和上述数据类型的数组作为输入。图 6-23 所示为前面板中的数字波形图示例。

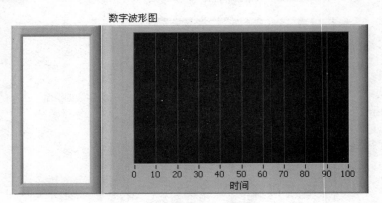

图 6-23　数字波形图

下面以图 6-24 所示程序为例，介绍数字波形图的用法。图 6-24 中，"数组"是由数值输入控件组成的数组，输入一组数据。"数组"接入"模数转换"函数（"函数选板"→"编程"→"波形"→"模数转换"），输出为数字数据类型的元素，接入数字数据显示控件，以二进制形式显示出输入数据。"模数转换"函数的"分辨率"选择 8 位，"满刻度范围"选择 255，"数据格式"选择"无符号二进制"。同时，输出的数字数据接入"创建波形"函数（"函数选板"→"编程"→"波形"→"数字波形"→"创建波形"），创建数字波形类型的数据之后，接入数字波形图显示出来。

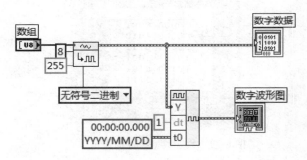

图 6-24　数字波形图应用程序

图 6-24 所示程序示例的前面板如图 6-25 所示。"数字数据"显示控件以二进制形式将输入数据显示出来，"数字波形图"控件则以图形方式将其显示出来。右击图例，在弹出的快捷菜单中选择"转换位置"中的第二项，如图 6-26 所示，此时，可以方便地读出每一个采样的数据值。

下面介绍数字波形图的读图方法，如图 6-25 所示，以采样 3 为例，输入数据为 89，二进制表示为 01011001，数字波形图中，"时间"坐标轴上的 3 代表采样 3，沿竖直方向自下而上读取，即从曲线 7 读到曲线 0，读到的结果为 01011001，即为输入数据 89。可见，数字波形图的读图方法为 x 坐标代表某一个采样，沿竖直方向自下而上读出的数据即为该采样的数据值。

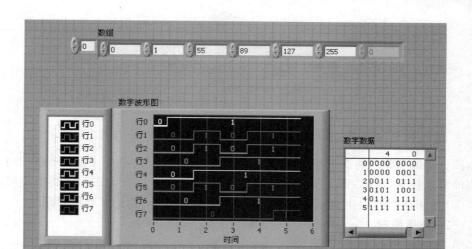

图 6-25 扩展数字总线方式的数字波形图

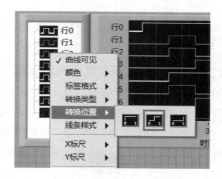

图 6-26 数字波形图过渡位置

与波形图和波形图表相似,数字波形图也有"标尺图例"、"游标图例"、"图形工具选板"等工具,这里不再介绍。

6.6 三维图形控件

在很多情况下,把数据绘制在三维空间里会更形象和更有表现力。LabVIEW 通过"控件选板"→"新式"→"图形"→"三维图形"子选板上的三个图形模块来支持三维图形的绘制,它们分别为"三维曲面图形"、"三维参数图形"和"三维线条图形"。

与其他 LabVIEW 控件不同,三维图形模块不是独立的控件。实际上,三维图形模块都是包含了名为 3D graph 的控件与某个三维绘图函数的组合。

例如,向前面板上拖曳添加"三维曲面图形"时,会在前面板上生成标签为"三维图形"(3D graph)的控件。切换到框图窗口可以发现,除了 3D graph 控件在框图上的端子外,还建立了对 3DPC_ SurfacePlot. vi(创建_绘图_曲面)这个子 VI 的调用,并且 3DPC_ SurfacePlot 端子已经连接到了 3D graph. vi(三维图形)的"三维图形"输入端口上,如图 6-27 所示。

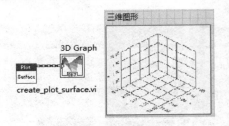

图 6-27　添加"三维曲面图"时自动生成控件和子 VI 调用

按照上面的步骤向前面板添加三维图形模块之后,只要为框图上的图形绘制子 VI 提供适当的输入数据,即可完成三维图形的绘制。下面简单介绍三维图形模块中使用的图形绘制子 VI 的用法,对"创建_绘图_曲面"(3DPC_ SurfacePlot)给出了代码示例。

1. 三维曲面图形

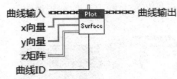

"创建_绘图_曲面"模块使用该子 VI 绘制三维空间的曲面。输入参数"x 向量"和"y 向量"都是一维数组,"x 向量"的元素 $x[i]$ 和"y 向量"的元素 $y[j]$ 共同确定了二维数组"z 矩阵"中的数据点 $z[i,j]$ 在 X-Y 平面投影点的坐标为 $(x[i],y[j])$,所有 Z 方向数据点平滑连接就构成了三维曲面。默认情况下"x 向量"和"y 向量"元素值为 $(0,1,2,\cdots)$。

在图 6-28 中给出了使用"三维曲面图"模块绘制三维曲面的示例。在本示例中,使用公式节点生成按指数衰减的正弦曲线,在 0～4 之间一共 400 个数据点,10 组这样的数据在外层循环的输出隧道上按行组成二维数组,然后输入到"三维曲面"的"z 矩阵"输入端。可以拖曳前面板上的三维图形,以改变观察角度。

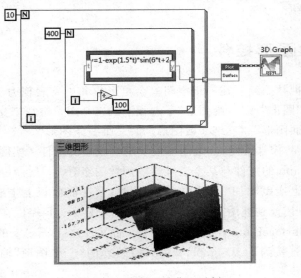

图 6-28　绘制三维曲面示例

2. 三维参数图形

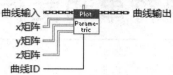

创建_绘图_参数
[3DPC_SurfacePlot.xctl:create_plot_parametric.vi]

在三维空间绘制一个参数曲面。"x 矩阵"、"y 矩阵"和"z 矩阵"都是二维数组,分别决定了相对于 x 平面、y 平面和 z 平面的曲面。

3. 三维线条图形

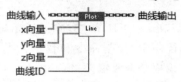

创建_绘图_线条
[3DPC_SurfacePlot.xctl:create_plot_line.vi]

"x 向量"、"y 向量"和"z 向量"为三个具有相同长度的一维数组,它们中具有相同索引的元素构成曲线上某一点的坐标,曲线上点的排列顺序和该点的三个坐标分量在各自数组中的索引顺序相同。

第 7 章

字符串和文件 I/O

7.1　字符串

字符串是 ASCII 字符的集合。在 LabVIEW 中,除了通常的字符串应用(文本生成、处理和显示、数据存储等)外,在仪器控制中,控制命令和数据大都也是按字符串格式传送的。因此,掌握并灵活地应用字符串对编程是非常必要的。

7.1.1　字符串控件

在控件选板的"字符串与路径"子选板上,可以找到字符串输入控件、字符串显示控件、组合框等字符串控件。在"列表、表格和树"子选板上,有三个可以输入和显示字符串的控件:表格、树形和 Express 表格,如图 7-1 所示。下面简单介绍这几个字符串控件的功能。

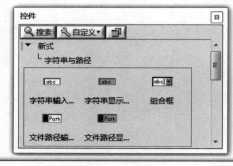

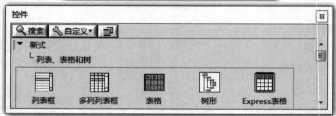

图 7-1　"字符串与路径"子选板(上图)和"列表、表格和树"子选板(下图)

1. 字符串输入控件和显示控件

这两个控件用于实现最基本的字符串操作功能。它们可以让用户输入和输出字符串。

图 7-2 给出了使用这两个控件的一个示例。

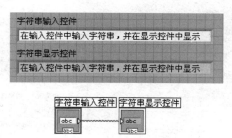

图 7-2　字符串输入控件与显示控件使用示例

2. 组合框

在组合框中可以有多个字符串，每个字符串称为一个"项"，并对应一个"值"。图 7-3 给出了组合框的一个示例，在组合框中选中"信号发生器"后，在"型号"中会显示出它的值，即 Agilent 33120A。每个选项对应的值可以在组合框的"属性"→"编辑项"中设置。

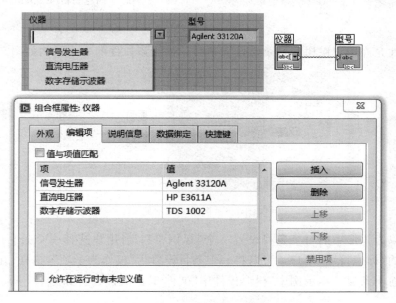

图 7-3　组合框使用示例与设置界面

3. 表格和 Express 表格

表格是由字符串组成的二维数组，其每个单元格可放一个字符串。Express 表格可以很方便地产生二维字符串数组。图 7-4 给出了使用这两个控件的示例。

在该示例中，利用"创建表格"Express VI 构造了一个二维数组，然后把这个二维数组送给表格显示控件并显示在前面板上。注意，在该二维数组中，已事先输入了行和列的标题。"创建表格"Express VI 的设置如图 7-5 所示，其中为数值指定了格式、精度，并指定在显示时包含时间数据。图 7-4 中为"时间延迟"Express VI 设置的值为 1s，所以经过 1s，在表中显示一次信号的值。

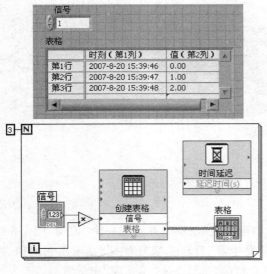

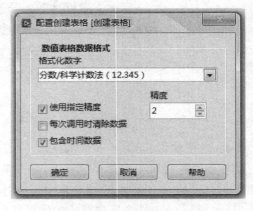

图 7-4　表格和 Express 表格使用示例 　　　　　图 7-5　"创建表格"Express VI 的设置

4. 树形

树形控件允许用户以树形目录来设置条目。使用该控件的一个示例如图 7-6 所示。

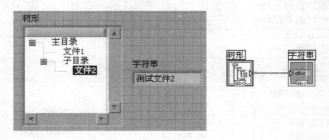

图 7-6　树形使用示例

用户可以为树形中的每个条目设置一个"标识符"；当用户选择一个条目时,属性控件输出该条目的"标识符"。用户还可以将一个条目设置为"仅作为子项",这样,在该条目下就不能再有任何子条目。本示例中,树形控件中"文件 2"的属性设置如图 7-7 所示。

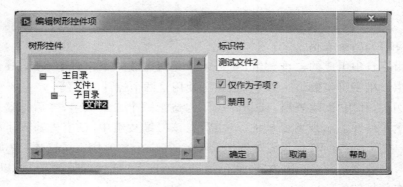

图 7-7　树形控件中条目的属性设置

7.1.2 字符串的显示方式

在字符串的快捷菜单中,可以选择以下四种不同的显示方式。

(1) 正常显示:它是字符串控件的默认设置。在这种方式下,制表符、Esc 等字符不可见。

(2)"\"代码显示:用户可以使用该方式查看在正常方式下不可见的字符代码。在该方式下,LabVIEW 把反斜线"\"及其后接的字符作为一种代码。该方式在程序调试以及向仪器或其他设备传输字符时比较有用。

(3) 密码显示:在该方式下,用户输入的字符均以"＊"字符代替。

(4) 十六进制显示:在该方式下,字符以与其对应的十六进制 ASCII 码的形式显示。该方式在程序调试和 VI 通信时比较有用。

图 7-8 给出了四种显示方式的示例。

LabVIEW 中的特殊字符代码如表 7-1 所示。

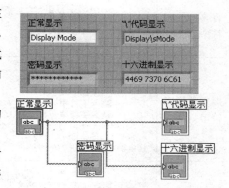

图 7-8　字符串的四种不同显示方式的示例

表 7-1　LabVIEW 中的特殊字符代码

代码	LabVIEW 中含义	代码	LabVIEW 中含义
\b	退格符	\t	制表符
\f	进格符	\s	空格符
\n	换行符	\\	反斜线:"\"
\r	回车符	%%	百分比符号

7.1.3 字符串函数

LabVIEW 中有很多字符串操作函数。表 7-2 列出了常用的字符串操作函数。

表 7-2　LabVIEW 中常用的字符串操作函数

名　　称	图标和连接端口	说　　明
字符串长度	字符串 ▦◄►▦ 长度	返回字符串长度
连接字符串	字符串0 字符串1 字符串 n-1　连接的字符串	把几个字符串连接起来组成一个字符串
截取字符串	字符串 偏移量(0) 长度(剩余)　子字符串	从输入字符串的"偏移量"位置开始,取出要求长度的子字符串
转换为大写字母	字符串 ▦aA▦ 所有大写字母字符串	所有字符转换为大写形式

续表

名　称	图标和连接端口	说　明
转换为小写字母	字符串 ━━━ Aa ━━━ 所有小写字母字符串	所有字符转换为小写形式
替换子字符串	字符串 子字符串("") 偏移量(0) 长度(子字符串长度) ━━ 结果字符串 替换子字符串	在指定位置插入、删除或替换子字符串
搜索替换字符串	多行?(F) 忽略大小写?(F) 替换全部?(F) 输入字符串 搜索字符串 替换字符串("") 偏移量(0) 错误输入(无错误) ━━ 结果字符串 替换数量 替换后偏移量 错误输出	查找并替换指定字符串
匹配模式	字符串 正则表达式 偏移量(0) ━━ 子字符串之前 匹配子字符串 子字符串之后 匹配后偏移量	从"偏移量"开始查找正则表达式，找到后，按它的位置把输入字符串分为三段
格式化日期/时间字符串	时间格式化字符串(%c) 时间标识 UTC格式 ━━ 日期/时间字符串	以指定格式显示时间字符串
扫描字符串	格式字符串 输入字符串 初始扫描位置 错误输入(无错误) 默认1(0 dbl) ━━ 剩余字符串 扫描后偏移量 错误输出 输出1 …	根据"格式字符串"提取并转化字符串
格式化写入字符串	格式字符串 初始字符串 错误输入(无错误) 输入1(0) 输入n(0) ━━ 结果字符串 错误输出	把字符串、数值、路径或布尔量转换为字符串格式
电子表格字符串至数组转换	分隔符(Tab) 格式字符串 电子表格字符串 数组类型(2D Dbl) ━━ 数组	把电子表格格式的字符串转换成数组
数组至电子表格字符串转换	分隔符(Tab) 格式字符串 数组 ━━ 电子表格字符串	把数组转换成电子表格格式的字符串
创建文本	起始文本 错误输入(无错误) ━━ 结果 错误输出 创建文本	对文本和参数化输入进行组合，创建输出字符串

例 7-1 字符串组合

本例程序如图 7-9 所示。图中左边为该程序的前面板,两个字符串输入控件中的字符串和数值输入控件中的数合并成一个输出字符串,并显示在字符串显示控件中,这由字符串操作函数"格式化写入字符串"完成;同时,数值显示控件中显示出字符串的长度,这由字符串操作函数"字符串长度"完成。

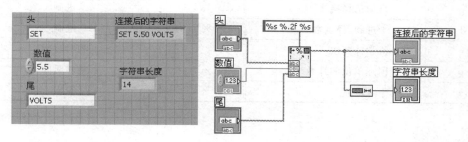

图 7-9 字符串组合

该程序中用到的"格式化写入字符串"VI 的功能,是把输入的元素转换为字符串并连接起来。其关键参数是"格式字符串",它指明了如何对输入元素进行格式转换。双击该函数模块或在其上右击,从弹出的快捷菜单中选择"编辑格式字符串"命令,即可打开"编辑格式字符串"的参数设置对话框,如图 7-10 所示。

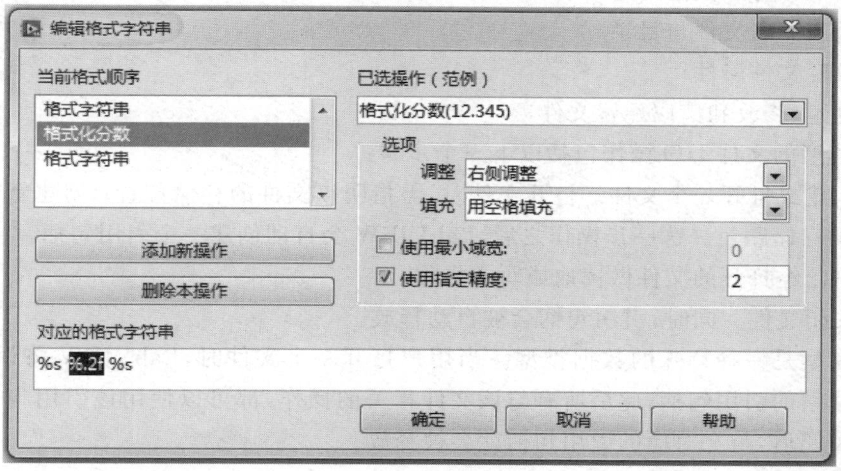

图 7-10 "编辑格式字符串"的参数设置对话框

在该对话框中,根据输入元素选择相应的操作。图示状态选择"当前格式顺序"的内容为"格式化分数";"已选操作(范例)"的内容为"格式化分数(12.345)";"使用指定精度"为 2,意为输入数据的格式为小数点后保留 2 位有效数字的浮点数。

选择"右侧调整","用空格填充"。把"使用最小域宽"前的复选框置空,意思是自动调整转换后的字符串宽度。如果选中这一选项并指定域宽,则就指定了输出字符串的长度。这时,如果转换后的字符串长度小于域宽,则用空格符或零填充空余的位置;如果其大于域宽,则按照域宽的大小截取字符串并输出。

依次对字符串、数值、字符串三个元素设置好格式后,在"对应的格式字符串"的显示框中可以看到最终的格式设置字符串"%s %.2f %s"。关于格式设置字符串的规定见表 7-3。

表 7-3　LabVIEW 中的格式设置字符串

代码	LabVIEW 中含义	代码	LabVIEW 中含义
%g	自动选择格式	%o	八进制
%f	十进制/浮点数	%b	二进制
%e	科学计数法	%t	相对时间
%p	国际单位制计数法	%T	绝对时间
%x	十六进制	%s	字符串

7.2　文件 I/O

LabVIEW 提供的文件 I/O 函数,可以进行所有有关文件输入/输出的操作,主要包括以下几个方面:

(1) 打开和关闭数据文件。

(2) 在文件中读取和写入数据。

(3) 读取和写入数据到电子表格格式的文件。

(4) 重新命名文件与目录。

(5) 改变文件属性。

(6) 创建、修改和读取配置文件。

一个典型的文件 I/O 操作包括以下三个步骤:

(1) 创建或打开一个文件。打开文件时,需指明该文件的存储位置;创建新文件时,需给出文件的存储路径。这一步操作之后,LabVIEW 会自动创建一个引用句柄。

(2) 对已经打开的文件做读取或写入操作。

(3) 关闭文件。同时,引用句柄会被自动释放。

引用句柄是一种特殊的数据类型。当用户打开一个文件时,LabVIEW 将返回一个与此文件相联系的引用句柄,此后所有与该文件相关的操作,都可以使用该引用句柄来进行。当该文件关闭后,与之对应的引用句柄就会被释放。

LabVIEW 文件数据格式主要有下面几种:

(1) 文本文件,这是最常用和最通用的文件格式。如果希望其他的软件(如字处理程序或者电子表格程序)也可以访问数据,就需要将数据存储为 ASCII 格式的文本文件。

(2) 二进制文件,这是最紧凑、最快速的存储文件格式。当用户需要随机地读写文件,或对速度、硬盘空间有较严格的要求时,可以使用这种格式。

(3) 数据记录文件,这是记录结构的二进制格式文件。它可以把不同类型的数据存储到同一个文件记录中。如果用户想对具有不同数据类型或结构复杂的数据进行存储,则可以选用该格式文件。

(4) 波形文件。

（5）基于文本的测量文件，即 Text-Based Measurement Files（扩展名为 lvm 的文件）。

（6）二进制测量文件，即 Binary Measurement Files（扩展名为 tdm 的文件）。

这些文件格式各有专门的用途，其中，前三种文件格式比较常用。

7.2.1 文件I/O函数

LabVIEW 2014 中的文件 I/O 函数选项板如图 7-11 所示。

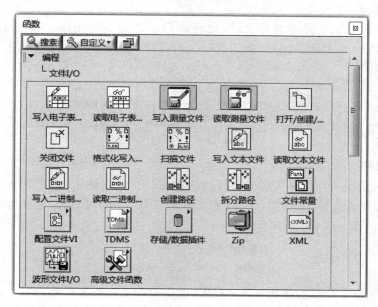

图 7-11　LabVIEW 2014 中的文件 I/O 函数选项板

下面介绍一些常用的文件 I/O 函数 VI，对其他的文件 I/O 函数 VI，在需要时会结合具体文件格式和实例再加以介绍。

1. 写入电子表格文件

该 VI 可以将由数值组成的一维或二维数组转换成文本字符串，写入一个新建文件或者已有文件。如果文件已经存在，则用户可以选择把数据追加到原文件数据之后，也可以选择覆盖原文件；如果文件不存在，则创建新文件。该 VI 在写入数据之前，将先打开或新建文件，写入完毕后将关闭文件。它可以用于创建能够被大多数电子表格软件读取的文本文件。该 VI 的图标如下：

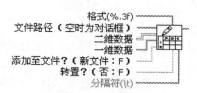

2. 读取电子表格文件

该 VI 用于从文件的某个特定位置开始读取指定个数的行或者列的内容，再将数据转换成二维单精度数组。该 VI 用于读取文本格式的电子表格文件。它先打开文件，读取之后再关闭文件。注意，必须保证这个电子表格文件的所有字符串全部是由有效的数值字符组成的。该 VI 的图标如下：

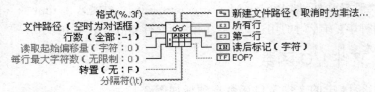

3. 打开/创建/替换文件

该 VI 用于打开或替换已有的文件，也可以用于创建新的文件。用户可以用"文件路径"指明文件路径；如果没有指定，在运行时 LabVIEW 会弹出文件对话框让用户指定。该 VI 的图标如下：

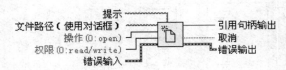

4. 关闭文件

该 VI 可关闭引用句柄所指明的文件。注意，无论"错误输入"中是否有错误信息输入（即前面的操作是否有错误产生），该 VI 都会执行关闭文件的操作。这样能够保证文件总是被正确关闭。该 VI 的图标如下：

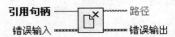

关闭一个文件要进行的步骤如下：首先，把在缓冲区里的文件数据写入物理存储介质中，然后，更新文件列表的信息，如文件最后修改的日期等，最后，释放引用句柄。

5. 格式化写入文件

该 VI 将字符串、数值、路径、布尔类型数据格式化写入文本文件。该 VI 的图标如下：

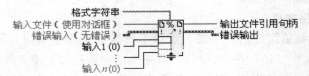

"格式字符串"用于定义怎样转换输入 $1\sim n$ 的输入元素。输入 $1\sim n$ 为被转换的输入参数，可以是字符串、路径、枚举、时间标识或者任意类型的数值数据，但不能接入数组或者簇。"输出文件引用句柄"输出该 VI 写入的文件的引用句柄。

6. 写入文本文件

该 VI 将字符串或字符串数组按行写入文件。该 VI 的图标如下：

如果"文件（使用对话框）"接入的是路径，则 VI 在写入文件之前会先打开或者创建文件，并且会以写入内容去覆盖文件中所有以前的内容；如果"文件（使用对话框）"接入的是

引用句柄,则 VI 会在文件当前位置写入内容,即在原文件结尾增加新内容。"对话框窗口"
为用户希望在文件对话框中的路径或文件目录上方显示的提示信息。"文本"为写入文件的
数据,可以是字符串或者字符串数组。

7. 读取文本文件

该 VI 用于从文件中读取字符或者行。默认读取字符,在 VI 上右击,从弹出的快捷菜
单中选择"读取行"命令,则该 VI 从文件中按行读取字符。该 VI 的图标如下:

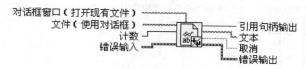

"对话框窗口"为用户希望在文件对话框中的路径或文件目录上方显示的提示信息。
"文件(使用对话框)"输入引用句柄或者路径。"计数"接入整数,若是读取字符,则"计数"指
定读取的最大字符数;若是读取行,则"计数"指定读取的最大行数。如果"计数"值小于 0,
则代表读取全体字符或行。"文本"输出从文件中读取的文本。

7.2.2 文本文件

把数据保存为文本(ASCII)字节流的最大好处是方便别的软件,如通过字处理软件或
电子表格软件等来访问数据。为使用这种方式保存数据,需要将所有的数据转换为 ASCII
字符串。下面举例说明以普通 ASCII 字符串格式和电子表格格式存储数据的方法。

例 7-2 从文本文件读取数据

本实例的程序如图 7-12 所示。在该例中,创建了一个从文本文件中读取数据,并把这
些数据显示在一个波形图中的 VI。

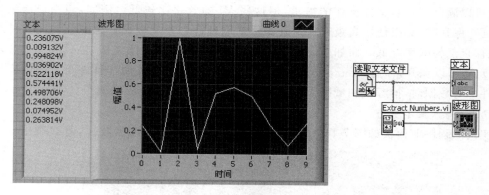

图 7-12 从文本文件读取字符串并抽取数字进行显示的程序

这个程序中,"读取文本文件"函数用于从文件中读取字符串。注意,该 VI 的输入参数
"计数"采用的是默认值"−1",意为读取整个文件的数据;Extract Numbers. VI (Examples
\General\strings. llb)用于提取由逗号、制表符号、分行符号、非数值字符等分隔开的数据组
成的 ASCII 字符串,并将它们转换成数值数组。

注意,必须按照数据保存的格式来读取数据。例如,如果数据是字符串类型,那么就必
须用一个文件 I/O 函数把数据作为字符串读出。

例 7-3　以电子表格格式存储和读取数据

该实例的程序如图 7-13 所示。

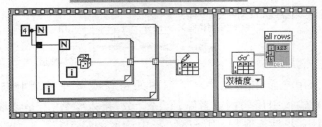

图 7-13　使用电子表格格式存储和读取数据

　　运行该程序,会弹出一个文件对话框,让用户创建或选择要保存数据的文件;用户指明文件之后,该 VI 把框图的第 0 帧中由两个循环产生的随机数所组成的二维数组保存在文件中;然后,程序会弹出一个文件对话框,让用户选择要读取的文件;用户选择刚才保存的文件名后,程序就会读出用户产生的数据,并以二维数组的形式显示在前面板中。

　　第 0 帧中的"写入电子表格文件"的作用,是把二维数组转化为字符串,并以电子表格格式保存在文件中;第 1 帧中的"读取电子表格文件"的作用,是读取文件中以电子表格格式存储的字符串,并把它们转换成二维数组格式。

　　通常情况下,以上这些高级 VI(一个 VI 完成打开文件、读取/写入数据、关闭文件等多个步骤)可以满足用户对文件操作的需求,但这些 VI 的效率比较低。例如,当用户连续地采集数据并保存时,如果使用高级 VI,就需要反复地进行打开文件、写入数据、关闭文件等操作,这样自然使效率降低。而如果使用低级 VI("打开文件"、"关闭文件"等只完成一个步骤的 VI),就可以在开始时打开一次文件,多次写入数据,最后再关闭文件即可。当需要连续向文件中写数据时,推荐使用低级 VI。下面介绍一个使用低级 VI 的例子。

例 7-4　写入文本文件

本实例的程序前面板如图 7-14 所示。该程序运行时,分 5 次产生数据,每次产生 5 个

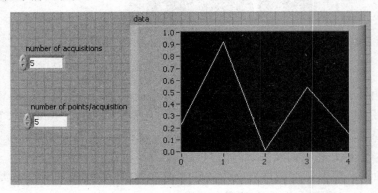

图 7-14　例 7-4 的前面板

点。这些点以及它们对应的产生时间被以电子表格格式保存在名为 TextFile.txt 的文本文件中。该文件可以用电子表格程序读取。图 7-14 中,波形图显示的是最后一次产生的 5 个点的连线。

该实例的框图如图 7-15 所示。首先创建一个文件或覆盖已有的文件。然后进入 While 循环,在每一次循环中调用子 VI: Acquire Data(Simulated). VI,来产生一个具有时间标签信息的数组,该数组包含的数据点的个数由 number of points/acquisition 来确定。While 循环的作用,是使这样的数组每隔 500ms 产生一次,在本例中共产生 5 次。注意,打开文件和关闭文件的操作都在 While 循环之外,而写文件的操作在 While 循环之内。

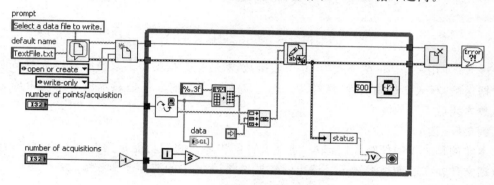

图 7-15 例 7-4 的框图

该 VI 还把数组转化成由制表符分隔的列。具体来说,每行的第一个元素是这行数据点产生的时刻,数据点之间由制表符分隔,而每行结束时有一个 EOL 符。使用 Microsoft Excel,可以读取该程序运行后产生的文件,如图 7-16 所示。

	A	B	C	D	E	F
1	16:42:20	0.649	0.696	0.999	0.128	0.308
2	16:42:21	0.9	0.176	0.516	0.696	0.129
3	16:42:21	0.907	0.669	0.04	0.672	0.879
4	16:42:22	0.69	0.193	0.469	0.058	0.455
5	16:42:22	0.233	0.918	0.013	0.542	0.15

图 7-16 例 7-4 程序运行后产生的电子表格格式的文件

7.2.3 二进制文件

使用二进制文件可以保存数据,并且可以随机访问文件里的内容。二进制文件与文本文件不同,文本文件对用户来说是可读的;而二进制文件一般只能由特定程序读取。

二进制文件非常高效。因为它们使用的硬盘空间非常少,1 字节的硬盘空间可以表示 256 个值;并且当用户存储或获取数据时,不需要把数据从二进制转换成 ASCII 形式,因而读取数据的速度非常快。通常,二进制文件的数据是内存里数据的映像,除了一些特殊情况,如扩展型或复数数值。

下面给出两个二进制文件读写的例子。

例 7-5 写入二进制文件

图 7-17 给出了一个使用"写入二进制文件"存储二进制文件的实例。

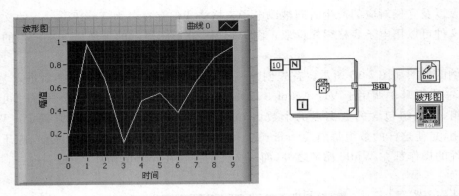

图 7-17　写入二进制文件

该 VI 使用一个 for 循环发生 10 个随机数，然后把数据类型由双精度转换为单精度，并把数据送给"写入二进制文件"保存为一个二进制文件；前面板还显示出对所发生的 10 个随机数连线后得到的波形。

例 7-6　读取二进制文件

本实例是一个用低级 VI 读取二进制文件的程序。它的功能是读取上一个例子所保存的数据文件并在前面板上显示。读出的数据见图 7-18 中的波形图和数组。

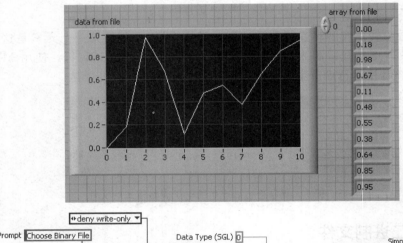

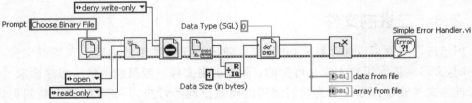

图 7-18　读取二进制文件

该程序可分为三个部分，其功能分述如下：

（1）选择要读取的文件并打开。使用的 VI 是"文件对话框"和"打开/创建/替换文件"。

（2）用文件所有数据的总字节数除以每个数据单元所占字节数，从而计算出文件中的数据样本个数并读出全部数据。这里的数据类型是单精度，故占据四个字节。使用的 VI 是"获取文件大小"和"读取二进制文件"。

（3）关闭文件并检查可能产生的错误。使用的 VI 是"关闭文件"和"简易错误处理器"。

7.2.4 数据记录文件

使用数据记录文件,可以在 LabVIEW 中快速和方便地访问和操作数据文件,并且可以方便地组织具有复杂结构的数据。数据记录文件简化了数据获取的方式,因为 LabVIEW 创建数据记录文件时,会按顺序给各个记录指定一个记录号,用户可以根据记录号来访问所需的任何一个记录,这就使随机访问既快捷又简便。

数据记录文件存储数据的方法,是把数据作为由相同结构的记录组成的一个序列来保存。每一行是一个记录,每一个记录都必须含有相同的数据结构。LabVIEW 把每一个记录作为一个簇写入文件,记录的每一个组成元素可以是任何类型的数据,这由用户在创建文件时决定。

如果不需要把文件存储成可供别的软件访问的格式,那么就推荐使用数据记录文件格式。下面给出一个使用数据记录文件存储数据的例子。

例 7-7 使用数据记录文件来存储数据

该 VI（Simple Temp Datalogger. VI）能够记录 Temp 产生的温度值及其对应的时间信息,其程序如图 7-19 所示。

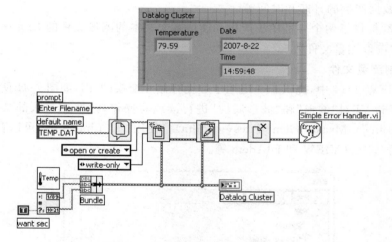

图 7-19　Simple Temp Datalogger. VI

该 VI 将数据和对应的时间组成一个簇并送给"打开/创建/替换数据记录文件",然后,"写入数据记录文件"把这个簇按照"文件对话框"中指明的文件名和路径进行存储。其中最后的两个功能（"关闭文件"和"简易错误处理器"）是实现关闭文件和处理错误。

7.2.5 其他文件类型

1. 波形文件

使用波形文件输入/输出函数,可以把波形存储为波形文件。从本质上来说,波形文件是一种特殊的数据记录文件,其包含的数据有波形的起始时间 t0、间隔时间 dt 和所采集的数据 Y。

波形文件在"函数选板"→波形→"波形文件 I/O"子选板上,如图 7-20 所示。

图 7-20 中有三个 VI,这里按照从左到右的顺序分别介绍如下:

（1）写入波形至文件。该 VI 创建一个新的文件或是打开已有的文件,写入指定数量的记录,然后关闭文件并检查错误。每个记录都是由一个波形组成的数组。

（2）从文件读取波形。该 VI 打开一个由"写入波形至文件"创建的文件,读出文件中的记录。每个记录可能包含一个或多个不同的波形。

图 7-20 波形文件 I/O 选板

（3）导出波形至电子表格文件。该 VI 把波形转换成文本字符串,并把它写入到一个新的文件中,或把该字符串追加到一个已有的文件中。

2. 基于文本的测量文件

基于文本的测量文件(Text-Based Measurement Files)可以保存由"写入测量文件"产生的数据。这种文件是由制表符分隔的文本数据,其文件名的扩展名是". lvm"。用户可以使用电子表格程序或文本编辑器打开" ＊. lvm"文件,还可以在 NI DIAdem 等软件中使用" ＊. lvm"文件。除了 Express VI 产生的数值数据之外," ＊. lvm"文件还包含了有关这些数据的信息,如数据产生的日期和时间等。

LabVIEW 提供了两个分别用于产生和读取基于文本的测量文件的 Express VI:"写入测量文件"和"读取测量文件"。

3. 二进制测量文件

在 LabVIEW 2014 中,提供了一组用于数据存储和交换的 VI,如图 7-21 所示。用户可以使用这组存储 VI 对"波形"和"波形属性"进行读或写操作,读取或写入的文件为二进制测量文件,即 Binary Measurement Files(＊. tdm)。使用" ＊. tdm"文件,可以在 NI 的软件之间交换数据,如 LabVIEW 和 DIAdem 等。

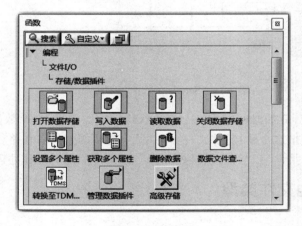

图 7-21 存储 VI

存储 VI 把"波形"和"波形属性"组合成"通道"。一组"通道"可构成一个"通道组";而一组"通道组"可构成一个"文件"。除了数值数据以外,存储 VI 还支持字符串数组和时间标识数组格式的数据。

第 8 章

数 据 采 集

方便地实现数据采集,是 LabVIEW 的核心技术之一。LabVIEW 提供了丰富的与 NI 公司生产的数据采集硬件相配合的软件资源,能够方便地将现实世界中各种物理量通过传感器检测后,采集到计算机中,从而为计算机在测量领域发挥其强大功能提供了基础。本章主要介绍 LabVIEW 的数据采集功能。

8.1 数据采集的基本概念

8.1.1 信号调理简介

为了构建虚拟仪器,传感器输出的模拟信号往往需要经过一定的预处理,才能经过数据采集硬件设备采集为数字信号,这种对信号的前端预处理过程称为信号调理。信号调理包括放大、滤波等环节。对于非电量的测量,一般都要带前端调理电路。

1. 放大

为了实现对实际物理量的准确测量,在虚拟仪器中,通常先采用传感器把被测的非电量转换成电量。传感器输出的信号较微弱,需要对其进行放大。常见的放大电路主要由运算放大器构成。

具有信号放大作用的运算放大器包括同相比例放大电路、反相比例放大电路及差动放大电路。

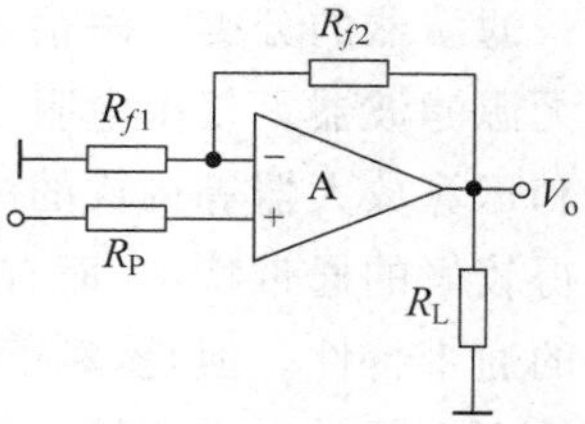

图 8-1 同相比例放大电路

同相比例放大电路如图 8-1 所示。输入信号 V_i 由放大器同相输入端输入,该电路输出信号为

$$V_o = V_i \left(1 + \frac{R_{f2}}{R_{f1}} \right) \qquad (8-1)$$

同相比例放大电路为深度电压串联负反馈电路,具有输入阻抗高、输出阻抗低的特点,输出信号与输入信号同相,放大倍数不小于 1。

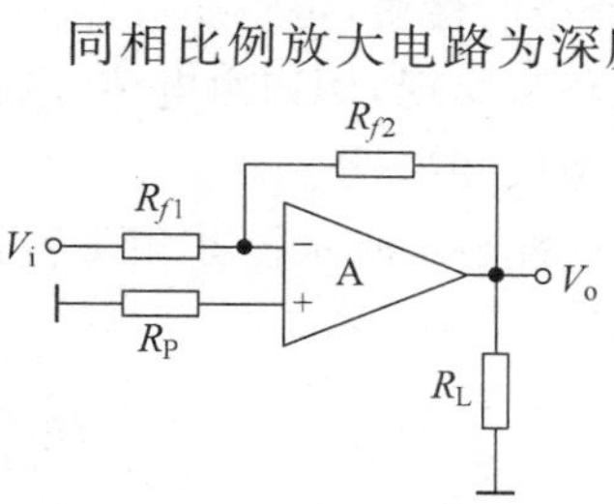

反相比例放大电路如图 8-2 所示。输入信号 V_i 由放大器反相输入端输入,该电路输出信号为

$$V_o = - V_i \frac{R_{f2}}{R_{f1}} \qquad (8-2)$$

反相比例放大电路为深度电压并联负反馈电路,输出信号与输入信号反相。由于输入信号从反向输入端输入,因此

图 8-2 反相比例放大电路

不会产生因温度变化而引起的电压变化,从而避免了在输出端由偏置电流变化而引起的信号漂移。

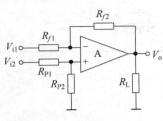

图 8-3　差模放大电路

由于实际测量信号常含有共模成分或从参考地端引入的干扰,为了在放大输入信号中差模分量的同时抑制共模分量,可采用差动放大电路。

差动放大电路如图 8-3 所示。输入信号 V_{i1} 和 V_{i2} 分别加到放大器的反相输入端和同相输入端,R_{P1} 和 R_{P2} 组成分压器,使放大器对 V_{i1} 和 V_{i2} 的放大倍数的绝对值相等,从而有效抑制输入信号的共模分量。该电路的差模放大倍数为

$$A_{d} = R_{f2}\left[\frac{V_{i2}}{R_{P1}\left(1/R_{P1}+1/R_{P2}\right)} - \frac{V_{i1}}{R_{f1}\left(1/R_{f1}+1/R_{f2}\right)}\right]\left(\frac{1}{R_{f1}}+\frac{1}{R_{f2}}\right) \tag{8-3}$$

在搭建放大电路时,要根据实际测量的需求选择恰当的运算放大器。

2. 模拟滤波

实际测量系统中的信号含有多种频率成分。所谓滤波器是这样一类系统,它能将输入信号中的某些频率成分充分衰减,同时保留那些有用的频率成分。滤波器是实现信号中有用成分和无用成分分离的关键器件,是最常用的信号调理电路之一。

对于一个滤波器,能通过它的信号的频率范围称为频率通带,被它抑制或极大衰减的信号的频率范围称为频率阻带,通带与阻带的交界点称为截止频率。按照通带和阻带的分布不同,滤波器可分为低通、带通、高通和带阻滤波器。低通滤波器只允许信号中低于某一频率的频率成分通过,而不允许高于该频率的成分通过;高通滤波器只允许高于某一频率的成分通过而抑制低于该频率的成分;带通滤波器只允许某一频率范围内的成分通过,不允许该范围以外的成分通过;而带阻滤波器与带通滤波器恰好相反,抑制某一频率范围内的成分,允许该范围以外的成分通过。

滤波器的分类方法很多。例如,按电路中是否含有有源器件,滤波器可分为有源滤波器和无源滤波器。仅由电阻、电容、电感等无源器件构成的滤波器称为无源滤波器;由无源网络和运算放大器等构成的滤波器称为有源滤波器。由于电阻的衰减作用,无源滤波器很难获得较好的通带特性,而有源滤波器中运算放大器的增益补偿了电阻的衰减作用,易获得较好的通带特性。但是,对于有源滤波器,由于运算放大器存在噪声、失调和漂移等问题,因而在处理小信号时需要精心设计。

按照滤波器电路的阶数,还可将滤波器分为一阶滤波器、二阶滤波器等。例如,滤波器中有一个电容(或电感)时通常为一阶滤波器。另外,按被处理信号的性质,可将滤波器分为模拟滤波器和数字滤波器两大类。模拟滤波器主要通过硬件电路来实现,例如由电感、电容等组成的硬件电路。下面介绍几种简单无源模拟滤波器的电路组成和特性。

常用的一阶无源低通滤波器由一个电阻和一个电容组成,如图 8-4 所示。其频率特性函数为

$$H(f) = \frac{1}{1+\mathrm{j}2\pi fRC} \tag{8-4}$$

该电路的截止频率为 $f_0 = 1/2\pi RC$,当信号频率 $f \ll f_0$,信号可以没有衰减的通过;当信号

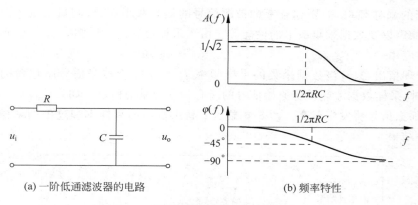

(a) 一阶低通滤波器的电路   (b) 频率特性

图 8-4 一阶低通滤波器的电路与频率特性

频率 $f \gg f_0$,信号将极大地衰减;当信号频率 $f = f_0$,信号将衰减 3dB。

一阶无源高通滤波器的电路如图 8-5 所示。其频率特性函数为

$$H(f) = \frac{\mathrm{j}2\pi fRC}{1 + \mathrm{j}2\pi fRC} \tag{8-5}$$

滤波器的截止频率为 $f_0 = 1/2\pi RC$,$f > f_0$ 为通带,$f < f_0$ 为阻带。

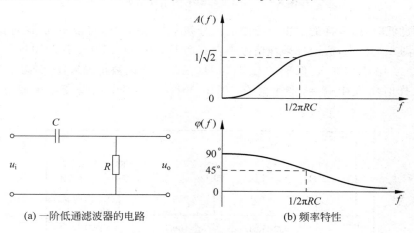

(a) 一阶低通滤波器的电路   (b) 频率特性

图 8-5 一阶高通滤波器的电路与频率特性

无源带通滤波器可以用一个无源高通滤波器和一个无源低通滤波器串联构成。带通滤波器以其高通滤波器的截止频率和低通滤波器的截止频率为其下、上截止频率,两级滤波器之间通常需要采取隔离处理。

无源滤波器电路简单,噪声低,不需要电源,具有较宽的动态范围。为了使无源滤波器具有较好的选择性,往往需要提高滤波器的阶数。然而,受级间耦合的影响,高阶无源滤波器的设计较复杂,而且信号的幅值也将逐渐减弱,所以高阶滤波器大都采用有源滤波器。

8.1.2 采样率和采样定理

对于数据采集来说,采样频率(采样间隔的倒数,简称采样率)是一个非常重要的参数。

要确定适当的采样频率,需要综合考虑被测信号的最高频率成分、测量系统所要达到的精度、系统的噪声以及数据采集板卡的性能等。由于采样定理是采样频率选取的理论基础,下面介绍它的应用。

采样定理指出,只有当数据采集的采样频率 f_s 大于等于被测信号所包含的最高频率 f_m 的两倍时,采样数据才能包含原始信号的所有频率分量的信息。如果采样频率不满足上面的条件,那么信号将发生畸变。图 8-6 显示了利用恰当的采样率和过低的采样率对信号进行采样的结果。

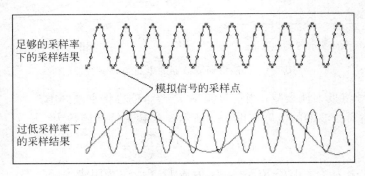

图 8-6 不同采样率下的采样结果

采样率过低时,由采样的数据所还原的信号频率与原始信号可能不同,这种信号畸变叫作混叠。如图 8-7 所示,假设被采样信号中含有 25Hz、70Hz、160Hz 和 510Hz 等频率成分,采样频率 f_s 为 100Hz,那么,低于 $f_s/2$ 即 50Hz 的信号可以被正确采样,而高于 50Hz 的频率成分在采样时将发生畸变,产生含有 10Hz、30Hz 和 40Hz 的畸变频率成分,如图 8-8 所示。

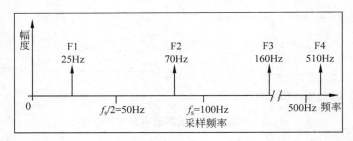

图 8-7 原始信号

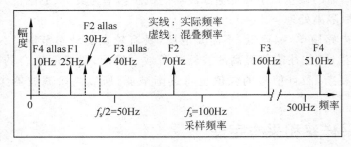

图 8-8 混叠现象

为了避免混叠现象的发生，通常在信号被采集之前，使其经过一个低通滤波器，将信号中过高的频率成分滤掉。这种滤波器称为抗混叠滤波器。理想的滤波器能滤除信号中高于 $f_s/2$ 的频率成分，但是实际的滤波器通常都有一个过渡带。在很多场合中，使用一阶或二阶滤波器就可以达到较好的滤波效果了。

在确定采样频率时，人们可能会考虑采用数据采集卡支持的最高频率。但是，需要注意的是，过高的采样率可能导致计算机内存相对不足以及硬盘存储数据量变大。根据采样定理，f_s 设置为被采信号最高频率成分 f_m 的 2 倍就可以了，但在实际中，为了较好地还原信号波形，f_s 通常取为 $(5 \sim 10)f_m$。

8.1.3　分辨率

分辨率是指数字化测量仪器能够检测到的被测模拟信号的最小的电平变化量，由数据采集卡的位数(bit 数)决定。例如，PCI-MIO-16E-4 数据采集卡的位数为 12，即 12bit。分辨率不同的数据采集卡所采集到的信号与原被测信号差距不同，如图 8-9 所示，即为 12bit 和 3bit 采集卡对 5kHz 的正弦波的采样对比，12bit 的数据采集卡将 0~10V 划分为 2 的 12 次方，采得信号与原信号较接近；3bit 的数据采集卡将 0~10V 的被测信号划分为 2 的 3 次方，如此采得的信号与原被测信号相差较远。由此可见，分辨率越高，所采集到的信号与原信号越接近。

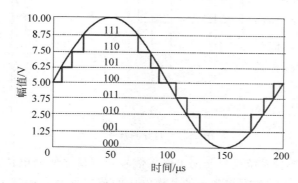

图 8-9　12bit 和 3bit 分辨率的对比(5kHz 的正弦波)

8.1.4　测量系统的连接方式

被测信号可以分为接地和浮动两种类型，而测量系统可以分为差分(differential)、参考地单端(RSE)、无参考地单端(NRSE)三种连接类型。

1. 接地信号和浮动信号

接地信号就是将信号的一端与系统地连接起来，如大地或建筑物的地等。如果信号采用的是系统地，则与数据采集卡是共地的。接地最常见的方法是使用墙上的接地引出线，如信号发生器和电源就是采用的这种接地方式。

一个不与任何地(如大地或建筑物的地)连接的信号称为浮动信号。浮动信号的每个端口都与系统地独立。产生浮动信号的常见设备有电池、热电偶、变压器和隔离放大器等。

2. 测量系统分类

1）差分测量系统

差分测量系统中，信号输入端分别与数据采集卡的一对模入端口相连接，模入端口通过多路开关（MUX）分别连接到仪用放大器（instrumentation amplifier）的同相、反相输入端。图 8-10 描述了一个 8 通道的差分测量系统，其中仪用放大器通过多路开关进行通道间的转换。标有 AIGND（模拟输入地）的引脚是测量系统的地。

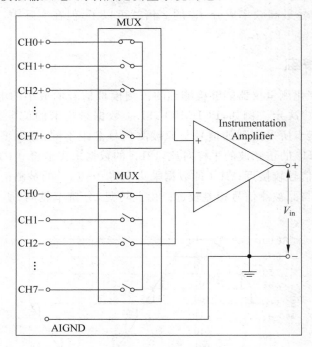

图 8-10　差分测量系统

一个理想的差分测量系统应只能测出输入信号两端口之间的电位差，而无法测量到共模电压。但是，实际应用的数据采集卡的共模电压的范围限制了相对于测量系统地的输入电压的波动范围。共模电压的范围关系到一个数据采集卡的性能，可以采用不同的方式来消除共模电压的影响。如果系统共模电压超过允许范围，则需要限制信号地与数据采集卡的地之间的浮地电压，以避免得到错误的测量数据。关于共模电压的定义及其他知识，请参看相关书籍。

2）参考地单端测量系统

在参考地单端测量系统中，被测信号一端接模拟输入通道，另一端接系统地。图 8-11(a)描述了一个 16 通道的参考地单端测量系统。

3）无参考地单端测量系统

在无参考地单端测量系统中，被测信号的一端接模拟输入通道，另一端接公用参考端，但这个参考端电压相对于测量系统的地单端来说是不断变化的。图 8-11(b)给出了一个无参考地单端测量系统，其中 AISENSE 是测量的公共参考端，AIGND 是系统地。

3. 测量系统的选择

由于测量系统存在接地、浮动两种类型的信号，又有差分、参考地单端、无参考地单端三

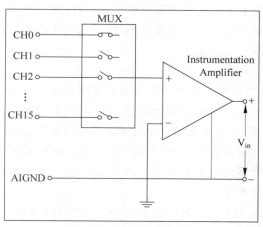 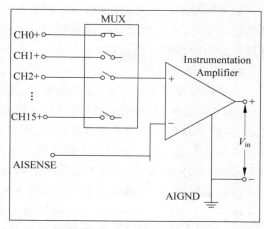

(a) 参考地单端测量系统　　　　　　　　(b) 无参考地单端测量系统

图 8-11　单端测量系统

种连接方式,因而实际的测量系统可以组成表 8-1 中的六种连接方式。

表 8-1　测量系统的连接方式

	接地信号	浮动信号
DEF	＊	＊
RSE		＊
NRSE	＊	＊

表 8-1 中带 ＊ 号的方式为推荐使用的方式,具体选择哪种方式还应根据实际情况而定。

1)测量接地信号

测量接地信号最好采用差分或无参考地单端测量系统。如果采用参考地单端测量系统,将会给测量结果带来较大的误差。图 8-12 展示了用参考地单端测量系统测量一个接地信号源时存在的弊端。图 8-12 所测量的电压 Vm 是信号电压 V_s 和电位差 DVg 之和。其中 DVg 是信号地和测量地之间的电位差,该电位差来自于接地回路电阻,可能会造成测量误差。接地回路通常会在测量数据中引入频率为电源频率的交流噪声和偏置直流干扰噪声,此时可以采用隔离措施,通过测量隔离之后的信号,来减少噪声和干扰。

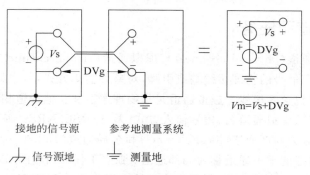

图 8-12　由参考地单端测量系统引入的接地回路电压

如果信号电压很高,并且信号源和数据采集卡之间的连线阻抗很小,也可以采用参考地单端测量系统,这是因为此时接地回路电压相对于信号电压来说很小,信号源电压的测量值受接地回路的影响可以忽略。

2)测量浮动信号

浮动信号可以采用差分、参考地单端、无参考地单端等方式来测量。如果采用差分测量系统,则应保证相对于测量地的信号的共模电压处在测量系统设备所允许的范围之内。另外,采用差分或无参考地单端测量系统,放大器输入偏置电流会导致浮动信号的电压偏离数据采集卡的有效范围。此时为了稳住信号电压,需要在每个测量端与测量地之间连接偏置电阻,如图 8-13 所示,这为放大器输入端到放大器的地端提供了一个直流通路。偏置电阻的阻值应该足够大,以使信号源可以相对于测量地浮动。

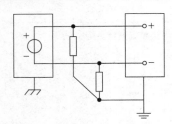

图 8-13　增加偏置电阻

如果输入是直流信号,则只需要用一个电阻将负端(一)与测量系统的地连接起来。然而,如果信号源的内阻抗相对较高,从消除干扰的角度而言,这种连接方式会导致系统不平衡。此时,应该选取两个等值电阻,一个连接信号高电平(十)与地,一个连接信号低电平(一)与地。如果输入是交流信号,则也需要两个偏置电阻,以满足放大器直流偏置通路的要求。

3)测量系统类型的选择

总的来说,不论测量接地信号还是浮动信号,差分测量系统都是很好的选择,因为它不但避免了接地回路干扰,还避免了环境干扰。相反,如果采用参考地单端测量系统,则两种干扰可能同时存在。当待测信号满足下面三个条件时,可以考虑采用参考地单端测量方式:

(1)输入信号是高电平(一般超过 1V)。

(2)连线比较短(一般小于 5m),并且环境干扰很小或屏蔽良好。

(3)所有输入信号都与信号源共地。

当输入信号不满足上述条件时,就要考虑使用差分测量方式。

为了更好地实现测量系统,还要考虑输入信号源阻抗与数据采集卡阻抗的匹配问题。对于电池、RTD、应变片、热电偶等信号源,由于它们的阻抗很小,可以将它们直接连接到数据采集卡或信号调理电路上。对于高阻抗的信号源,如果它们直接接到数据采集卡上,则会出现较大的测量误差。

8.1.5　通道和任务

通道包括物理通道(physical channel)与虚拟通道(virtual channel)。物理通道是指测量和生成模拟和数字信号的物理接线端或引脚,对差分输入方式,每个物理通道对应 2 个接线端,每个数字端口包含 8 根线。虚拟通道是指物理通道和其他通道相关属性的集合,具体包括对应的物理通道、虚拟通道名、信号输入方式(差分/RSE/NRSE 等)、输入范围、缩放比例等。虚拟通道又分为局部通道(local channel)和全局通道(global channel)。作为任务的一部分,在任务中创建的虚拟通道称为局部通道;独立于任务,在任务以外创建的虚拟通道称为全局通道。用户可以在 MAX 中或在自己的应用程序里创建全局通道,可以在任何应用程序中使用全局通道,也可以将全局通道添加到多个不同的任务中。如果用户修改了一个全局通道,这个修改会在引用这个全局通道的所有任务中生效。大多数情况下,使用全局通道比使用局部通道更简便。

任务是指带有定时、触发或其他属性的一个或多个虚拟通道的集合。任务是 NI-DAQmx 中的一个重要概念。一个任务表示用户想做的一次测量或一次信号发生。用户可以设置和保存一个任务里的所有配置信息,并且在应用程序中使用这个任务。在 NI-DAQmx 中,用户可以将虚拟通道作为任务的一部分或独立于任务来配置。在 LabVIEW 中,任务分为长期任务和临时任务两种。

8.1.6 触发

触发(trigger)信号一般是指能够引起一个操作开始的信号。用户需要设置从某一时刻开始测量时,就可以使用触发。例如,某一测量系统需要测试一个电路对一脉冲输入信号的响应,此时可以使用脉冲输入作为触发信号来告诉测量设备什么时候开始采集样本。如果不使用触发,则必须在施加测试信号之前开始采集数据。

如果想从触发信号到来时刻开始测量操作,则需要使用 start trigger。如果想在触发信号到来之前采集数据,则必须使用 reference trigger,此时,触发点在所有样本里起到了参考位置(reference position)的作用。

另外,用户还必须决定使用何种触发方式。如果需要一个数字信号作为触发信号,则可以使用数字边沿触发(digital edge trigger),使用 PFI 引脚作为触发源。如果需要一个模拟信号作为触发信号,则应使用模拟边沿触发(analog edge trigger)或模拟窗口触发(analog window trigger)。

在 LabVIEW 中,还有软件触发和硬件触发之分。前者的优点是与硬件无关,可以灵活应用于包括数据采集的各种场合,但它并不是严格意义上的触发,只是按照所设定的条件截取信号。下面详细介绍硬件触发。

1. 数字边沿触发(digital edge trigger)

数字边沿触发信号通常是一个含有高、低电平的 TTL 信号。当数字信号从高电平向低电平跳变时,产生一个下降沿;当数字信号从低电平向高电平跳变时,产生一个上升沿。用户可以在信号的上升沿或下降沿构建 start trigger 或 reference trigger。例如,在图 8-14 中,数据采集操作在信号的下降沿被触发。使用 NI 公司的测量设备时,用户可以把数字触发信号连到 PFI 引脚。

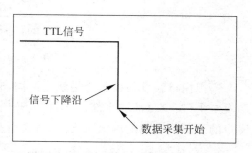

图 8-14 数字边沿触发示例

2. 模拟边沿触发(analog edge trigger)

模拟边沿触发是在模拟信号达到用户指定的条件时才发生。这些条件一般是信号在其上升/下降边沿达到某个电平。当测量设备辨认出触发条件时,它将进行与该触发关联的操作。例如,在图 8-15 中,当触发信号达到预先指定的上升边沿时,数据采集操作开始。

3. 模拟窗口触发(analog window trigger)

模拟窗口触发是在模拟信号进入或离开一个由高、低两电平确定的窗口时产生的操作。

窗口的顶端和底端的电平值由用户指定。例如,在图 8-16(a)中,当信号进入窗口时,触发数据采集操作;在图 8-16(b)中,当信号离开窗口时,触发数据采集操作。

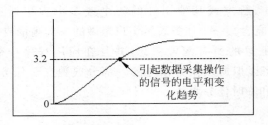

图 8-15　模拟边沿触发示例

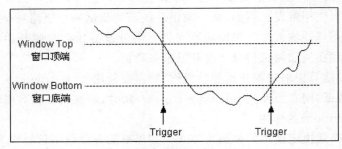

(a) 进入模拟窗口触发示例

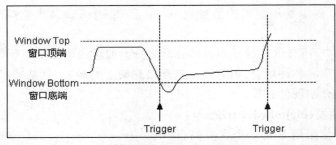

(b) 离开模拟窗口触发示例

图 8-16　模拟窗口触发示例

模拟窗口触发与模拟边沿触发不同,它的触发条件主要是电平,而且需要一次设置两个触发电平(窗口顶部和底部)。不管上升还是下降过程中,只要触发源信号进入(离开)这个窗口的顶部至底部的两电平之间,就会引起触发。

8.1.7　多通道的采样方式

通用数据采集卡一般都有多个模入通道,但是多数数据采集卡并非每个通道配置一个ADC(数/模转换器),而是各通道共用一个 ADC;在 ADC 之前一般配置有多路开关(MUX)、仪用放大器(Inst Amp)和采样保持器(S/H)。通过采样保持和多路开关的切换,可以实现多通道的数据采集。

当对多个通道的数据进行采样时,在一次扫描(scan)中,数据采集卡将对所有用到的通道各进行一次采样。扫描速率(scan rate)是数据采集卡每秒进行扫描的次数。

多通道的采样方式有三种：循环采样、同步采样和间隔采样。

1. 循环采样

当对多路信号进行采样时，如果多路开关以某一频率轮换将各个通道连入 ADC 以获取信号，则这种采样方式叫做循环采样。

图 8-17 所示是两通道循环采样示意图。其中，两个通道共用一个 S/H 和一个 ADC 设备。循环采样的缺点在于，不能对多个通道进行同步采样。这是由于多路开关要在通道间进行切换，而这种切换需要时间，于是就产生了不同通道采样时刻的延迟（以下简称通道延迟）。如果通道延迟不影响信号分析，则可以使用这种方式。

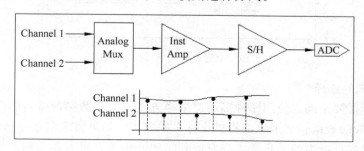

图 8-17　两通道循环采样原理示意

2. 同步采样

当通道间的时间关系很重要时，就需要用到同步采样方式。支持这种方式的数据采集卡每个通道使用独立的放大器和采样保持电路，然后经过一个多路开关分别将不同的通道接入 ADC 进行转换。图 8-18 所示为两通道同步采样的示意图。还有一种数据采集卡，其每个通道各有一个独立的 ADC。这种数据采集卡的同步性能更好，但成本也更高。

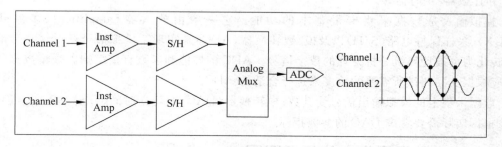

图 8-18　两通道同步采样原理示意

3. 间隔采样

为了改善同步采样方式所存在的问题，可采用间隔扫描方式。

在这种方式下，采样率（扫描速率）由一个专门的扫描时钟（scan clock）来控制，而通道切换的时间间隔则由另一个专门的通道时钟（channel clock）来控制。通道时钟一般要比扫描时钟快。通道时钟速率越快，在每次扫描过程中相邻通道间的时间间隔就越小。通道间的间隔实际上由数据采集卡的最高采样速率决定，可能是微秒，甚至纳秒级的，相对于缓慢变化的被采样信号（如温度和压力等）一般可以忽略不计。此时，间隔采样的效果就接近于同步采样。

图 8-19 所示为十通道间隔采样示意图。其中,设置相邻通道间的扫描间隔为 $5\mu s$,则通道 1 和通道 10 扫描间隔是 $45\mu s$,而每两次扫描过程的间隔是 1s,远大于 $45\mu s$,故通道延迟可忽略不计。对一般的数据采集系统来说,间隔采样是性价比较高的一种采样方式。

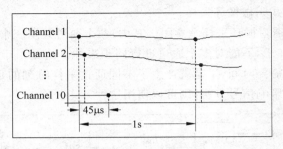

图 8-19　十通道间隔采样原理示意

4. 采样方式的选择

应根据实际需要来确定使用哪种多通道采样方式。大多数情况下,间隔采样是比较好的一种选择,一般的数据采集卡也都提供这种采样方式。如果要求信号准确同步,则需要考虑选用具有同步采样能力的采集卡。当对信号间的同步关系没有要求时,可以选用循环采样方式。

8.2　数据采集卡设置与测试

8.2.1　数据采集卡的功能

一个典型数据采集卡的功能有模拟输入(简称"模入")、模拟输出(简称"模出")、数字 I/O 和计数器/定时器等。

模拟输入是数据采集卡最基本的功能。它一般由放大器(amplifier)、多路开关(MUX)、采样保持电路(S/H)以及模/数转换器(ADC)来实现。模拟信号经过这几个部分后,转化为可被计算机分析处理的数字信号。ADC 的性能和参数直接影响着采集数据的质量,应根据实际测量所需要的精度来选择合适的 ADC。

数据采集卡的模拟输出信号受其数/模转换器(DAC)的建立时间、分辨率等因素影响,应该根据实际需要考虑 DAC 的参数指标。

8.2.2　数据采集卡的软件配置

一般来说,数据采集卡都有自己的驱动程序,通过该程序来控制采集卡的硬件操作。驱动程序由采集卡的供应商提供。

NI 公司除为自己生产的数据采集卡提供了驱动程序外,还提供了一个配置工具软件——Measurement & Automation Explorer(MAX),它的功能比较丰富,可以用于:

(1)浏览系统中的设备和仪器,并快速检测及配置硬件和软件。

(2)通过测试面板诊断硬件的状态。

(3)创建新的通道、任务、接口和比例等。

MAX 给每块 DAQ 卡分配一个逻辑设备号,以供 LabVIEW 调用时使用。图 8-20 所示为配置程序的主界面,在左栏里有"数据邻居"、"设备和接口"和"换算"等目录。"数据邻居"中储存了关于配置、修改任务和虚拟通道的信息,其中任务和虚拟通道都是测量参数设置的集合,用户可以形象地给任务或虚拟通道命名,如"热电偶测量任务1"等,这样便于使用。通过"设备和接口",可以配置本地或远程硬件设备的属性,如配置数据采集卡、串口和并口等。"换算"用于标定运算。

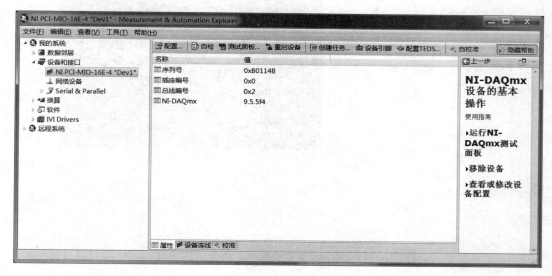

图 8-20 Measurement & Automation Explorer(MAX)主界面

MAX 具备自检测和测试面板功能。如图 8-20 所示界面,在"我的系统"→"设备和接口"目录下,选中 NI PCI-MIO-16E-4"Dev1",然后可以对数据采集卡进行自检测或启动测试面板功能。自检测的方法是:单击 MAX 工具栏中的"自检"按钮,如果数据采集卡与计算机的物理连接没有问题,同时采集卡驱动等软件环境配置正确,则会弹出如图 8-21 所示信息框。

单击"测试面板"按钮,将会弹出一个测试面板,如图 8-22 所示。该面板可以对模拟输入、模拟输出、数字 I/O、计数器等端口的信号进行测试。图 8-22 所示是对模拟输入端口的测试,通道名选择通道;模式选择采样模式——有限和连续方式;输入配置一般选择差分方式。配置完毕后,单击"开始"按钮,可以图形化方式显示出模拟输入信号的波形。在某些应用中,可以把此功能当示波器使用。

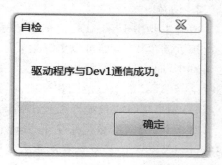

图 8-21 自检测通过信息框

8.2.3 数据采集卡的相关参数

1. 电压范围

电压范围由 ADC/DAC 能进行模数/数模转换的模拟信号的最高和最低电压决定。一般情况下,数据采集卡的电压范围是可调的,所以可选择和信号电压变化相匹配的电压范围,以充分利用分辨率的范围,得到更高的精度。例如,对于一个 3 位的 ADC,如果输入电

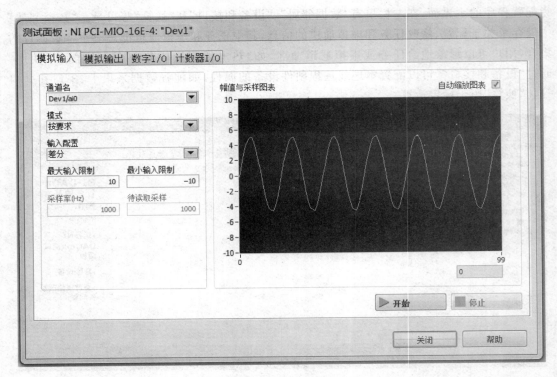

图 8-22　MAX 的测试面板

压范围选择为 0～10V,ADC 就将 10V 分为 $2^3=8$ 等份；而如果输入电压范围选择为 $-10V\sim$ $+10V$,同一个 ADC 就将 20V 分为 8 等份,此时能分辨的最小电压从 1.25V 上升到 2.50V,显然信号的量化误差变大了。

2. 增益

增益主要用于在 ADC 之前对信号进行放大。使用增益,可以使送给 ADC 的信号尽可能地接近满量程,从而可以更好地复原信号,这是因为对同样的电压输入范围,大信号的量化误差小,而小信号的量化误差大。一般情况下,要选择合适的增益,以使得输入信号的动态范围与 ADC 的电压范围相适应。当信号的最大电压乘以增益后超过数据采集卡的最大电压时,超出部分将被截断而读出错误的数据。

对于 NI 公司的数据采集卡,增益的选择是在 LabVIEW 中通过设置信号输入范围来实现的,LabVIEW 会根据选择的输入范围自动配置增益。

3. 精度

精度分为绝对精度和相对精度两种。绝对精度是指理论值与实际测得值之差,该误差一般应低于 0.5LSB(最低有效位)。相对精度是绝对精度相对于额定满度值的比值,用相对满度的百分比表示。数据采集卡的分辨率越高,其精度就越高。若 DAC 的范围增大,则精度就会下降。

4. 建立时间

建立时间是从输入的数字量发生突变时开始,直到输入电压进入与稳态值相差 $\pm\frac{1}{2}$LSB 范围以内的这段时间。该参数反映 DAC 的转换从一个稳态值到另一个稳态值的过渡过程的长短。建立时间一般为几十纳秒至几微秒。采集卡的单通道最高采样频率受建立时间的限制。

8.3 数据采集 VI

在阅读本节之前,请确认系统安装了以下软硬件:

(1) LabVIEW 2014。

(2) 基于 NI-DAQ 的 NI-DAQmx,包括 LabVIEW 2014 支持文件。

(3) 一个被 NI-DAQmx 支持的数据采集(DAQ)设备。用户可以查阅 NI-DAQ 的 Readme 文件,来确认与计算机相连接的数据采集设备是否被 NI-DAQmx 支持。

8.3.1 DAQ 助手 Express VI 简介

1. 利用 DAQ 助手创建临时任务

选中"函数选板"→"测量 I/O"→"DAQmx-数据采集"子选板上的"DAQ 助手"Express VI 便启动了 DAQ 助手,如图 8-23 所示。

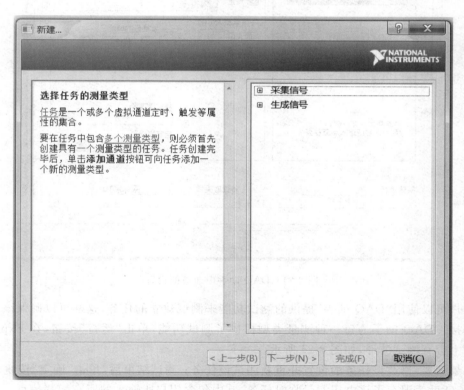

图 8-23 启动 DAQ 助手

　　在 DAQ 助手的"新建"对话框里，为该任务选择测量类型，添加通道。

　　顺序完成以下步骤，以创建一个基于 DAQ 设备的测量电压的任务：

　　（1）测量类型选择"采集信号"→"模拟输入"。

　　（2）选择"电压"。

　　（3）在"支持物理通道"中，选择 DAQ 设备连接到被测电压信号的物理通道，并单击"完成"按钮。

　　在创建了一个任务之后，用户可以配置每个通道的设置，如自定义的标定信息、输入范围以及端口设置等。用户还可以配置该任务的设置，如采样信息和触发等。

　　在本例的任务中，不要求用户使用自定义的标定和触发，因而要配置本次电压测量任务，只需完成以下步骤：

　　（1）指定信号输入范围，用户可以使用默认值，即最大值 5 和最小值−5。

　　（2）选择用户用于连接信号的接线端配置，图 8-24 中为"差分"。

　　（3）在"定时设置"选项区域中，选择"N 采样"，并在"待读取采样"和"采样率（Hz）"文本框中均输入 1k，如图 8-24 所示。

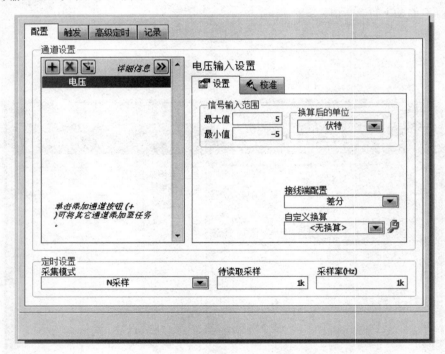

图 8-24　DAQ 助手中通道的设置

　　用户可以使用"DAQ 助手"提供的测试功能来测试建立的任务，这样可以确保该信号的正确连接。DAQ 助手为每一种测量类型提供了测试功能，单击"运行"按钮，在 Express 任务面板上会有测试波形，如图 8-25 所示。

　　如果需要，修改该任务的设置并重新测试该任务；测试结束后，单击"确定"按钮。

　　DAQ 助手保存了该电压测量临时任务，其中包含用户所输入的所有配置信息。至此完成了该电压测量任务的配置。需要注意的是，使用 DAQ 助手 Express VI 创建的任务只是

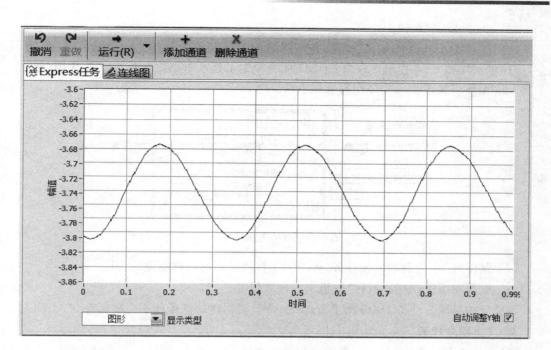

图 8-25　DAQ 助手提供的任务面板

临时任务,它并没有保存到 MAX 中。若要创建可以保存在 MAX 中的长期任务,则需要在 MAX 中创建任务,或使用"DAQmx 任务名"控件创建任务。

2. 创建和编辑长期任务

创建长期任务的步骤如下:

(1) 创建一个新的 VI。

(2) 在前面板选择"新式"→I/O→"DAQmx 名称控件"→"DAQmx 任务名"命令,添加 "DAQmx 任务名"控件。

(3) 右击"DAQmx 任务名",从弹出的快捷菜单中选择"新建 NI-DAQmx 任务"命令便可弹出"新建"对话框。

(4) 设置对话框的步骤与前面创建临时任务类似,只是多了一个设置任务名的步骤。本例中使用默认名称:我的电压任务。

(5) 单击"完成"按钮,完成了一个长期任务的创建。

如果用户想修改一个已经创建的长期任务,可以编辑任何保存过的任务,并将修改保存在 MAX 中。例如,通过下列步骤来修改刚才创建的电压测量任务,以实现连续采集的目的:

(1) 创建一个新的 VI。

(2) 在前面板上放置一个"DAQmx 任务名"控件,并在弹出菜单里选择先前创建的电压测量任务(我的电压任务)。

(3) 右击"DAQmx 任务名"控件,并在弹出的快捷菜单中选择"编辑 NI-DAQmx 任务"命令,启动 DAQ 助手。

(4) 当 DAQ 助手启动后,在"时间"选项区域中选择"连续采样"。

（5）单击"确定"按钮。

（6）右击"DAQmx 任务名"控件，并在弹出的快捷菜单中选择"生成代码"→"范例"命令，程序框图如图 8-26 所示。注意：DAQ 助手产生了连续采集电压所必需的代码，包括一个 While 循环。关于生成程序代码会在下面介绍。

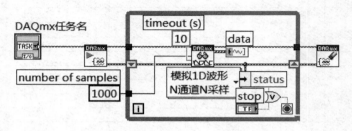

图 8-26　我的电压任务.vi

（7）保存该 VI 为我的电压任务.vi，该 VI 替换了先前用户创建的 VI。

（8）查看前面板，单击"运行"按钮来运行该任务。

注意：如果用户使用 DAQ 助手 Express VI，则创建的任务就不会被保存到 MAX 中。

3. 产生程序代码

DAQ 助手是一个编程向导，指引编程者一步步完成配置，很适合初学者使用。但使用 DAQ 助手只是完成了基本的数据采集功能，用户还需要根据自己的应用程序要求添加相应的功能。因此，有时需要将 DAQ 助手转换为程序代码，通过修改程序代码来实现复杂的功能。

在 LabVIEW 中，有如下三种方式可为任务或通道产生代码。

（1）范例——产生任务运行需要的所有代码，如读或写样本的 VI，启动或停止任务、循环的 VI 等。如果用户想运行已创建的任务来确认它是否正常工作，或者用户想在一个简单应用程序里使用自己的配置，则可以选择此方式。此方式可为用户的 VI 添加代码或创建一个新的 VI。这些代码是简单的 NI-DAQmx 范例代码，用户在此基础上可以进一步修改并完善。

使用方法是在前面板选择"新式"→I/O→"DAQmx 名称控件"→"DAQmx 任务名"命令，选择或创建一个新任务后，右击"DAQmx 任务名"控件，从弹出的快捷菜单中选择"生成代码"→"范例"命令即可。

（2）配置——产生任务和通道配置的所有代码。若选择此方式，DAQmx 任务名控件会被一个子 VI 替换，这个子 VI 含有通道创建、采样信息配置、触发配置等在此任务或通道中使用的信息。如果想要将自己的应用程序发布给他人使用，可选择此方式。关于发布的信息，可查阅位于"开始"→"程序"→ National Instruments→NI-DAQ 中的 NI-DAQmx 帮助。

使用方法是在前面板选择"新式"→I/O→"DAQmx 名称控件"→"DAQmx 任务名"命令，选择或创建一个新任务后，右击"DAQmx 任务名"控件，从弹出的快捷菜单中选择"生成代码"→"配置"命令即可。

（3）配置和范例——为任务或通道同时产生例程代码和配置代码。使用方法与前面类似,只要选择"生成代码"→"配置和范例"命令即可。

下面给出用 DAQ 助手产生程序代码的一个例子。

使用 DAQ 助手只能生成"配置和范例"代码,方法是右击 DAQ 助手 Express VI,从弹出的快捷菜单中选择"生成代码"命令,如图 8-27 所示。

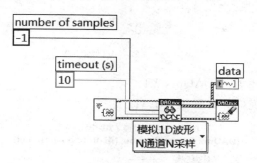

图 8-27　产生的例子代码

8.3.2　DAQmx VI 简介

DAQmx VI 在"函数选板"→"测量 I/O"→"DAQmx-数据采集"子选板上,如图 8-28 所示。

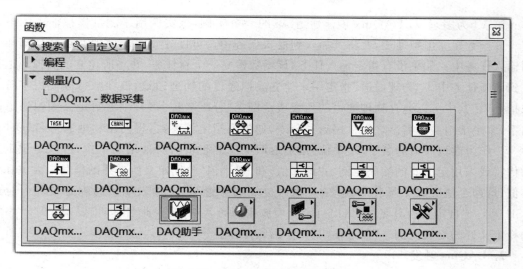

图 8-28　DAQmx-数据采集子选板

在介绍 DAQmx VI 之前,有必要先介绍多态 VI 的概念。多态 VI 是 DAQmx VI 的组织方式,多态性是指 VI 的输入、输出端子可以接受不同类型的数据。多态 VI 实际上是具有相同连接器形式的多个 VI 的集合,包含在其中的每个 VI 都称为该多态 VI 的一个实例。这种 VI 组织方式将多个功能相似的功能模块放在一起,方便了用户的学习和使用。通过多态 VI 选择器,可以选择具体使用多态 VI 的哪个实例。打开多态 VI 选择器的方法是在 VI 上右击,从弹出的快捷菜单中选择"显示项"→"多态 VI 选择器"命令。多态 VI 选择器如图 8-29 所示。

图 8-29 多态 VI 选择器

下面介绍一些比较重要的 DAQmx VI。

1. DAQmx 创建通道（AI-电压-基本）.vi

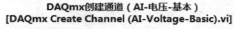

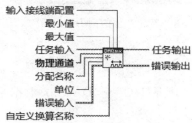

该 VI 为多态 VI DAQmx 创建通道.vi 的一个实例，该实例用于测量模拟输入的电压值。该函数建立虚拟通道，并将其加入到输入任务中。可以建立多个虚拟通道并且都加入到输入任务中。如果没有指定输入任务，该函数建立一个新任务，并将所建立的虚拟通道加入到该新任务中。"物理通道"指定用来建立虚拟通道的物理通道，该参数可以使用字符串来指定，其中可以包含物理通道的列表或范围。"分配名称"字符串参数定义虚拟通道的名字，多个虚拟通道名字之间采用逗号分隔，如果不指定该参数，将使用物理通道名（Dev1/ai0 等）作为虚拟通道的名字。"单位"指定返回电压测量值时所使用的单位，可以是预定义的伏特或采用定义好的缩放比例。"最大值"和"最小值"分别定义所期望的信号最大值和最小值，这两个值决定了量化分辨率。"输入接线端配置"定义输入端子的配置情况（差分、RSE 等）。"自定义换算名称"给出自定义缩放比例的名称，接入此名称时，要求"单位"参数选择定义好的缩放比例。"任务输出"用于后续操作。

2. DAQmx 触发.vi

该 VI 的作用是为输入任务添加触发功能，最常用的是起始触发和参考触发，前者开始一个采集或发生任务；后者在一系列采集数据中决定一个位置，在该位置处触发前数据终止，触发后数据开始。两种触发都可以在数字边沿、模拟边沿或模拟信号进入或离开一个窗时发生。

3. DAQmx 定时.vi

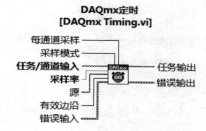

该 VI 用于设置时间信息,如要采集或生成的点数等。在图示实例中,可以设置采样时钟源、时钟频率和采集/生成的样本数目。"采样率"定义每个通道每秒采集或发生的点数。"源"指定采样时钟源端子,不接此参数时,使用设备本身的时钟。枚举输入"有效边沿"定义在时钟的上升或下降沿采集或发生数据。枚举量"采样模式"定义连续采集/发生或采集/发生一段数据,其中连续采集指定采集或发生数据直到 DAQmx 停止.vi 运行为止,有限采样指定采集或发生一定数目的样本。"每通道采样"参数指定在"采样模式"参数选为"有限采样"时每个通道采集或生成的样本数。

DAQmx 定时函数的采样时钟实例,实际上与 DAQ 助手的时间设置选项卡具有相同的功能,如图 8-30 所示。

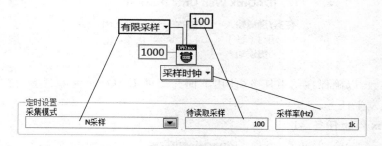

图 8-30　DAQmx 定时函数的采样时钟实例与 DAQ 助手的时间设置选项卡比较

4. DAQmx 开始任务.vi

DAQmx 的任务状态模型避免了对设备的非必要重设置过程,从而增强了程序的性能。状态模型定义了一个任务可能处于的五种状态。DAQmx 开始任务.vi 明确地将任务设置为运行状态。如果不使用该函数,在遇到 DAQmx 读取函数时,任务将隐式地转换到运行状态,或者说被自动启动。但最好用 DAQmx 开始任务函数明确地启动任务。如果 DAQmx 读取函数或 DAQmx 写入函数要多次执行,如处于循环之中,也应该使用 DAQmx 开始任务函数,否则任务性能将会降低,因为任务将会被不断地启动和停止。

5. DAQmx 读取.vi

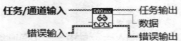

DAQmx 读取函数从任务或指定的虚拟通道读取样本。输出参数返回读到的数据。DAQmx 读取函数是一个多态 VI，可以根据需要选用不同的实例。

6. DAQmx 写入.vi

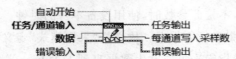

DAQmx 写入函数向任务写入样本数据。"自动开始"参数指定在没有使用 DAQmx 开始任务函数显式开始任务的情况下是否隐式开始任务。

7. DAQmx 结束前等待.vi

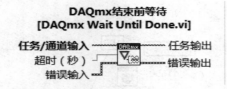

调用该函数，以确保在结束任务（使用下面介绍的 DAQmx 清除任务）之前完成所要求的数据采集或发生任务。

8. DAQmx 停止任务.vi

停止 DAQmx 任务。

9. DAQmx 清除任务.vi

停止任务并清除资源。任务清除后不能再使用，除非重新建立该任务。如果任务还要重复使用，就应该使用停止任务函数而非清除任务函数。

8.3.3　DAQmx 的任务状态模型

NI-DAQmx 内建立了一个任务状态模型，通过该状态模型提高了程序的易用性和性能。

任务状态模型包括未验证状态、验证后状态、保留资源状态、提交状态和运行状态共 5 个状态。在程序中,通过 DAQmx 开始、DAQmx 停止和 DAQmx 控制任务三个函数进行任务状态的切换。

1) 未验证状态

当任务新建立或者刚刚加载时,处于未验证状态。在这种状态下,通常对任务的采样、触发和通道等属性进行设置。

2) 验证后状态

任务从未验证状态过渡到验证后状态的过程中,NI-DAQmx 检查任务的采样、触发和通道等属性值是否合法。可以调用 DAQmx 控制任务函数进行从未验证状态到验证后状态的显式转换。

3) 保留资源状态

从验证后状态过渡到保留资源状态的过程中,DAQmx 获取完成任务操作所需要的资源。资源包括设备时钟和通道、计算机内存中的一段缓冲区等。保留资源的操作,将阻止其他任务对这些资源的使用。如果当前有其他任务在使用这些资源,该状态转换将失败。把运行参数设置为保留资源以调用 DAQmx 控制任务函数,将完成任务状态从验证后状态到保留资源状态的显式转换。

4) 提交状态

过渡到提交状态的过程中,NI-DAQmx 对资源的设置进行编排,这些资源设置可能是设备的时钟频率、通道输入范围和计算机内存缓冲区大小等。把运行参数设置为提交以调用 DAQmx 控制任务函数,将完成任务状态从保留资源状态到提交状态的显式转换。

5) 运行状态

在运行状态下真正开始进行任务所指定的操作。调用 DAQmx 开始函数,将完成提交状态到运行状态的显式转换。开始一个任务,并不代表立刻开始采集或发生数据,例如当设定了触发参数时,就会等待触发条件满足时才进行需要的操作。

任务状态转换分为显式和隐式两种,利用调用函数的方法明确转换任务状态称为显式状态转换;某些 DAQmx 函数执行时,如果没有处于其所需状态,将会引起状态的自动转换,这种自动转换称为隐式状态转换。

要了解更多的关于任务、通道和其他 NI-DAQmx 的概念,请查阅 NI-DAQmx 的帮助文档,它的位置为“开始”→“程序”→National Instruments→NI-DAQ→“NI DAQmx 帮助”。要得到更多的关于如何在 LabVIEW 中使用任务的信息,请查阅 LabVIEW 测量手册。该手册包含了常见的测量任务,介绍了如何使用 LabVIEW 来实现测量以及与任务相关的数据分析。另外,“LabVIEW 帮助”还包括了在 LabVIEW 中创建和使用任务的信息,以及 NI-DAQmx VI 的查询信息等。

8.4　模拟输入

按照采集数据的多少,可以将模拟信号采集分为单点采集、一段数据采集以及连续采集等。按照使用通道的多少,分为单通道采集、多通道采集等。其中,单通道单点采集是最简单的模入形式。

8.4.1　单点模入

图 8-31 所示是一个采集直流电压的例子。将一个直流电源(如 5V)作为信号源连接到数据采集卡的 0 号模入通道。运行程序后,可以发现"仪表"的指示值约为 5V。如果想要得到具体的数字值,可选用相应的显示控件。

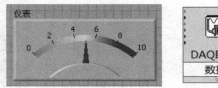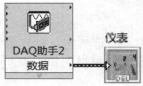

图 8-31　直流电压的采集

程序建立步骤如下:

(1)添加"函数选板"→"测量 I/O"→"DAQmx-数据采集"→"DAQ 助手",选择"采集信号"→"模拟输入"→"电压"命令,选择模入物理通道 ai0,输入范围设置为 0～10V,在采集模式中选择 1 采样(按要求),按要求表示立即采集数据。

(2)关闭 DAQ 助手后可以看到,该 Express VI 下方多出了数据输出端子,将数据连到"仪表"显示控件,即可完成单点输出。

单通道或多通道的单点模入是一个即时的、无缓冲的操作,即 LabVIEW 从一个或从多个输入通道分别读取一个值并且立即返回这个值。

8.4.2　软件定时的多点模入

图 8-32 所示是一个软件定时多点模入的例子。使用软件定时的多点采集时应满足以下三个条件:所要求的采样率较低;VI 运行时,操作系统中无其他占用 CPU 的事件发生;采样间隔的微小变化可以接受。

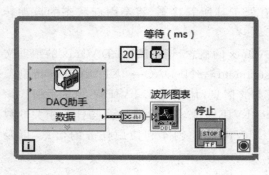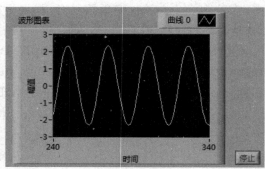

图 8-32　软件定时的多点模入

程序建立步骤如下:

(1)添加"函数选板"→"测量 I/O"→"DAQmx-数据采集"→"DAQ 助手",选择"采集信号"→"模拟输入"→"电压"命令,选择模入物理通道 ai0,输入范围设置为 -5～5V,在采集模式中选择 1 采样(按要求),按要求表示立即采集数据。

（2）将DAQ助手放入While循环中，输出的单点数据由DDT转化为标量，送入波形图表控件，添加"等待(ms)"函数，控制每次循环执行时间大致为0.02s。

软件定时无法精确控制采样间隔，在进行采样间隔要求精确的多点采集时，应考虑使用硬件定时的采集方法（依赖数据采集卡的能力）。

8.4.3　模入一段数据

相对于单点采集来说，模入一段数据需要使用更多的计算机资源，并且还需要使用缓冲区。

图8-33所示是实现一段正弦波形数据采集的例子。

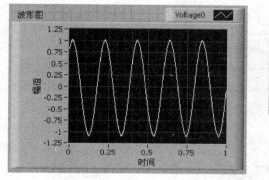

图8-33　正弦波形采集

程序建立步骤如下：

（1）将正弦波信号接在0和8号通道之间（差分接法）。

（2）添加"函数选板"→"测量I/O"→"DAQmx-数据采集"→"DAQ助手"，选择"采集信号"→"模拟输入"→"电压"，选择模入物理通道ai0，输入范围采用默认的−5～5V，在采样模式中选择N采样，待读取采样输入1000，采样率(Hz)采用默认值1000。

（3）关闭DAQ助手后可以看到，该Express VI下方多出了数据输出端子，将数据连到"波形图"显示控件，即可完成一段正弦波形的输出。

8.4.4　连续模入

如果要实现一个连续的波形采集，读者可能会想在图8-33所示程序的整体上增加一个循环即可，但这样做会出现问题。因为每执行一次DAQ助手采集一段数据，其内部都包含设置(config)、启动(start)和清除(clear)这些操作，而在相邻的两次采集之间如果存在这些操作，那采集就很难保证连续进行。

当只采集N个样本时可以不考虑缓冲问题。但对于连续采集，缓冲就成为一个必须认真对待的问题。LabVIEW有两种缓冲采集技术，即简单缓冲采集和循环缓冲采集。

使用简单缓冲区获取波形时，LabVIEW将把数据采集卡采集到的数据传送到内存中的一块缓冲区内。此时，必须在程序中指定样本数和通道号，根据这些信息，LabVIEW才能分配一块大小为采样数与通道数乘积的缓冲区，用以存放这些数据。采集进行时，数据就被放到缓冲区中。使用简单缓冲区时,用户不需要做参数设置,因为 LabVIEW 会自动分配该缓冲区。

连续采集是对一个或多个通道以一定的速率进行连续扫描的方式来采集数据。连续采集要求在不间断等间隔采集数据的同时,从缓冲区中无遗漏地读取数据。

连续采集需要使用到循环缓冲区。对于循环缓冲区,在往其中存放数据的同时,可以读取其中已有的数据。当缓冲区满时,从缓冲区开始处重新存放新的数据。只要存放数据和读取数据的速度配合恰当,就可以实现用一块有限的存储区来进行连续的数据存储与传送。使用循环缓冲区时,采集设备在后台连续进行数据采集,而 LabVIEW 在两次读取缓冲区数据的时间间隔里对数据进行处理。循环缓冲区存取数据的过程如图 8-34 所示。

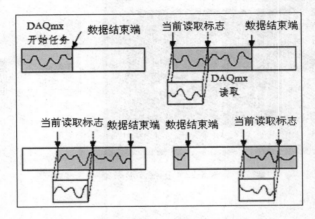

图 8-34　循环缓冲区存取数据示意图

在循环缓冲模式下,采集到的数据不断被送到缓冲区中,最新送入数据的位置随之不断后移。与此同时,DAQmx 读取函数每次读取一定大小的数据块返回到程序中;当缓冲区写满之后,DAQmx 从同一缓冲区的头部开始重新写数据,DAQmx 读取一直连续读取数据块,到达缓冲区末端后,同样再返回从缓冲区头部继续读取数据。

只要写缓冲和读缓冲配合得当,连续数据采集就可以顺利实现。

可能出现的两个问题是:

(1) 缓冲区读取数据的速度比填充速度快。

(2) 缓冲区读取速度过慢,在填充新数据时覆盖了还没有被读取的数据。

第一个问题容易解决,DAQmx 读取函数会自动等待,直到得到所要求的新数据后才会返回。第二个问题需要特别注意,因为如果覆盖还没有读取的数据,将会引起数据丢失,使得数据采集不连续。DAQmx 在这种情况下,有时会返回错误信息。

解决连续采集数据丢失问题的办法,只能是调整采样率或调整每次读取数据的点数。降低采样率可以降低缓冲区的填充速度;增加每次读取数据的点数,可以加快缓冲区数据读取速度。

图 8-35 给出了一个使用 DAQ 助手实现连续模入正弦波的例子。

程序建立步骤如下:

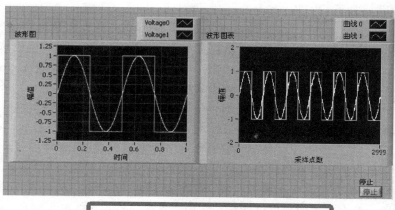

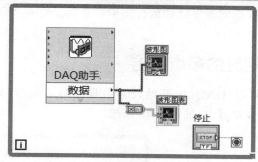

图 8-35 正弦波连续采集

（1）将正弦波信号接在 0 和 8 号通道之间，将方波信号接在 1 和 9 号通道之间（差分接法）。

（2）添加"函数选板"→"测量 I/O"→"DAQmx 数据采集"→"DAQ 助手"，选择"采集信号"→"模拟输入"→"电压"，选择模入物理通道 ai0 和 ai1，输入范围设置为 $-5\sim5V$，在采集模式中选择连续采集，表示进行连续采集。待读取采样设置为 1000，采样率（Hz）设置为 1000Hz。

（3）关闭 DAQ 助手后，将数据输出端子接入"波形图"，数据输出参数经过"从动态数据转换"函数（选择"二维标量数组—行是通道"）转化为二维数组后送入"波形图表"（波形图表的历史记录长度设置为 3000，取消"转置数组"选项，修改 X 坐标范围为 0～2999）中，再把它们放入 While 循环中，循环结束由"停止"按钮控制。

同时用"波形图"和"波形图表"两个控件观察波形，是因为使用"波形图"只能显示每次从循环缓冲区读取的数据，而对各次读取的波形数据之间是否连续无法观察；"波形图表"可以保存前面若干次采集的旧数据信息，通过观察多次采集数据之间的过渡波形，来确认采集的波形数据是否真正连续。

8.5 模拟输出

8.5.1 单点模出

需要产生一个模拟直流信号时，可以使用单点模出，如图 8-36 所示的程序。

程序建立步骤如下：

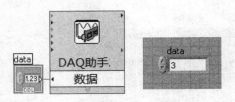

图 8-36　直流电压模出程序

（1）添加"函数选板"→"测量 I/O"→"DAQmx-数据采集"→"DAQ 助手"，选择"生成信号"→"模拟输出"→"电压"，选择模出物理通道 ao0，在生成模式中选择 1 采样（按要求），按要求表示立即发生数据。信号输出范围采用默认值−10～10V。

（2）关闭 DAQ 助手后可以看到，该 Express VI 下方多出了数据输入端子，直接向该端子输入一个数值，即可完成单点的模拟输出。

使用示波器或者万用表观察模出通道 ao0 可以发现，刚刚输出的电平在输出引脚上保持不变，即使输出单点数据的程序已经运行完毕。重新运行程序并输出新值，才可以改变引脚电平。

8.5.2　软件定时的多点模出

在进入循环之前调用"DAQmx 开始任务"，提高写入效率，采用延时函数控制采样间隔，可实现软件定时的多点模出，如图 8-37 所示。

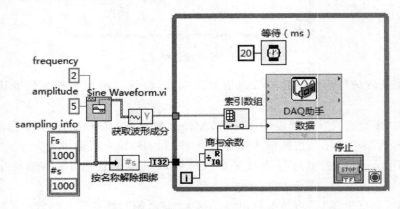

图 8-37　软件定时的多点模出

（1）添加"函数选板"→"测量 I/O"→"DAQmx-数据采集"→"DAQ 助手"，选择"生成信号"→"模拟输出"→"电压"，选择模出物理通道 ao0，在生成模式中选择 1 采样（按要求），按要求表示立即发生数据。信号输出范围采用默认值−10～10V。

（2）DAQ 助手置于 While 循环之内，循环中加入"停止"按钮和"等待（ms）"函数，每次循环执行时间大致为 0.02s。

（3）使用 Sine Waveform.vi 生成 1000 点、两个周期且幅值为 5 的正弦波波形数据，仅取其 Y 分量送入循环内，循环计数与波形点数（1000）相除取余数的结果作为 Y 数组的索引，取出对应的数组元素向 DAQ 助手输出。

8.5.3　模出一段数据

首先介绍一下位于"函数选板"→"信号处理"→"波形生成"子选板中的"基本函数发生

器"。在本例中将使用此函数来实现 DAQ 波形输出的功能。

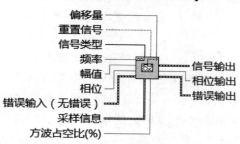

枚举参数"信号类型"用于设置仿真发生的信号类型,可以是正弦波(Sine Wave)、三角波(Triangle Wave)、方波(Square Wave)和锯齿波(Sawtooth Wave)。"幅值"设定信号幅值,"相位"设定初相位,"方波占空比(％)"设定方波的占空比。需要特别注意的是"频率"和"采样信息"这两个输入参数。簇类型参数"采样信息"的元素 Fs 定义"采样率"(默认值1000),元素"采样数(♯s)"定义"采样点数"(默认值 1000);"频率"给出信号自身频率(默认值 10)。以默认值作为说明:"采样数"决定了仿真生成的总点数为 1000,Fs 值为 1000 说明每"秒"生成 1000 个点,♯s 和 Fs 配合说明生成 1"秒"的数据。再考虑"频率"值为 10,表示在这 1"秒"中生成 10 个周期的波形,这样调用"基本函数发生器"后,发生的波形数据具有下述特点:产生 10 个周期的波形,每个周期以 100 个点来描述,而且波形数据的 dt 参数设置为 0.001s。

图 8-38 所示是用"基本函数发生器"和 DAQ 助手实现一段波形模出的例子。

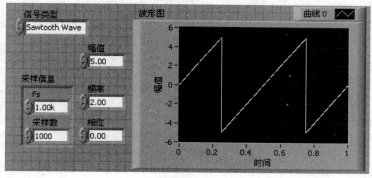

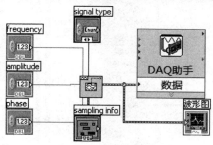

图 8-38　波形模出

程序建立步骤如下：

(1)调用"基本函数发生器"生成仿真波形数据，"信号类型"选择锯齿波(Sawtooth Wave)，"幅值"输入 5V，"频率"输入 2Hz，"采样信息"采用默认值。波形特点：产生两个周期的波形，每个周期以 500 个点描述，波形数据的 dt 参数为 0.001s。仿真波形送到波形图显示控件中显示出来。

(2)添加"函数选板"→"测量 I/O"→"DAQmx-数据采集"→"DAQ 助手"，选择"生成信号"→"模拟输出"→"电压"，选择模出物理通道 ao0，在生成模式中选择 N 采样。"使用波形数据定时"复选框默认情况下处于选中状态，此时，发生的波形时间间隔与"基本函数发生器"中设置的 dt 一致；如果取消使用波形数据定时复选框的选中状态，发生波形的时间间隔将取决于采样率(Hz)的设置。发生波形的采样点数由"待写入采样"决定，若待写入采样的值小于"基本函数发生器"的"采样信息"中的采样点数，则发出的波形是"基本函数发生器"发出波形的一部分；若待写入采样的值大于"基本函数发生器"的"采样信息"中的采样点数，则发出的波形是"基本函数发生器"发出波形的周期延拓。

(3)关闭 DAQ 助手，将仿真波形输入数据输入端子，完成一段波形的模拟输出。

8.5.4　连续模出

如果要连续输出一个周期信号，不需要向缓冲区不停地送数据，只需要向一段缓冲区写入待输出信号一个周期的数据，DAQmx 或 DAQ 助手将自动不断重复该段数据，以生成连续的周期输出信号。图 8-39 给出了一个连续发生周期波形的例子。

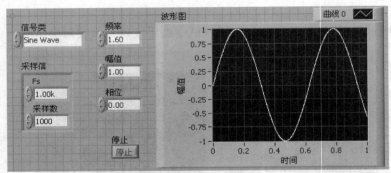

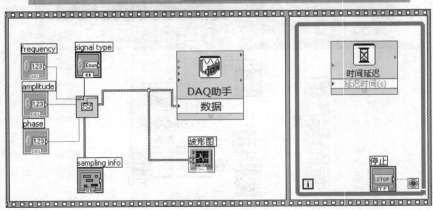

图 8-39　连续模出周期信号

程序建立步骤如下：

（1）调用"基本函数发生器"生成仿真数据，"信号类型"选择正弦波，"频率"参数设置为1.6，"采样信息"参数使用默认值，波形特点是产生1.6个周期的正弦波形，每个周期以1000/1.6＝625个点来描述，此时，波形数据的dt参数为0.001s。

（2）添加"函数选板"→"测量I/O"→"DAQmx-数据采集"→"DAQ助手"，选择"生成信号"→"模拟输出"→"电压"，选择模出物理通道ao0，在生成模式中选择连续采样，选中"使用波形数据定时"复选框，即使用输入波形中包含的时间信息，将这部分代码放入平铺顺序结构的第0帧。

（3）关闭DAQ助手，将仿真波形输入波形图输入端子。

（4）在顺序结构的第1帧中放入循环结构进行延时，时间延迟Express VI设置为0.1s，单击"停止"按钮程序将退出。其中，循环结构是为了保证任务不结束，这样，硬件就会一直模出数据。

运行程序，用示波器观测采集卡模出端口ao0是否真正连续模出波形。如果没有示波器，也可将采集卡模出端口ao0与模入端口ai0相连，用数据采集卡的配置工具软件——Measurement & Automation Explorer（MAX）的测试面板观测采集卡是否真正连续模出波形。测试结果如图8-40所示。

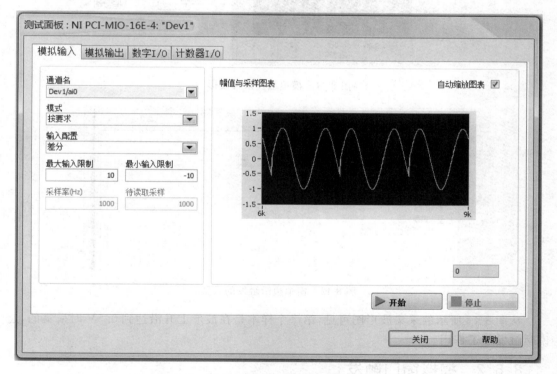

图8-40　用MAX观测采集卡连续模出的信号

从图8-40中可以看出，连续模出信号是通过重复发生缓冲区中保存的样本实现的，因此，本例中发生的信号的周期是1s，而且发出的波形不是正弦波。如果想连续模出正弦波，只要向缓冲区写入一个周期的正弦信号样本即可实现。

8.6 触发采集

8.6.1 模拟边沿触发

模拟边沿触发在实际中比较常用,它不需要额外的数字信号和连线。使用这一功能前,应首先确认所用的采集卡硬件是否支持该功能。

图 8-41 给出了一个模拟边沿触发采集波形的程序,实现的是正弦波形的采集功能。触发设置窗口如图 8-42 所示。仍然选择开始触发,触发类型选择模拟边沿,表示选择模拟边沿触发;触发源选择电压,表示选择所采集的电压进行触发,若选择 PFI0,则表示选择外部信号作为触发。斜率选择上升沿,电平选择 0.5,表示采集电压的上升沿到达 0.5V 时触发。

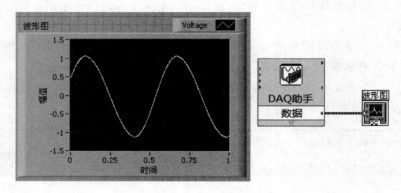

图 8-41　模拟触发采集波形

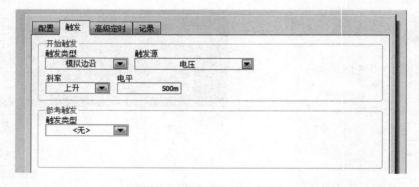

图 8-42　模拟边沿触发的设置

从图 8-41 所示的采集波形图可见,第一个样本是在波形上升沿达到 0.5V 时采集的,这说明触发起了作用。

8.6.2 模拟窗口触发

DAQ 助手的模拟窗口触发设置对话框如图 8-43 所示。触发类型选择模拟窗,即模拟窗口触发;触发源选择电压,即以采集的电压作为触发信号,窗顶部选择 1,窗底部选择 0,它们共同设置了窗口的大小;触发条件选择进入窗,表示信号进入窗口时触发,若选择离开窗,则表示信号离开窗口时触发。

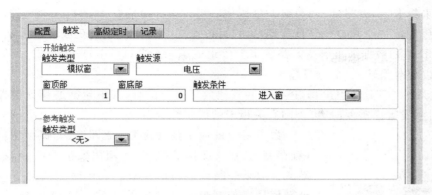

图 8-43 模拟窗口触发的设置

8.6.3 数字边沿触发

图 8-44 给出了数字边沿触发的设置界面。在 DAQ 助手的设置对话框中,选择"触发"选项卡,在其中选择触发类型,可以选择开始触发或者参考触发,图中选择了开始触发,其中触发类型选择数字边沿,指的是数字边沿触发;触发源选择 PFI0,说明选择了 PFI0 通道接入触发源;边沿选择上升,说明是上升沿触发。若选择下降,则是下降沿触发。

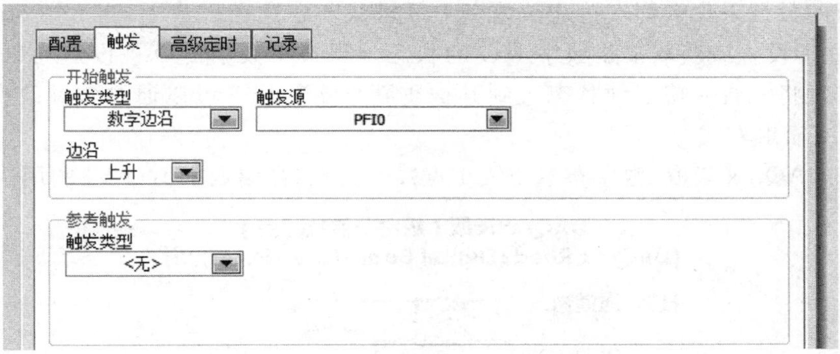

图 8-44 数字边沿触发的设置

硬件上,将数字触发源连接到采集卡的 PFI0 引脚上即可。程序运行时,通过数字触发源的上升沿触发具体的数据采集操作。

借助"函数选板"→"测量 I/O"→"DAQmx-数据采集"子选板中的 DAQmx 触发. vi 也可以完成设置触发的功能,具体方法与 DAQ 助手类似。

8.7 数字 I/O

8.7.1 基本知识

一般数据采集卡上都有数字端口和计数器,用于实现数据采集的触发、控制及计数等功能。数字端口按 TTL 逻辑电平设计,其逻辑低电平在 0 到 0.7V 之间;高电平在 3.4V 到 5.0V 之间。

数据采集卡上,多路(line)数字 I/O 组成一组后被称为端口(port)。一般情况下,4 或 8 路数字 I/O 组成一个端口。当读写端口时,可以在同一时刻设置或获取多路数字 I/O 的状态。MIO E 系列数据采集卡由 8 路数字 I/O 组成了一个端口(DIO0~DIO7),实际使用时,这 8 路可以部分是输入,部分是输出。

除了 8 个数字 I/O 引出脚,还有一些其他数字型引出脚,其中包括通用计数器、可编程控制、实时触发等。需要时,可查阅有关板卡的说明性资料。

图 8-45　选择数字 I/O

数字 I/O 的应用分为两类:立即型(非锁存型)和定时型(锁存型)。在立即型情况下,当调用数字 I/O 函数后立即更新或读取某一路或端口的状态。在定时型情况下,可以使用外部信号来控制数字量数据的传输。MIO E 系列数据采集卡没有定时型数字 I/O。

LabVIEW 中,关于数字 I/O 的 VI 在"函数选板"→"测量 I/O"→"DAQmx-数据采集"子选板上,在 DAQmx VI 的多态 VI 选择器上,选择"数字"即可,如图 8-45 所示。

8.7.2　数字 I/O 简介

立即型数字 I/O,是最简单而且也是较经常使用的关于数字量方面的应用,所有带有数字 I/O 接口的数据采集卡都支持这种数字 I/O 模式。在这种模式下,当 LabVIEW 调用函数后,即可立即设置或获取某路数字 I/O 的状态。当某路数字 I/O 被设定为某一状态后,该路数字 I/O 将一直保持这种状态直到其被重新设定为止。可以通过软件改变某路数字 I/O 是输入或输出方式。

下面以 DAQmx 读取(数字布尔 1 线 1 点).vi 为例,介绍数字 I/O VI 的用法。

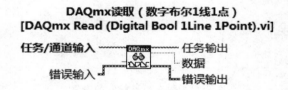

"任务/通道输入"的作用与模拟 I/O 相同,用于选择虚拟通道或指定任务的名称。"错误输出"用于设置超时时间,"任务输出"用于后续操作,"数据"输出读取的数字信息。

下面的程序是对 MIO-16E-4 数据采集卡按位和端口的读操作,这里,多数输入参数采用默认值,没有安排连线。假定事先将 8 位数字口的状态置成了 00110001,则程序和运行结果如图 8-46 所示。

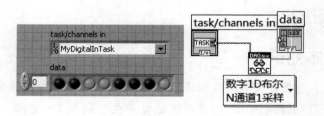

图 8-46　读取数字信息示例

8.8　计数器

MIO E 系列数据采集卡硬件配有两套通用计数器,分别标为 GPCTR0 和 GPCTR1。每套通用计数器占用两个输入端口和 1 个输出端口,如图 8-47 所示。

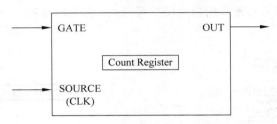

图 8-47　计数器的端口配置

以 GPCTR0 为例,其引出端分别标为:

GPCTR0_GATE　　　　　　通用计数器闸门信号
GPCTR0_OUT　　　　　　通用计数器输出信号
GPCTR0_SOURCE　　　　通用计数器时钟信号源

MIO E 系列数据采集卡上提供有 20MHz 和 100kHz 两个时钟源供使用。典型的计数器应用有事件定时/计数、产生单个脉冲、产生脉冲系列、测量频率、测量脉冲宽度和信号周期等。

同样,LabVIEW 在"函数选板"→"测量 I/O"→"DAQmx-数据采集"子选板上给出了计数器函数,欲使用它,只要在 DAQmx VI 的多态 VI 选择器中选择"计数器"即可。下面给出几个简单例子,以说明计数器的用法。

8.8.1　事件计数器

事件计数器的例子如图 8-48 所示。

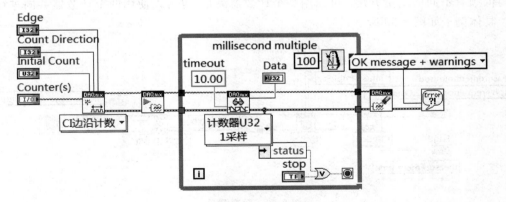

图 8-48　事件计数器

图 8-48 中,最左边一个 VI 为 DAQmx 创建通道(CI 边沿计数).vi,其作用是创建一个事件计数器的虚拟通道。其中,Counter 选定物理通道,Initial Count 指定从哪里开始计数,

Count Direction 指定是往上计数还是往下计数,Edge 指定是上升沿计数还是下降沿计数。接在后面的几个 VI 的作用分别是开始计数、读取数据、清除任务、处理错误。While 循环的作用是使得该程序得以连续计数。

8.8.2 脉冲发生

脉冲发生是计数器另一较常用的功能。可以在 OUT 口输出一个或一串脉冲。示例如图 8-49 所示。

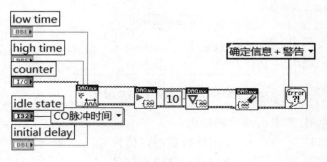

图 8-49 脉冲发生

图 8-49 中,最左边一个 VI 为 DAQmx 创建通道(CO 脉冲时间). vi,其作用是创建一个脉冲发生的虚拟通道。其中,counter 选定物理通道,low time 指定输出的脉冲信号在一个周期内处于低电平的时间,high time 指定输出的脉冲信号在一个周期内处于高电平的时间,idle state 指定输出端的空闲方式,initial delay 指定产生脉冲之前的等待时间。接在后面的几个 VI 的作用分别是开始任务、等待脉冲发生完成、清除任务、处理错误。

8.8.3 频率测量

频率测量的原理为:计数器的门信号输入固定时间信号(如 1s),待测信号输入数据端口,在门中对被测信号进行计数,便可求出被测信号的频率。频率测量的方法很多,对于高频与低频有不同的测量方法;可以用一个计数器测量,也可以使用两个计数器共同进行测量。具体例子如图 8-50 所示。

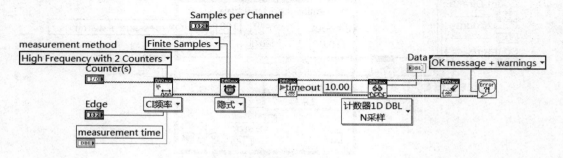

图 8-50 频率测量

图 8-50 中,最左边的 VI 为 DAQmx 创建通道(CI 频率). vi,其中 Counter 选定物理通道,measurement method 选择频率测量的方法,图中选择的是使用两个计数器测量高频的

方法,Edge 指定上升沿测量还是下降沿测量,measurement time 为测量时间。接在后面的几个 VI 的作用分别是设定时间信息、开始测量、读取数据、清除任务和错误处理。

8.8.4 周期脉宽测量

测量周期或脉宽的原理,是将被测信号接入门信号端口,将已知的时钟信号接入数据端口,若将计数器设为上升沿开始计数,则被测信号到达上升沿时,计数器开始计数,一直到被测信号的下一个上升沿为止,即计数器在被测信号的一个周期内计数,将计数值与时钟周期相乘,就可以得出被测信号的周期。脉宽也可以类似地求出。具体例子如图 8-51 所示。

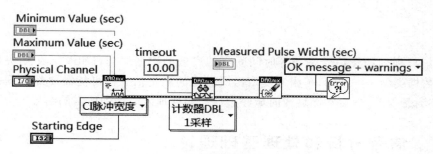

图 8-51　周期脉宽测量

图 8-51 中,最左边的 VI 为 DAQmx 创建通道(CI 脉冲宽度).vi,其中计数器选定物理通道,Minimum Value 指定希望测量的最小值,Maximum Value 指定希望测量的最大值,Starting Edge 选择在上升沿开始测量还是从下降沿开始测量。接在后面的几个 VI 的作用分别是读取数据、清除任务和处理错误。

在 LabVIEW 提供的例子中,还可以看到许多计数器应用的例子,但要注意,这些功能与所选用的数据采集卡的型号有关。

第 9 章

CHAPTER 9

信号分析与处理

由采集得到的测量信号是一等时间间隔的离散的数据序列,LabVIEW 中提供了专门描述它的数据类型——波形,可由它提取出所需要的测量信息。可能需要经数据拟合抑制噪声、减小测量误差,然后在频域或时域经过适当的处理才能得到所需的结果。

9.1 信号分析和处理基础理论

9.1.1 模拟信号和傅里叶变换

模拟信号是由观测对象直接发出的原始信号转换而来的电信号,提供了对象原始形态信息。模拟信号是连续的时间信号,可以用连续的时间函数描述,也可以用时间函数的曲线形式表示。

模拟信号按时间函数的描述形式可分为周期信号和非周期信号。周期信号随时间周期性地重复变化,如正弦交流信号;非周期信号不具有周期性,如阶跃信号。

假设 $x(t)$ 为连续的模拟信号,若 $x(t)$ 满足绝对可积条件: $\int_{-\infty}^{\infty} |x(t)| \, dt < \infty$, 即 $x(t)$ 是能量有限信号,则其傅里叶变换存在。这是傅里叶变换存在的充分条件,并非必要条件。若 $x(t)$ 是功率有限的信号,即 $\lim_{T \to \infty} \frac{1}{T} \int_{-T/2}^{T/2} [h(t)]^2 \, dt < \infty$, 则其仍可进行傅里叶变换。

时域连续、频域连续的傅里叶变换对有如下形式

$$X(f) = \int_{-\infty}^{\infty} x(t) e^{-j2\pi ft} \, dt \quad \text{和} \quad x(t) = \int_{-\infty}^{\infty} X(f) e^{j2\pi ft} \, df \tag{9-1}$$

$$X(\Omega) = \int_{-\infty}^{\infty} x(t) e^{-j\Omega t} \, dt \quad \text{和} \quad x(t) = \frac{1}{2\pi} \int_{-\infty}^{\infty} X(\Omega) e^{j\Omega t} \, d\Omega \tag{9-2}$$

式中,Ω 为圆频率或角频率,它与频率 f 之间的关系为 $\Omega = 2\pi f$。

9.1.2 数字信号和离散时间傅里叶变换

数字信号处理主要由两部分构成:用于信号处理的数值算法;实现数值算法的硬件设备。在虚拟仪器的实现中,数字信号处理算法大都是通过计算机来实现的,因此,相比于硬件实现设备,数字信号处理算法的构建显得尤为重要。

1. 离散时间傅里叶变换

对于离散信号 $x(n)$,如果 $\sum\limits_{n=-\infty}^{\infty} |x(n)| < \infty$,即 $x(n)$ 是能量有限序列,那么其离散时间傅里叶变换定义为

$$X(e^{j\omega}) = \sum_{n=-\infty}^{\infty} x(n)e^{-j\omega n} \qquad (9-3)$$

离散时间傅里叶反变换定义为

$$x(n) = \frac{1}{2\pi}\int_{-\pi}^{\pi} X(e^{j\omega})e^{j\omega n}\,d\omega \qquad (9-4)$$

显然,$X(e^{j\omega})$ 是 ω 的连续函数,且是周期为 2π 的周期函数。式(9-3)和式(9-4)描述了时域离散、频域连续的傅里叶变换(DTFT)。需要注意的是,如果时域内的信号(包括连续信号和离散信号)是周期的,那么其离散时间傅里叶变换在频域内一定是离散的,反之也成立。

2. 离散周期信号的傅里叶级数

对于以 N 点为周期的离散信号 $\tilde{x}(n)$,其傅里叶级数定义为

$$\tilde{X}(k) = \sum_{n=0}^{N-1} \tilde{x}(n)e^{-j\frac{2\pi}{N}kn} \quad (k = 0, \pm 1, \cdots, \pm\infty) \qquad (9-5)$$

$$\tilde{x}(n) = \frac{1}{N}\sum_{k=0}^{N-1} \tilde{X}(k)e^{j2\pi\frac{kn}{N}} \quad (n = 0, \pm 1, \cdots, \pm\infty) \qquad (9-6)$$

式中,$\tilde{X}(k)$ 是周期为 N 的离散信号。

显然,离散周期信号的傅里叶级数在时域、频域都是周期的,且都是离散的。

9.1.3 离散傅里叶变换和 FFT

1. 离散傅里叶变换

对于式(9-5)和式(9-6)所描述的傅里叶级数,若取 $\tilde{x}(n)$、$\tilde{X}(k)$ 的一个周期内的数据 $x(n)$、$X(k)$,则可以引出离散傅里叶变换(discrete fourier transform,DFT)

$$X(k) = \sum_{n=0}^{N-1} x(n)e^{-j\frac{2\pi}{N}kn} \quad (k = 0, 1, \cdots, N) \qquad (9-7)$$

$$x(n) = \frac{1}{N}\sum_{k=0}^{N-1} X(k)e^{j2\pi\frac{kn}{N}} \quad (n = 0, 1, \cdots, N) \qquad (9-8)$$

显然,离散傅里叶变换并不是一种新的变换形式,它来自于离散周期信号的傅里叶级数。

在实际测量中遇到的离散信号 $x(n)$ 大都是非周期的,它们可能是有限长的,也可能是无限长的,对这种信号做离散时间傅里叶变换只能采取式(9-3),但是这样得到的频域函数是连续的,不能直接在计算机上进行数字运算。为此,可以将有限长 N 点离散信号 $x(n)$ (或者取无限长信号的 N 点构成 $x(n)$)视为周期信号 $\tilde{x}(n)$ 的一个周期,然后利用式(9-7)可以得到 $x(n)$ 的离散傅里叶变换 $X(k)$。利用 DFT 分析连续时间信号的过程如图 9-1 所示。

例如,已知 $x(n) = \begin{cases} 1 & n = 0, 1 \\ 0 & 其他 \end{cases}$,那么

$$X(e^{j\omega}) = \sum_{n=0}^{1} x(n)e^{-jn\omega} = 1 + e^{-j\omega} = 2e^{-j\omega/2}\cos(\omega/2)$$

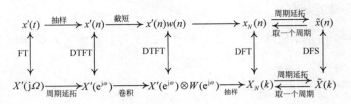

图 9-1　利用 DFT 对连续信号进行谱分析

当 $N=2$ 时,

$$X(k) = \sum_{n=0}^{N-1} x(n) e^{-j\frac{2\pi}{N}kn} = \sum_{n=0}^{1} e^{-j\frac{2\pi}{2}kn} = 1 + e^{-j\pi k} \quad (k=0,1)$$

当 $N=3$ 时,

$$X(k) = \sum_{n=0}^{N-1} x(n) e^{-j\frac{2\pi}{N}kn} = \sum_{n=0}^{2} e^{-j\frac{2\pi}{3}kn} = 1 + e^{-j\frac{2\pi}{3}k} \quad (k=0,1,2)$$

又如,已知 $x(n) = e^{-jn\omega_0}$,那么

$$X(k) = \sum_{n=0}^{N-1} x(n) e^{-j\frac{2\pi}{N}kn} = \sum_{n=0}^{N-1} e^{j\omega_0 n} e^{-j\frac{2\pi}{N}kn} = \sum_{n=0}^{N-1} e^{j\left(\omega_0 - \frac{2\pi}{N}k\right)n} = \frac{1 - e^{j\omega_0 N}}{1 - e^{j\left(\omega_0 - \frac{2\pi}{N}k\right)}}$$

再如,已知 $X(k) = 1 - 2e^{-j3\frac{2\pi}{N}k} + 4e^{j2\frac{2\pi}{N}k} + 3e^{-j6\frac{2\pi}{N}k}$,那么

$$x(n) = \delta(n) - 2\delta(n-3) + 4\delta(n+2) + 3\delta(n-6)$$

通常利用幅值谱和相位谱描述离散信号的频谱特征

$$|X(k)| = \frac{1}{N}\sqrt{\{\mathrm{Re}[X(k)]\}^2 + \{\mathrm{Im}[X(k)]\}^2} \tag{9-9}$$

$$\phi(k) = \arctan\left\{\frac{\mathrm{Im}[X(k)]}{\mathrm{Re}[X(k)]}\right\} \tag{9-10}$$

DFT 作为目前广泛使用的一种傅里叶变换,其有两个重要的性质。

(1) 信号在时域内的能量等于其通过 DFT 后在频域内的能量,这便是 Parseval 定理。

(2) 对于 LSI 系统,若 $y(n) = x(n) \otimes h(n)$,则 $Y(k) = X(k)H(k)$,这便是时域循环卷积定理;同理,若 $y(n) = x(n)h(n)$,则 $Y(k) = X(k) \otimes H(k)$,这便是频域循环卷积定理。根据卷积定理可知,时域中的卷积运算可以通过 DFT 来实现。又由于相关分析与卷积运算之间也具有一定的关系,因而时域中的相关分析也可以通过 DFT 来实现。

2. 窗函数

由于数字信号处理设备处理的数字信号总是有限长的,因而利用 DFT 对信号做频谱分析时将出现频谱泄漏现象。这种现象会对分析结果造成误差,而且该误差往往是不能消除的,只能采取适当的方法进行抑制。通过对时域离散信号施加窗函数,然后再进行频谱分析,这样可在一定程度上抑制频谱泄漏。另外,窗函数在数字滤波器的设计方面也有着重要的作用。下面将介绍窗函数的基本概念。

设 $x'(n)$ 为一个无限长离散序列,$w(n)$ 是长度为 N 的窗函数,用 $w(n)$ 截断 $x'(n)$,可得到 N 点离散序列 $x(n)$,即

$$x(n) = x'(n)w(n) \tag{9-11}$$

假设 $x'(n)$ 的离散时间傅里叶变换为 $X'(e^{j\omega})$,$x(n)$ 的离散时间傅里叶变换为 $X(e^{j\omega})$,$w(n)$ 的离散时间傅里叶变换为 $W(e^{j\omega})$,根据卷积定理可知

$$X(\mathrm{e}^{\mathrm{j}\omega}) = X'(\mathrm{e}^{\mathrm{j}\omega}) \otimes W(\mathrm{e}^{\mathrm{j}\omega}) \tag{9-12}$$

由此可见,窗函数 $w(n)$ 不仅会影响原信号 $x'(n)$ 在时域上的波形,而且还会影响其在频域内的形状。

窗函数对信号频谱的影响与窗函数的主瓣、边瓣的特性有关。对于 $W(\mathrm{e}^{\mathrm{j}\omega})$,它的从 $\omega=0$ 两侧第一次过零的部分,称为窗函数的主瓣;主瓣以外的部分称为边瓣。图 9-2 给出了时域矩形窗的时域和频域特性。为了定量地比较窗函数的性能,可利用如下三个频域指标:主瓣归一化幅值 $\left(20\lg\left|\dfrac{W(\omega)}{W(0)}\right|\right)$ 下降到 $-3\mathrm{dB}$ 时的带宽 B;最大的边瓣峰值 A;边瓣谱峰渐进衰减速度 D。对于一个理想的窗函数,其 B 值和 A 值应最小、D 值应最大。实际选择窗函数时,总希望它的主瓣尽量窄,边瓣尽量小,即希望窗函数的能量大都集中在主瓣内。下面介绍几种常见的余弦窗。

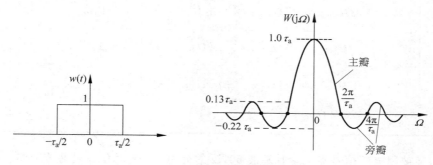

图 9-2 矩形窗的时域与频域图形

常用的一类余弦窗(cosine window)可表示为

$$w_Q(n) = \sum_{q=0}^{Q} (-1)^q a_q \cos\left(\frac{2\pi q n}{N}\right) \tag{9-13}$$

系数 a_q 满足如下条件

$$\sum_{q=0}^{Q} a_q = 1 \tag{9-14}$$

$$\sum_{q=0}^{Q} (-1)^q a_q = 0 \tag{9-15}$$

LabVIEW 2014 中的余弦窗的项数及系数如表 9-1 所示。

表 9-1 余弦窗的系数

窗 类 型	Q	a_0	a_1	a_2	a_3	a_4
矩形窗(Rectangular)	0	1	0	0	0	0
汉宁窗(Hanning)	1	0.5	0.5	0	0	0
哈明窗(Hamming)	2	0.54	0.46	0	0	0
布莱克曼窗(Blackman)	3	0.42	0.50	0.08	0	0
B-H 窗(Blackman-Harris)	4	0.3588	0.4883	0.1413	0.0117	0
B-N 窗(Blackman-Nuttall)	4	0.3636	0.4892	0.1366	0.0106	0
Flat Top Window	5	0.2156	0.4166	0.2773	0.0836	0.0069

常用的余弦窗的频谱特性如表 9-2 所示。每种窗函数有其自身的特性,不同的窗函数适用于不同的应用场合。若信号中含有远离被测信号频率的干扰或噪声成分,则应选用旁瓣衰减速度较快的窗函数;若干扰或噪声成分与被测信号的频率较接近,则应选用旁瓣峰值较小的窗函数;若被测信号含有多个频率成分,则应选用主瓣窄的窗函数。显然,为了选择合适的窗函数,首先需要估计信号的频谱成分。

表 9-2　常用余弦窗的频谱特性

窗类型	频域形式	B $(\Delta\omega=2\pi/N)$	A/dB	D/(dB/oct)
矩形窗	$W(\omega)=\mathrm{e}^{-\mathrm{j}(N-1)\omega/2}\dfrac{\sin(\omega N/2)}{\sin(\omega/2)}$	0.89	-13	-6
汉宁窗	$W(\omega)=0.5U(\omega)+0.25\left[U\left(\omega-\dfrac{2\pi}{N}\right)+U\left(\omega+\dfrac{2\pi}{N}\right)\right]$	1.44	-32	-18
哈明窗	$W(\omega)=0.54U(\omega)+0.23\left[U\left(\omega-\dfrac{2\pi}{N}\right)+U\left(\omega+\dfrac{2\pi}{N}\right)\right]$	1.3	-43	-6
布莱克曼窗	$W(\omega)=0.42U(\omega)-0.25\left[U\left(\omega-\dfrac{2\pi}{N}\right)+U\left(\omega+\dfrac{2\pi}{N}\right)\right]$ $+0.04\left[U\left(\omega-\dfrac{4\pi}{N}\right)+U\left(\omega+\dfrac{4\pi}{N}\right)\right]$	1.68	-58	-18

例如,某被测电压信号除了含有基波 50Hz 的分量外,还含有 3 次谐波分量,即 $x(t)=\sin(2\pi\times50t+1.2)+0.1\sin(2\pi\times150t+0.8)$,若抽样频率为 1500,样本数为 256,那么对该信号分别施加矩形窗和汉宁窗,再利用离散傅里叶变换方法分析其基波分量,可得到离散的幅频特性如图 9-3 所示。由于汉宁窗具有较快的旁瓣衰减速度,能够较好地抑制 3 次谐波分量对基波分量的影响,因而相应的基波测量准确度较高。

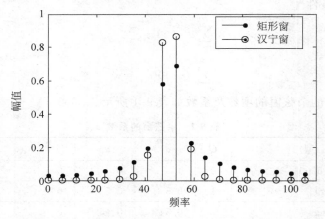

图 9-3　利用矩形窗和汉宁窗分析信号频率分量的对比

LabVIEW 2014 信号处理模块中还有其他类型的窗函数,如 Triangle 窗、Chebyshev 窗、Exponential 窗、Gaussian 窗、Kaiser 窗等,这里不再介绍,感兴趣的读者可查阅相关的帮助文件。

3. 快速傅里叶变换

快速傅里叶变换(fast fourier transform,FFT)是快速计算 DFT 的算法。离散傅里叶变换实现了频域离散化,在数字信号处理中起着非常重要的作用。但是,观察式(9-7)和式(9-8)可发现,若用常规方法计算离散信号的 DFT,计算量是非常大的。以正变换为例,计算一个 $X(k)$,要做 N 次复数乘法和 $(N-1)$ 次复数加法运算,而计算 N 个 $X(k)$,则需要做 N^2 次乘法和 $N(N-1)$ 次复数加法运算。因此,自 DFT 提出以来,在相当长的时间内由于 DFT 运算量太大,难以实时处理,其并没有得到真正的应用。1965 年,J. W. Cooley 和 T. W. Tukey 提出了一种用于快速计算 DFT 的算法,即 FFT。FFT 的基本思想是充分利用已有的计算结果,避免 DFT 运算中存在的大量重复计算,从而提高计算效率,缩短计算时间。

对于 N 点离散序列 $x(n)$ 的 DFT,令

$$W_N^k = e^{-j2\pi\frac{k}{N}} \tag{9-16}$$

那么

$$X(k) = \sum_{n=0}^{N-1} x(n) W_N^{kn} \tag{9-17}$$

函数 W_N^k 的性质有:(1)周期性:$W_N^{k+mN}=W_N^k$;(2)对称性:$W_N^{k+N/2}=-W_N^k$;(3)换底公式:$W_N^{mk}=W_{N/m}^k$。利用 W_N^k 的这些性质,可以避免 DFT 计算式中的很多重复运算。现以 $N=4=2^2$ 为例来说明。式(9-12)可写为矩阵形式

$$\begin{bmatrix} X(0) \\ X(1) \\ X(2) \\ X(3) \end{bmatrix} = \begin{bmatrix} W_4^0 & W_4^0 & W_4^0 & W_4^0 \\ W_4^0 & W_4^1 & W_4^2 & W_4^3 \\ W_4^0 & W_4^2 & W_4^4 & W_4^6 \\ W_4^0 & W_4^3 & W_4^6 & W_4^9 \end{bmatrix} \begin{bmatrix} x(0) \\ x(1) \\ x(2) \\ x(3) \end{bmatrix} = W_N^{kn} \begin{bmatrix} x(0) \\ x(1) \\ x(2) \\ x(3) \end{bmatrix} \tag{9-18}$$

根据 W_N^k 的周期性和对称性,上式中的 W_N^{kn} 矩阵可以简化为

$$W_N^{kn} = \begin{bmatrix} W_4^0 & W_4^0 & W_4^0 & W_4^0 \\ W_4^0 & W_4^1 & W_4^2 & W_4^3 \\ W_4^0 & W_4^2 & W_4^4 & W_4^6 \\ W_4^0 & W_4^3 & W_4^6 & W_4^9 \end{bmatrix} = \begin{bmatrix} W_4^0 & W_4^0 & W_4^0 & W_4^0 \\ W_4^0 & W_4^1 & -W_4^0 & -W_4^1 \\ W_4^0 & -W_4^0 & W_4^0 & -W_4^0 \\ W_4^0 & -W_4^1 & -W_4^0 & W_4^1 \end{bmatrix} \tag{9-19}$$

从上式可见,经化简后的 W_N^{kn} 矩阵中存在着一些相同的元素,巧妙地利用该性质可以大大减小 DFT 的运算量。显然,对上述运算过程稍做修改便可计算离散傅里叶逆变换。

随着离散序列点数 N 的增加,利用 FFT 计算 DFT 的快速性越明显。FFT 的算法并不是唯一的,目前已经出现了多种具体算法,计算速度也越来越快。标准的 FFT 计算程序可以在各种算法手册和信号分析程序库中查到。许多数字信号处理芯片自身也带有 FFT 的库函数,以便用户直接调用。

9.1.4 数字信号时频分析

长期以来,由于理论研究与分析工具具有局限性,人们将许多非平稳信号简化为平稳信号进行处理,针对平稳信号分析和处理的理论与技术已经得到充分的发展与广泛的应用。但严格来讲,很多实际的信号都是非平稳信号,随着人们对信号认识的深入,已有必要将信

号处理研究的重点转向非平稳信号,一个基于非平稳信号处理的重要分支——时频分析得到了重大发展。时频分析法是指采用时间和频率的联合函数来表示非平稳信号,并对其进行分析和处理的一种方法。该方法是对傅里叶变换进行推广,并发展出的一系列新的信号分析理论。本节将简要介绍 LabVIEW 2014 信号处理模块中出现的一些时频分析方法(如短时傅里叶变换、Wigner-Ville 分布、小波变换等)的基本原理,仅供读者参考。

1. 短时傅里叶变换

为了研究信号在局部时间范围内的频域特征,1946 年,Gabor 提出了著名的 Gabor 变换,之后又进一步发展成为短时傅里叶变换(short-time fourier transform,STFT)。短时傅里叶变换的基本思想是,用一个具有适当宽度的窗函数从信号中提取一段做傅里叶分析,于是得到信号在这段时间内的局部的频谱,如果让窗函数沿时间轴不断移动,便能够对信号逐段进行频谱分析,这就是窗口傅里叶变换或短时傅里叶变换。

假设被分析的信号为时域连续信号 $x(t)$,以 τ 为中心设计一个窗函数 $w(t)$,并以适当的宽度在 τ 时刻前后截取信号 $x(t)$,即

$$x_\tau(t) = x(t)w(t - \tau) \tag{9-20}$$

当窗函数 $w(t)$ 的窗口宽度足够窄时,可以认为 $x_\tau(t)$ 是平稳的,于是短时傅里叶变换定义为

$$\begin{aligned} \mathrm{STFT}_x^{(w)}(\tau, f) &= \int_{-\infty}^{\infty} x_\tau(t)\mathrm{e}^{-\mathrm{j}2\pi ft}\,\mathrm{d}t \\ &= \int_{-\infty}^{\infty} x(t)w(t - \tau)\mathrm{e}^{-\mathrm{j}2\pi ft}\,\mathrm{d}t \end{aligned} \tag{9-21}$$

式中,f 为局部频率;τ 为窗口函数的时域位置;$|\mathrm{STFT}_x^{(w)}(\tau, f)|^2$ 也称为谱图(spectrogram)。

时域窗越窄对信号时域定位能力越强,即时域分辨率越高;频域窗越窄,对信号频域定位能力越强,即频域分辨率越高。STFT 中常采用的窗函数有高斯窗、海明窗和指数窗等。

利用 STFT 也可以重构原信号

$$x(t) = \int_{-\infty}^{\infty} \int_{-\infty}^{\infty} \mathrm{STFT}_x^{(w)}(\tau, f)\left[w(t - \tau)\mathrm{e}^{\mathrm{j}2\pi ft}\right]\mathrm{d}\tau\mathrm{d}f \tag{9-22}$$

2. Wigner-Ville 分布

为了能够准确地反映出信号能量随时间和频率的分布特征,国外学者提出了 Wigner-Ville 分布(WVD),其能将一维的时间函数映射为时间—频率的二维函数。

令信号 $x(t)$、$y(t)$ 的傅里叶变换分别为 $X(\mathrm{j}\Omega)$、$Y(\mathrm{j}\Omega)$,那么 $x(t)$、$y(t)$ 的联合 WVD 定义为

$$W_{x,y}(t, \Omega) = \int_{-\infty}^{+\infty} x(t + \tau/2)y^*(t - \tau/2)\mathrm{e}^{-\mathrm{j}\Omega\tau}\,\mathrm{d}\tau$$

或

$$W_{X,Y}(\Omega, t) = \int_{-\infty}^{+\infty} X(\Omega + \zeta/2)Y^*(\Omega - \zeta/2)\mathrm{e}^{\mathrm{j}\zeta t}\,\mathrm{d}\zeta \tag{9-23}$$

其中,上标 $*$ 表示取信号的共轭。

利用 WVD 还可以重构信号

$$x(t) = \frac{1}{2\pi}\int_{-\infty}^{+\infty} W_{x,y}(t/2, \Omega)\mathrm{e}^{\mathrm{j}\Omega t}\,\mathrm{d}\Omega / y^*(0) \tag{9-24}$$

3. 小波变换

小波分析方法是一种窗口大小固定但形状可改变的时频局部化分析方法,其时间窗和

频率窗都可以改变,从而能实现在低频部分具有较高的频率分辨率和较低的时间分辨率;在高频部分具有较高的时间分辨率和较低的频率分辨率。这种特性,使小波分析对信号具有自适应性。

设 $L^2(R)$ 表示平方可积的全部实函数的线性空间,若 $\psi(t) \in L^2(R)$,其傅里叶变换 $\hat{\psi}(\omega)$ 满足如下条件

$$C_\psi = \int_{-\infty}^{\infty} \frac{|\hat{\psi}(\omega)|^2}{|\omega|} d\omega < \infty \tag{9-25}$$

则称 $\psi(t)$ 为一个基本小波或小波母函数。式(9-25)是小波函数的允许条件。由 $\psi(t)$ 可以构造一族函数

$$\psi_{a,b}(t) = |a|^{-\frac{1}{2}} \psi\left(\frac{t-b}{a}\right) \quad (a \neq 0) \tag{9-26}$$

式中,$\psi_{a,b}(t)$ 相当于 $\psi(t)$ 在时间轴上的伸缩与平移,称为小波函数或小波基函数,简称小波(Wavelet);a 称为伸缩参数或尺度参数,b 称为平移参数或时移参数,a、b 均为实数。

设 $x(t)$ 为待分析的信号,那么 $\psi_{a,b}(t)$ 与 $x(t)$ 的内积

$$W_x(a,b) = \int_{-\infty}^{\infty} \psi_{a,b}^*(t) x(t) dt \tag{9-27}$$

称为连续小波变换(continuous wavelet transform)。若 $\psi(t)$ 的傅里叶变换 $\hat{\psi}(\omega)$ 满足式(9-25),那么连续小波变换的逆变换为

$$x(t) = \frac{1}{C_\psi} \int_{-\infty}^{\infty} \int_{-\infty}^{\infty} W_x(a,b) \psi_{a,b}(t) \frac{1}{a^2} da db \tag{9-28}$$

9.1.5 数字滤波器

滤波器在实际测量系统中有着重要的作用,本节将介绍常见数字滤波器的结构和设计方法。

数字滤波器是将输入信号序列通过一定的运算变换为输出信号序列来实现滤波功能的。因此,数字滤波器可以看成是一个具有滤波功能的离散数字系统,如图9-4所示。假设输入信号为 $x(n)$,输出信号为 $y(n)$,离散数字系统的单位冲激响应为 $h(n)$,那么 $y(n) = x(n) \otimes h(n)$。若 $x(n)$、$y(n)$ 的傅里叶变换存在,那么输出与输入之间的频域关系为 $Y(e^{j\omega}) = X(e^{j\omega}) H(e^{j\omega})$。显然,在频域上设计出不同形状的 $H(e^{j\omega})$,可以得到不同的滤波效果。

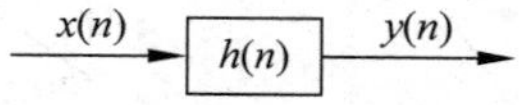

图 9-4 数字滤波器系统

与模拟滤波器相似,数字滤波器按其幅频特性也可分为低通、高通、带通和带阻四类。从离散系统的角度来看,数字滤波器还可分为有限冲激响应(finite impulse response,FIR)型和无限冲激响应(infinite impulse response,IIR)型两类。

1. 数字滤波器的结构

1) FIR 型数字滤波器的结构

假设数字滤波器的输出 $y(n)$ 只取决于有限个过去的和现在的输入:$x(n),x(n-1),\cdots,x(n-M)$,即

$$y(n) = \sum_{r=0}^{M} b_r x(n-r) \tag{9-29}$$

如果输入信号为单位抽样函数 $\delta(n)$，那么 $y(n)$ 为单位抽样响应 $h(n)$。式(9-29)中的数字滤波器的单位抽样响应在时间上是有限延续的，即 n 大于 M 后，$h(n)\equiv0$。这类滤波器称为 FIR 滤波器，其转移函数为

$$H(z) = \sum_{r=0}^{M} h(r)z^{-r} = \sum_{r=0}^{M} b_r z^{-r} \tag{9-30}$$

根据式(9-30)可以得到 FIR 数字滤波器系统结构的直接形式，如图 9-5 所示。显然，为了实现 FIR 数字滤波器，需要将系统中的某些量反馈到输入端，因而这种滤波器又称为递归型滤波器。

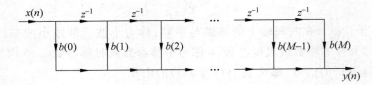

图 9-5　FIR 数字滤波器的直接实现

式(9-30)还可写成如下形式

$$H(z) = \prod_{k=1}^{M/2} (\beta_{0k} + \beta_{1k}z^{-1} + \beta_{2k}z^{-2}) \quad (M \text{ 为偶数}) \tag{9-31}$$

$$H(z) = \left[\prod_{k=1}^{(M-1)/2} (\beta_{0k} + \beta_{1k}z^{-1} + \beta_{2k}z^{-2}) \right] \cdot (\beta_{0(M+1)/2} + \beta_{1(M+1)/2}z^{-1}) \quad (M \text{ 为奇数}) \tag{9-32}$$

因此，FIR 数字滤波器还可通过图 9-6 所示的级联形式实现。

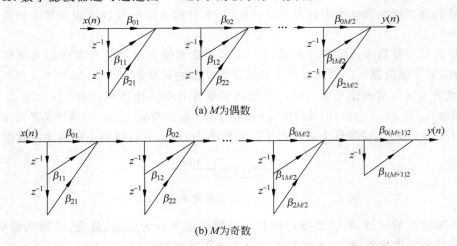

(a) M 为偶数

(b) M 为奇数

图 9-6　FIR 数字滤波器的级联实现

例如，某 FIR 系统的转移函数为 $H(z)=0.96+2z^{-1}+2.8z^{-2}+1.5z^{-3}$，若将 $H(z)$ 分解成 $H(z)=(0.6+0.5z^{-1})(1.6+2z^{-1}+3z^{-2})$，其便可利用图 9-5 所示的直接形式来实现；若将 $H(z)$ 分解成 $H(z)=0.96(1+0.833z^{-1})(1+1.25z^{-1}+1.875z^{-2})$，其便可利用图 9-6 所示的级联形式来实现。

2) IIR 型数字滤波器的结构

如果数字滤波器的输出 $y(n)$ 不仅取决于过去时刻的和现在时刻的输入,而且也取决于过去时刻的输出,即

$$y(n) + \sum_{k=0}^{N} a_k y(n-k) = \sum_{r=0}^{M} b_r x(n-r) \tag{9-33}$$

由于上述差分方程对应的单位抽样响应是无限延续的,因而这类滤波器称为 IIR 滤波器,其转移函数为

$$H(z) = \frac{\sum_{r=0}^{M} b_r z^{-r}}{1 + \sum_{k=1}^{N} a_k z^{-r}} \tag{9-34}$$

对式(9-34)进行 z 变换,可得

$$Y(z) = X(z) \frac{\sum_{r=0}^{M} b_r z^{-r}}{1 + \sum_{k=1}^{N} a_k z^{-r}} = W(z) \sum_{r=0}^{M} b_r z^{-r} \tag{9-35}$$

其中

$$W(z) = \frac{X(z)}{1 + \sum_{k=1}^{N} a_k z^{-r}} \tag{9-36}$$

$W(z)$、$Y(z)$ 对应的差分方程分别为

$$w(n) = -\sum_{k=1}^{N} a_k w(n-k) + x(n) \tag{9-37}$$

$$y(n) = \sum_{r=0}^{M} b_r w(n-k) \tag{9-38}$$

根据式(9-37)、式(9-38)可以得到 IIR 系统的直接实现形式,如图 9-7 所示。由于数字系统的字长总是有限的,利用直接实现形式的缺点是系统的累积误差较大。

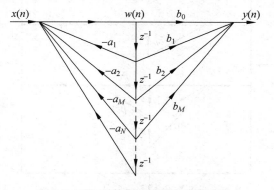

图 9-7 IIR 型数字滤波器的直接实现

对于式(9-34),将其分子、分母的多项式分别作因式分解,若 $N \geqslant M$ 且 N 为偶数,则可将 $H(z)$ 分解成 $N/2$ 个关于 z 的二阶多项式的乘积

$$H(z) = H_1(z) H_2(z) \cdots H_{N/2}(z) \tag{9-39}$$

其中

$$H_i(z) = \frac{1 + \beta_{i1}z^{-1} + \beta_{i2}z^{-2}}{1 + \alpha_{i1}z^{-1} + \alpha_{i2}z^{-2}} \quad (i = 1, 2, \cdots, N/2) \tag{9-40}$$

若与 $H_i(z)$ 对应的单位冲激响应为 $h_i(n)$，那么滤波器系统的输出为

$$y(n) = ((((x(n) \otimes h_1(n)) \otimes h_2(n)) \otimes \cdots) \otimes h_{N/2}(n)) \tag{9-41}$$

若 $N \geqslant M$ 且 N 为奇数，那么 $H(z)$ 的子系统中还将包含一个一阶子系统。利用上述思想可以构成 IIR 滤波器的级联实现形式，如图 9-8 所示。

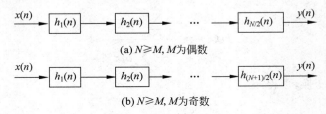

(a) $N \geqslant M, M$ 为偶数

(b) $N \geqslant M, M$ 为奇数

图 9-8　IIR 数字滤波器的级联实现

例如，已知系统的转移函数为 $H(z) = \dfrac{8 - 4z^{-1} + 11z^{-2} - 2z^{-3}}{1 - 1.25z^{-1} + 0.75z^{-2} - 0.125z^{-3}}$，若将其分解为 $H(z) = \dfrac{8(1 - 0.19z^{-1})}{1 - 0.25z^{-1}} \dfrac{1 - 0.31z^{-1} + 1.3161z^{-2}}{1 - z^{-1} + 0.5z^{-2}}$，便可利用图 9-8 所示的级联形式来实现。

另外，$H(z)$ 还可以分解为各因式之和，即

$$H(z) = \sum_{i=1}^{L_1} \frac{A_i}{1 + \lambda_i z^{-1}} + \sum_{i=1}^{L_2} \frac{\beta_{i0} + \beta_{i1}z^{-1}}{1 + \alpha_{i1}z^{-1} + \alpha_{i2}z^{-2}} \tag{9-42}$$

因此，$H(z)$ 可用图 9-9 所示的并联结构实现。在这种结构里，每一个子系统都是独立的，不受其他子系统误差的影响，因此，这种结构对误差不敏感。

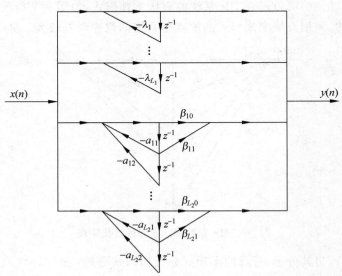

图 9-9　IIR 数字滤波器的并联实现

2. 数字滤波器的设计

1) 滤波器的性能指标

由于高通滤波器相当于用一个全通滤波器减去一个低通滤波器；带通滤波器相当于两个截止频率不同的低通滤波器相减，或者相当于一个低通滤波器和一个高通滤波器级联；带阻滤波器相当于一个低通滤波器加上一个高通滤波器，因而只要学会设计低通滤波器，便可设计出高通、带通和带阻滤波器。本节主要介绍低通滤波器的设计方法。

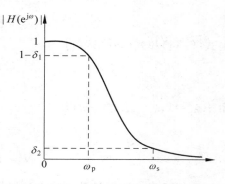

图 9-10 低通滤波器的主要性能指标

理想的滤波器在物理上是不可实现的，因为在物理实现中，从一个频率带到另一个频率带之间不可能突变，而是有一个过渡带。另外，滤波器在物理实现过程中，其幅频特性在通带和阻带内不可能严格地为 1 或 0，应有一个小的容限。在设计滤波器时，只要使设计的滤波器的频率响应满足所要求的幅度或相位指标即可。图 9-10 给出了低通滤波器的主要性能指标。其中，ω_p 为通带截止频率，也称为通带上限频率；ω_s 为阻带下限截止频率；δ_1 为通带容限；δ_2 为阻带容限。在通带内，有

$$1-\delta_1 \leqslant H(e^{j\omega}) \leqslant 1+\delta_1 \qquad (9\text{-}43)$$

若 $H(e^{j0})$ 已被归一化，即 $H(e^{j0})=1$，则通带允许的最大衰减 α_p 定义为

$$\alpha_p = 20\lg \frac{|H(e^{j0})|}{|H(e^{j\omega_p})|} = -20\lg|H(e^{j\omega_p})|$$

$$= -10\lg|H(e^{j\omega_p})|^2 = -20\lg(1-\delta_1) \qquad (9\text{-}44)$$

根据上式可知，当 $|H(e^{j\omega})|$ 在 ω_p 处下降为 0.707 时，$\alpha_p=3\text{dB}$。在阻带内，有

$$|H(e^{j\omega})| \leqslant \delta_2 \qquad (9\text{-}45)$$

阻带允许的最小衰减 α_s 定义为

$$\alpha_s = 20\lg \frac{|H(e^{j0})|}{|H(e^{j\omega_s})|} = -20\lg|H(e^{j\omega_s})|$$

$$= -10\lg|H(e^{j\omega_s})|^2 = -20\lg(\delta_2) \qquad (9\text{-}46)$$

通带和阻带之间的过渡带的宽度为 $\Delta\omega = \omega_s - \omega_p$。

数字滤波器的设计，通常根据模拟滤波器的设计方法来进行。基本的设计方法是：

(1) 将数字滤波器的技术指标按一定规则转换为模拟低通滤波器的技术指标，设计相应的模拟低通滤波器。

(2) 将模拟低通滤波器经过一定的转换，得到数字低通滤波器。

对于高通、带通、带阻数字滤波器，将它们的技术指标转换为低通模拟滤波器的技术指标后，也可以按上述方法进行设计。

根据式(9-44)和式(9-46)可知，低通滤波器的技术指标与滤波器的幅平方特性 $|H(e^{j\omega})|^2$ 密切相关。假定模拟滤波器的传递函数为 $G(s)$，则有

$$G(s) = \frac{b_0 + b_1 s + \cdots + b_{N-1} s^{N-1} + b_N s^N}{a_0 + a_1 s + \cdots + a_{N-1} s^{N-1} + a_N s^N} \qquad (9\text{-}47)$$

显然，$|G(j\Omega)|^2$ 的分子和分母都是 Ω^2 的有理多项式。常见的模拟滤波器有以下几种类型。

(1) 巴特沃思(Butterworth)滤波器

$$| G(j\Omega) |^2 = \frac{1}{1 + C^2 (\Omega)^{2N}} \qquad (9\text{-}48)$$

式中,C 为待定常数;N 为待定的滤波器阶次。

C 和 N 可通过给定的滤波器的技术指标 ω_p、ω_s、δ_1 和 δ_2 来确定。例如,利用通带截止频率 Ω_p 对实际频率 Ω 归一化后,可得归一化幅平方特性

$$| G(j\lambda) |^2 = \frac{1}{1 + C^2 (\Omega/\Omega_p)^{2N}} = \frac{1}{1 + C^2 \lambda^{2N}}$$

由式(9-44)和式(9-46)可得

$$C^2 \lambda_p^{2N} = 10^{\alpha_p/10} - 1$$
$$C^2 \lambda_s^{2N} = 10^{\alpha_s/10} - 1$$

由于 $\lambda_p = 1, \lambda_s = \Omega_s/\Omega_p$,所以

$$C^2 = 10^{\alpha_p/10} - 1$$

$$N = \lg \sqrt{\frac{10^{\alpha_s/10} - 1}{10^{\alpha_p/10} - 1}} \Big/ \lg\lambda_s$$

巴特沃思滤波器的最大特点是幅频响应在通带内具有最大平坦的特性;在通带和阻带内,幅频响应随着频率的增加而单调下降,而且在过渡带下降缓慢,在阻带下降较快。

(2) 切比雪夫 I 型(Chebyshev-I)滤波器

$$| G(j\Omega) |^2 = \frac{1}{1 + \varepsilon^2 C_N^2 (\Omega)} \qquad (9\text{-}49)$$

式中,$C_N^2(\Omega) = \cos^2[N \arccos^{-1}(\Omega)]$;$\varepsilon$ 为待定常数;N 为待定的滤波器阶次。

ε 和 N 可通过给定的滤波器的技术指标来确定。切比雪夫 I 型滤波器在通带内呈现等波纹波动,而在阻带内为单调下降。

(3) 切比雪夫 II 型(Chebyshev-II)滤波器

$$| G(j\Omega) |^2 = \frac{1}{1 + \varepsilon^2 \left[\dfrac{C_N^2 (\Omega_s)}{C_N^2 (\Omega_s/\Omega)} \right]^2} \qquad (9\text{-}50)$$

这里,Ω_s 与 ω_s 对应。切比雪夫 II 型滤波器在通带内单调下降,在阻带内是等纹波的。

(4) 椭圆(Ellipse)滤波器

$$| G(j\Omega) |^2 = \frac{1}{1 + \varepsilon^2 U_N^2 (\Omega)} \qquad (9\text{-}51)$$

式中,$U_N^2(\Omega)$ 是雅可比椭圆函数。

椭圆滤波器在通带和阻带内都具有等纹波特性,并且具有最窄的过渡带。

2) FIR 滤波器的设计

FIR 滤波器的设计就是要确定式(9-29)中的系数组 $\{b_r\}$,即确定系统的冲激响应 $h(n)$,通过最少的系数得到所需的滤波功能。与 IIR 数字滤波器相比,通过设定条件,可保证 FIR 数字滤波器具有线性相位特征。如果滤波器具有线性相位特征,那么它对输入信号中各个频率成分的相位延迟效应将是一样的,从时域来看就是各个时间点的信号延时是一样的,这在图像和视频信号传输和处理中非常有意义。另外,由于 FIR 滤波器的冲激响应为有限长,因而其具有永远稳定的特性。

线性相位数字滤波器的频率响应为

$$H(e^{j\omega}) = |H(e^{j\omega})| e^{-j\alpha\omega} \tag{9-52}$$

其相位$-\alpha\omega$是线性的,斜率为$-\alpha$。实际应用中采用的 FIR 滤波器都是线性相位的。对于任意形式的 FIR 数字滤波器,只要满足中点对称条件,即滤波器的单位冲激响应以中点 $n=(N-1)/2$ 对称:

$$h(n) = \pm h(N-1-n) \tag{9-53}$$

那么这种滤波器将具有线性相位特性。

设计 FIR 数字滤波器的基本方法是窗函数设计法。根据前面对窗函数的介绍可知,只要恰当地设计窗函数的参数,就可以实现滤波功能。常见的窗函数有矩形窗、汉宁窗、哈明窗、布莱克曼窗、凯泽窗等。窗函数法的本质,是在时域内用有限长冲激响应去近似所要求的理想冲激响应。

除了窗函数设计法以外,还可以利用频率取样法来设计 FIR 滤波器。假设所要设计的 FIR 数字滤波器的频率响应是 $H_d(e^{j\omega})$,它是连续频率 ω 的周期函数,现对其进行抽样

$$H_d(k) = H_d(e^{j\omega})|_{\omega_k = \frac{2\pi}{N}k} = H_d(e^{j\omega_k}) \quad (k=0,1,\cdots,N-1) \tag{9-54}$$

对 $H_d(k)$ 做傅里叶逆变换,可得到 N 点单位抽样序列

$$h(n) = \frac{1}{N}\sum_{k=0}^{N-1} H_d(k) e^{j\frac{2\pi}{N}nk} \quad (n=0,1,\cdots,N-1) \tag{9-55}$$

而理想的抽样响应为

$$h_d(n) = \frac{1}{2\pi}\int_{-\pi}^{\pi} H_d(e^{j\omega}) e^{j\omega n} \,d\omega \tag{9-56}$$

若利用式(9-56)得到的 $h_d(n)$ 是时限的,且持续时间小于 N,那么 $h_d(n)$ 与式(9-55)中的 $h(n)$ 相同。但是由于实际中的 $H_d(e^{j\omega})$ 是分段连续的,存在着突变点,因而 $h_d(n)$ 是无时限的,即 $h(n)$ 只是对 $h_d(n)$ 的一种近似。利用 $h(n)$ 可构成滤波器的转移函数 $H(z) = \sum_{n=0}^{N-1} h(n)z^{-n}$,其频率响应 $H(k)$ 在 $l=mk$ 的抽样点上严格等于所希望的值 $H_d(k)$,而在 $l \neq mk$ 的抽样点上,$H(k)$ 的值将由其具体的函数形式来确定。

从数学的角度来看,滤波器的设计问题就是函数逼近的问题,即用一个可实现的滤波器传递函数去逼近一个满足人们要求的理想滤波器的传递函数。由数值逼近理论可知,常用的函数逼近方法有三种:

(1) 插值法,如频率取样法。

(2) 最小均方误差逼近法。例如,窗函数设计法就是一种在最小均方误差意义上的逼近方法。

(3) 一致逼近法,如切比雪夫逼近法,其通过选择滤波器的设计参数 ω_p、ω_s、δ_1、δ_2、阶数 N,来确定 $H(e^{j\omega})$,以使 $H(e^{j\omega})$ 与理想滤波器的频率响应的误差的最大值为最小,这是一种最优化的滤波器设计方法,在最大误差最小化的优化原则下通过迭代运算,最终可实现对理想滤波器频率响应的最佳逼近。

3) IIR 滤波器的设计

IIR 滤波器的设计,就是要确定式(9-33)中的系数组$\{a_k\}$、$\{b_r\}$,或者确定系统的零点和极点,以使滤波器满足给定的性能指标要求。IIR 滤波器常根据模拟滤波器的理论进行设

计。在设计过程中,如何从模拟滤波器转换成一个可实现的数字滤波器很关键。为此,必须满足如下条件:

(1) 为了保持模拟滤波器的频率特性,从 s 平面的 $j\Omega$ 轴到 z 平面的单位圆的映射应是一一对应的。

(2) 为了保持模拟滤波器的稳定性,s 平面左半平面的极点应映射到 z 平面的单位圆内。

目前常用的转换方法有冲激响应不变法和双线性变换法。

假设模拟滤波器 $G(s)$ 的单位冲激响应为 $g(t)$,令其所对应的数字系统的单位抽样响应为

$$h(nT_s) = g(t) \mid_{t=nT_s} = g(t) \sum_{n=0}^{\infty} \delta(t - nT_s) \tag{9-57}$$

那么 $h(nT_s)$ 对应的数字系统的转移函数及频率响应分别为

$$H(z) = \sum_{n=0}^{\infty} h(nT_s) z^{-n} \tag{9-58}$$

$$H(e^{j\omega}) = \frac{1}{T_s} \sum_{k=-\infty}^{\infty} G(j\Omega - jk\Omega_s) \tag{9-59}$$

上述由 $G(s)$ 到 $H(z)$ 的转换方法,是令 $h(n)$ 等于 $g(t)$ 的抽样,因而称为冲激响应不变法。冲激响应不变法可以保证把稳定的 $G(s)$ 转换为稳定的 $H(z)$,利用这种方法设计数字滤波器比较简单。例如,已知 $G(s) = \sum_{k=1}^{N} \dfrac{A_k}{s - s_k}$,其中 s_k 是 $G(s)$ 的极点,那么 $G(s)$ 对应的模拟系统单位冲激响应为

$$g(t) = \sum_{k=1}^{N} A_k e^{s_k t} u(t)$$

式中,$u(t)$ 为单位阶跃函数。

利用采样间隔 T_s 对 $g(t)$ 取样可得

$$g(nT_s) = \sum_{k=1}^{N} A_k e^{s_k nT_s} u(nT_s)$$

对 $g(nT_s)$ 取 z 变换可得

$$H(z) = \sum_{k=1}^{N} \frac{TA_k}{1 - e^{s_k T_s} z^{-1}}$$

显然,$z_k = e^{s_k T_s}$ 是 $H(z)$ 的极点,当 s_k 在 s 平面的左半平面时 $\text{Re}[z_k] = \sigma_k < 0$,那么 $z_k = e^{s_k T_s} = e^{\sigma_k T_s} e^{j\Omega_k T_s} = r_k e^{j\omega_k}$,$r_k = e^{\sigma_k T_s} < 1$,也就是说,$H(z)$ 的极点位于 z 平面单位圆内。这说明,s 平面的极点与 z 平面的极点是一一对应,冲激响应不变法可以把稳定的模拟系统转换为稳定的数字系统。

需要注意的是,根据离散傅里叶变换的特点可知,若 $G(j\Omega)$ 不是带限的,或者抽样频率不够高,那么 $H(e^{j\omega})$ 将发生混叠失真。由于高通、带阻滤波器均不是带限的,因而不能采用冲激响应不变法进行设计;对于低通、带通滤波器,当抽样间隔较小时,利用冲激响应不变法可以得到较满意的结果。

为了克服冲激响应不变法中 $H(e^{j\omega})$ 可能发生混叠失真的缺点,出现了双线性变换法。令

$$s = \frac{2}{T_s}\frac{z-1}{z+1} \quad 或 \quad s = \frac{z-1}{z+1} \tag{9-60}$$

那么

$$z = \frac{1+(T_s/2)s}{1-(T_s/2)s} \quad 或 \quad z = \frac{1+s}{1-s} \tag{9-61}$$

根据 z 变换与傅里叶变换之间的关系,有

$$\Omega = \frac{2}{T_s}\tan(\omega/2) \quad 或 \quad \Omega = \tan(\omega/2) \tag{9-62}$$

$$\omega = 2\arctan(\Omega T_s/2) \quad 或 \quad \omega = 2\arctan(\Omega) \tag{9-63}$$

显然,双线性 z 变换是一种非线性的可逆映射关系。式(9-60)和式(9-61)给出了 s 与 z 之间的映射关系,式(9-62)和式(9-63)给出了 Ω 与 ω 之间的映射关系。当给定滤波器的技术指标 ω_p、ω_s 后,按照式(9-62),可以得到 Ω_p、Ω_s,然后可以设计出相应的模拟滤波器 $G(s)$,再将 $G(s)$ 进行双线性 z 变换便可得到数字滤波器的传递函数 $H(z)$。

FIR 滤波器与 IIR 滤波器的设计方法相比,各有优缺点。例如,IIR 滤波器的设计较简单,易于实现,且系统的阶数比较低,但无法直接达到线性相位;而 FIR 滤波器的设计可以实现严格的线性相位。因此,对于有线性相位要求的滤波器设计,通常采用 FIR 滤波器实现;其他应用场合可采用 IIR 滤波器来实现。

3. 其他数字滤波器

利用 LabVIEW 2014 所含的简单运算还可构成中值滤波、算术平均值滤波、加权平均值滤波、防脉冲干扰复合滤波以及限幅滤波等算法。

1) 中值滤波法

所谓中值滤波,是对某一个被测量连续采样 N 次(N 通常取为奇数),然后把这 N 个采样值从小到大或从大到小排列,再取中值作为本次采样值。中值滤波法的效果与 N 的取值有关。一般 N 的值不能太大,否则滤波效果反而不好。中值滤波法对于去除具有脉动性质的干扰比较有效,但是对于快速变化的被测量则不宜采用。另外,中值滤波法还能有效克服因偶然因素引起的波动。

2) 算术平均值法

算术平均值法就是把 N 个连续采样值 $x_1,\cdots,x_N$ 相加,然后取其算术平均值 $\bar{x}$ 作为本次测量的结果,即

$$\bar{x} = \frac{1}{N}\sum_{i=1}^{N}x_i \tag{9-64}$$

假设 $x_i=s_i+n_i$,其中 s_i 为采样值中的有用部分,n_i 为随机噪声,那么

$$\bar{x} = \frac{1}{N}\sum_{i=1}^{N}(s_i+n_i) = \frac{1}{N}\sum_{i=1}^{N}s_i + \frac{1}{N}\sum_{i=1}^{N}n_i \tag{9-65}$$

按照统计规律,随机噪声的统计平均值为零,故

$$\bar{x} = \frac{1}{N}\sum_{i=1}^{N}s_i \tag{9-66}$$

显然,采用算术平均值滤波法可有效消除随机干扰,滤波效果主要取决于采样次数 N,显然,N 越大,滤波效果越好,但系统的灵敏度将下降。因此这种方法只适用于对缓慢变化信号的处理。

从式(9-64)可以看出,算术平均值法对每次采样值采用相同的加权系数,即 $1/N$,实际上有些场合可使用加权平均值滤波法,即用下式求平均值

$$\bar{x} = \sum_{i=1}^{N} a_i x_i \tag{9-67}$$

这里 a_i 的选取方法多种多样,可根据实际情况来确定。

3) 防脉冲干扰复合滤波法

防脉冲干扰复合滤波法是将中值滤波法与算术平均值滤波法结合起来,即先用中值滤波法滤除由脉冲干扰造成的有偏差的采样值,然后再对采样值做算术平均运算。若 $x_1 \leqslant x_2 \leqslant \cdots \leqslant x_N (3 \leqslant N \leqslant 4)$,则

$$y = (x_2 + \cdots + x_{N-1})/(N-2) \tag{9-68}$$

这种方法兼容了算术平均值法和中值滤波法的优点,既可以去掉脉冲干扰,又可对采样值进行平滑处理。在高、低速数据采集系统中,它都能削弱干扰,提高数据处理的质量。

4) 限幅滤波法

限幅滤波法通过判断被测信号的变化幅度来消除缓变信号中的尖脉冲干扰。具体方法是,依赖已有的时域采样结果,将本次采样值与上次采样值进行比较,若它们的差值超出允许范围,则认为本次采样值受到了干扰,应予以剔除。

9.1.6 相关分析

相关分析是研究两个或两个以上波形之间相关程度大小的方法。两个波形之间的相关关系,按相关程度(或相似程度)可分为完全相关、不完全相关和不相关;按相关的形式可分为线性相关和非线性相关。在数字信号分析和处理中,相关分析是一种重要的信号测量和检测手段,已广泛应用于电气、地震、雷达、声纳、生物医学等许多领域。

1. 确定性信号之间的相关性

假设 $x(n)$、$y(n)$ 为两个能量有限的确定性信号,它们的相关系数定义为

$$\rho_{xy} = \frac{\sum_{n=0}^{\infty} x(n)y(n)}{\left[\sum_{n=0}^{\infty} x^2(n) \sum_{n=0}^{\infty} y^2(n)\right]^{1/2}} = \frac{r_{xy}}{\sqrt{E_x E_y}} \tag{9-69}$$

上式中的分母为 $x(n)$、$y(n)$ 各自能量乘积的开方,是一常数。由许瓦兹(Schwartz)不等式可知

$$|\rho_{xy}| \leqslant 1 \tag{9-70}$$

当 $x(n) = y(n)$ 时,r_{xy} 取得最大值,$r_{xy} = \sqrt{E_x E_y}$,$\rho_{xy} = 1$,这表明两个信号完全相关;当 $x(n)$ 和 $y(n)$ 完全无关时,$r_{xy} = 0$,$\rho_{xy} = 0$;当 $x(n)$ 和 $y(n)$ 有某种程度的相关即相似时,$r_{xy} \neq 0$,$|\rho_{xy}|$ 越接近于 1,表示两信号相关程度越高;$|\rho_{xy}|$ 越接近于 0,表示两信号相关程度越低。

r_{xy} 反映了两个固定波形 $x(n)$、$y(n)$ 的相关程度。为了研究两个波形在经历了一段时

移以后的相关程度,需要引入相关函数的概念。实信号 $x(n)$ 和 $y(n)$ 的互相关函数定义为

$$r_{xy}(m) = \sum_{n=-\infty}^{\infty} x(n)y(n+m) \tag{9-71}$$

上式表示 $r_{xy}(m)$ 在 m 时刻的值,等于将 $x(n)$ 保持不动而 $y(n)$ 左移 m 个抽样周期后两个序列相乘、再相加的结果。又

$$r_{yx}(m) = \sum_{n=-\infty}^{\infty} y(n)x(n+m) \tag{9-72}$$

注意,$r_{xy}(m) \neq r_{yx}(m)$。当 $x(n)=y(n)$ 时,$r_{xy}(m)$ 变为自相关函数

$$r_x(m) = r_{xx}(m) = \sum_{n=-\infty}^{\infty} x(n)x(n+m) \tag{9-73}$$

并且 $r_x(0) = \sum_{n=-\infty}^{\infty} x^2(n) = E_x$,即 $r_x(0)$ 等于 $x(n)$ 的能量。

在实际测量中,若 $x(n)$、$y(n)$ 为功率信号,此时互相关函数定义为

$$R_{xy}(m) = \lim_{N\to\infty} \frac{1}{2N+1} \sum_{n=-N}^{N} x(n)y(n+m) \quad \text{或} \quad R_{yx}(m) = \lim_{N\to\infty} \frac{1}{2N+1} \sum_{n=-N}^{N} y(n)x(n+m) \tag{9-74}$$

自相关函数定义为

$$R_x(m) = R_{xx}(m) = \lim_{N\to\infty} \frac{1}{2N+1} \sum_{n=-N}^{N} x(n)x(n+m) \tag{9-75}$$

若 $x(n)$ 为正弦或余弦信号,且周期为 N,那么

$$R_x(m) = \frac{1}{N} \sum_{n=0}^{N} x(n)x(n+m) \tag{9-76}$$

例如,若 $x(n)=\sin(\omega n)$,$y(n)=\cos(\omega n)$,那么

$$R_{xy}(0) = \frac{1}{N} \sum_{n=0}^{N} x(n)y(n) = \frac{1}{N} \sum_{n=0}^{N} \sin(\omega n)\cos(\omega n) = 0$$

2. 随机性信号之间的相关性

对于两个平稳随机信号 $X(n)$、$Y(n)$,它们的互相关函数可利用平均值表示为

$$r_{XY}(m) = E\{X(n)Y(n+m)\} \tag{9-77}$$

平稳随机信号 $X(n)$ 的自相关函数为

$$r_X(m) = E\{X(n)X(n+m)\} \tag{9-78}$$

相关函数在实际中有许多应用。例如,利用互相关函数可以捡拾隐藏在外界噪声中的规律性信号,这是因为在很多情况下,有用信号与噪声之间的相似程度非常小;时域中的相关函数和频域中的功率谱是一对傅里叶变换,自相关函数可用来估计信号的功率谱。

9.2 LabVIEW 中的信号分析和处理工具

LabVIEW 提供了许多信号分析 VI。自 LabVIEW 7.0 版本引入 Express VI 后,为了方便使用,在"函数选板"→Express→"信号分析"子选板中,集中了信号分析方面的 Express VI,如图 9-11 所示。

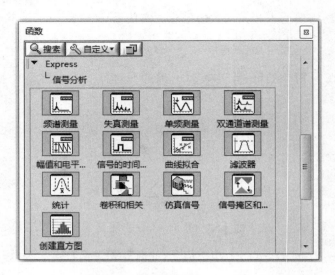

图 9-11 信号分析 Express VI

它们的功能如表 9-3 所示。

表 9-3 信号分析 Express VI

名　　称	功　　能
频谱测量	进行基于 FFT 的频谱测量,如信号的平均幅度频谱、功率谱、相位谱
失真测量	对信号进行失真测量,如音频分析、总谐波失真(THD)、信号与噪声失真比(SINAD)
单频测量	输出混频信号中具有最高幅值的频率成分的信息(幅值、频率、相位),或在指定频率范围内查找混频信号中具有最高幅值的频率成分的信息
双通道谱测量	根据 A 通道(作为激励)和 B 通道(作为响应)的输入信号,测量其对应系统的频率响应
幅值和电平测量	测量信号的电压
信号的时间与瞬态特性测量	测量信号(通常是脉冲)的瞬态特性,如频率、周期、占空比
曲线拟合	根据所选的模型类型,计算最能代表输入数据的数学模型系数
滤波器	通过滤波器和窗对信号进行处理
统计	返回波形中第一个通道信号的平均值、均方根、方差等选中参数
卷积和相关	在输入信号上进行卷积、反卷积、相关等操作
仿真信号	产生正弦波、方波、三角波、锯齿波和噪声等仿真信号
信号掩区和边界测试	在信号上进行边界测试。该 Express VI 根据用户设定的上下边界比较信号
创建直方图	创建信号的直方图

表 9-3 中列出的 VI 是常用的,它们都是由基本函数构成的。在"函数选板"→"信号处理"下,有更多基本的信号分析函数,如图 9-12 所示。

图 9-12 中的函数,按功能分别安排在不同的子选板上,一般从子选板的名称和函数名称可基本了解函数的功能。下面仅给出表 9-4,介绍"波形测量"中的函数(不包括 Express VI)。其中前六个是时域测量函数,其他为频域测量函数。

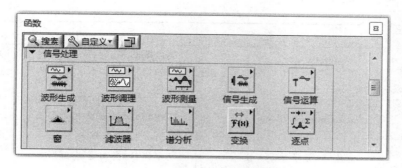

图 9-12 基本的信号分析函数选板

表 9-4 "波形测量"函数

图标	名称	功能
Basic DC/RMS	基本平均直流-均方根	按照选定的加窗和平均类型计算波形的直流分量（DC）和均方根值（RMS）
Average DC/RMS	平均直流-均方根	按照设定的平均类型和时间长度计算波形的 DC 和 RMS
RMS average	周期平均值和均方根	计算信号的周期平均值和均方根
	瞬态特性测量	瞬态测量，包括持续时间（上升或下降时间）、摆动率、前冲及过冲等
	脉冲测量	脉冲测量，包括周期、脉冲宽度、占空比等
	幅值和电平	返回波形的幅值、最高电平和最低电平
AMP. Freq.	提取单频信息	在指定频段提取幅值最大的成分频率信号，可输出抽取出的信号的波形、频率、幅值及相位等
AMP. Freq.	提取混合单频信息	返回幅值超过"阈值"的信号的频率、幅值和相位
Harm. Analyz.	谐波失真分析	谐波分析
SINAD Analyz.	SINAD 分析	含噪声信号的谐波分析
PS/PSD	FFT 功率谱和 PSD	计算信号的功率谱
FFT	FFT 频谱（幅度-相位）	FFT 谱分析（幅度-相位形式）
FFT	FFT 频谱（实部-虚部）	FFT 谱分析（实部-虚部形式）
FRF	频率响应函数（幅度-相位）	计算系统的频率响应，输入为系统的激励和响应的时域信号，输出是系统的幅频特性和相频特性

续表

图标	名 称	功 能
	频率响应函数(实部-虚部)	计算系统的频率响应,输入为系统的激励和响应的时域信号,以实部和虚部的形式返回系统的频率特性
	交叉谱(幅度-相位)	互功率谱分析(幅度-相位形式)
	交叉谱(实部-虚部)	互功率谱分析(实部-虚部形式)

　　随着版本的演变,目前 LabVIEW 有三种类型的数据分析函数:基本函数、波形函数以及 Express VI 型的函数。在可能的情况下,应尽量用后两种函数;但是,基本函数也还是会用到的,因为那里的内容最全,算法也最基本。

9.3　应用举例

9.3.1　信号发生

　　这里发生的信号仅仅是仿真信号,把它提供给 DAC,就可以发出真正的模拟信号。首先介绍一个在信号发生中常用的函数——"波形生成"子选板中的"基本函数发生器"。

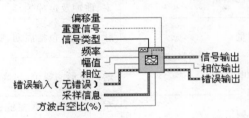

　　"基本函数发生器"的功能是根据设定的类型及参数产生一个输出波形。其各参数的含义如表 9-5 所示。

表 9-5　"基本函数发生器"参数简介

参 数 名 称	说 明
偏移量	波形的直流偏移量,默认值为 0.0
重置信号	将波形相位重置为相位初值且将时间标志置为 0。默认值为"假"
信号类型	即产生波形的类型,包括正弦波(默认)、三角波、方波和锯齿波
频率	波形频率(单位为 Hz),默认值为 10
幅值	波形幅值,也称为峰值电压,默认值为 1.0
相位	波形的初始相位(单位为度),默认值为 0.0
采样信息	一个包括采样信息的簇。共有 F_s 和采样数两个参数。F_s 为采样率,单位是样本数/秒,默认值为 1000;采样数为波形的样本数,默认值为 1000
方波占空比(%)	反映方波信号一个周期内高电平所占的比例,默认值为 50%
信号输出	信号输出端
相位输出	波形的相位,单位为度

例 9-1　使用"基本函数发生器"制作函数发生器

使用该 VI 制作的函数发生器如图 9-13 所示,程序非常简单。值得注意的是,参数 F_s 和采样数的设定,$F_s=2000$ 样本数/s、样本数$=1000$ 表明,对于 5Hz 的信号每周期用 400 个点描述,整个样本覆盖了 2.5 个信号周期长度,相当于产生了 0.5s 长的正弦信号,这与图示的波形是相符的。

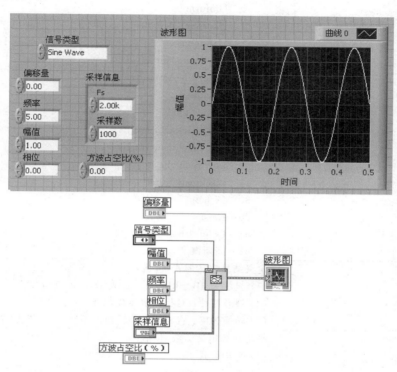

图 9-13　函数发生器

再将此仿真信号送给模出,就可实现真正意义上的信号发生。此时,有两个问题要注意,一是如何保证在模出输出端得到的信号是连续的;二是如何保证在模出输出端得到的信号的频率同设定值一致。对这些问题的解决,请参见第 8 章。

9.3.2　频域分析

尽管测量信号时常是一个时域波形,但时域分析工具较少,因此,人们经常通过时频变换,在频域中分析解决问题。最常用的时频变换方法是 FFT,且由它派生出许多应用函数。这里,先介绍一个 FFT 函数——"FFT 频谱(幅度-相位)"。

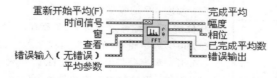

它的功能是求时间信号的平均 FFT 谱,其结果表示为幅度谱和相位谱,在连续测量时,可以得到被平均后的结果。"FFT 频谱(幅度-相位)"的部分参数及说明如表 9-6 所示。

表 9-6　"FFT 频谱(幅度-相位)"参数简介

参 数 名 称	说　　明
重新开始平均	设置是否重新开始平均计算,默认值为"假"
时间信号	输入的时域波形
窗	所使用的时域窗口,包括 　　0　Uniform 　　1　Hanning (default) 　　2　Hamming 　　3　Blackman-Harris 　　4　Exact Blackman 　　5　Blackman 　　6　Flat Top 　　7　4 阶 Blackman-Harris 　　8　7 阶 Blackman-Harris 　　9　Low Sidelobe 　　11　Blackman Nutall 　　30　三角窗 　　60　Kaiser 　　61　Dolph-Chebyshev 　　62　高斯窗
查看	定义结果表达形式,包括: (1) 显示为 dB:用分贝单位表示,默认值为"假"。 (2) 展开相位:对相位解卷绕,默认值为"假"。 (3) 转换为度:将相位单位转换为角度,默认值为"假"
平均参数	平均计算定义参数,包括: (1) 平均模式 　　0　No averaging (default) 　　1　Vector averaging 　　2　RMS averaging 　　3　Peak hold (2) 加权模式 　　0　Linear 　　1　Exponential (default) (3) 平均数目:用于平均的数据个数
完成平均	平均计算结束标志,当不采用平均模式时,该参数总为"真"
幅度	幅度谱,横坐标标定为频率,参数有: (1) f0:起始频率,单位为 Hz。 (2) df:频率分辨率,单位为 Hz。 (3) 幅度:平均频率响应的幅值
相位	相位谱,横坐标标定为频率,参数有: (1) f0:起始频率,单位为 Hz。 (2) df:频率分辨率,单位为 Hz。 (3) 相位:平均频率响应的相位
已完成平均数	返回迄今为止完成的平均个数

例 9-2 求两个波形的频率和相位差

首先,发生两个频率相同、但初相位不同的信号,然后,测量这两个信号的频率和相位差。程序的框图如图 9-14 所示;前面板如图 9-15 所示。

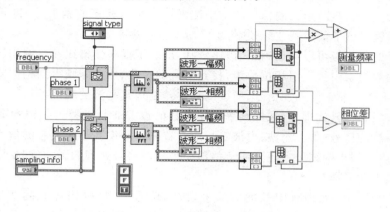

图 9-14 例 9-2 的程序框图

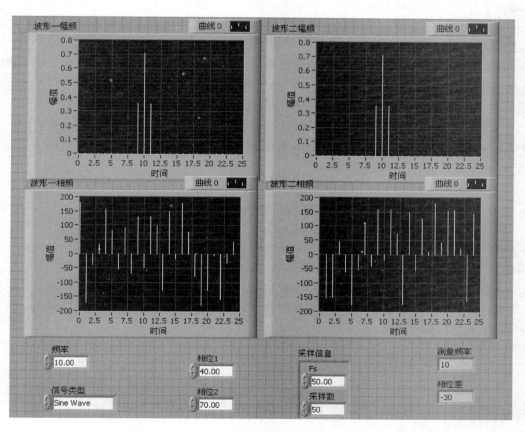

图 9-15 例 9-2 的前面板

首先使用两个"基本函数发生器"函数发生两个波形,它们的参数"频率"、"采样信息"和"信号类型"分别用同一个控件设置,这样保证了两个信号波形对应参数的一致,相位则分别设定,幅值取默认值1。两个波形分别送到相同配置的"FFT 频谱(幅度-相位)"函数,就得到了它们的幅频和相频特性。通过对该函数的"查看"参数的设置,保证输出的相位单位是度。输出的四个簇可以直接送给波形图显示,为了计算频率和相位差,需要先从这些簇中提取出数组元素,然后,从波形一的幅值数组中搜索最大幅值元素的索引号,将此索引号乘以df 后,加上 f0 就得到了信号基波的频率,也是所要求的频率。

由该例子的前面板可以看出,相频谱比较乱,出现了很多伪谱线。本例相位差算法是用幅值谱对应的数组索引号索引相位数组,找到对应的相位,然后相减得到相位差。另外需要说明的是,对于两个非正弦周期信号,所说的相位差是指其基波的相位差。

在数据采集和信号处理中,采样频率和样本数的设置非常重要。采样频率应满足采样定理。对含谐波的信号(如三角波、方波等),应设置采样频率高于所关心的信号最高频率成分的 2 倍,才能得到正确结果。还要注意整周期采样对信号处理的影响,调整样本数和采样频率可获得整周期采样。

另外,计算机只能处理有限长度的信号,原始信号要以 T(采样时间或采样长度)截断,即有限化。有限化也称为加"矩形窗"或"不加窗"。矩形窗将信号突然截断,这将在频域造成较宽的附加频率成分,这些附加频率成分在原信号中其实是不存在的,这一现象被称为泄漏。泄漏使得原来集中在某些频率上的能量分散到全部频率轴上,由此带来许多问题。

在非整周期截断的情况下,泄漏现象较严重。为了减少泄漏,人们尝试用过渡较为缓慢的、非矩形的窗口函数。上面刚刚用过的"FFT 频谱(幅度-相位)"函数就附带了 19 种窗供选择,在例 9-2 中选用的是默认值——Hanning 窗,这是最常用的一种窗。

一般来说,选择窗函数时要仔细分析信号的特征以及希望达到的最终目的,并需要反复调试。窗函数有利有弊,使用不当还会带来坏处。使用窗函数的原因很多,例如:

(1) 规定测量的持续时间。

(2) 减少频谱泄漏。

(3) 从频率接近的信号中分离出幅值差别较大的信号。

例 9-3　从频率接近的信号中分离出幅值不同的信号

本例取自 LabVIEW 自带的例子,调用路径是 Examples\Analysis\Windxmpl.lib\Window Comparison.vi。其前面板如图 9-16 所示。

正弦波 1 与正弦波 2 频率较接近,但幅值相差 1000 倍,将两正弦波相加后的信号变换到频域,如果在 FFT 之前不加窗,则频域特性中幅值较小的信号被淹没。加 Hanning 窗后两个频率成分都被检出。

9.3.3　数字滤波

数字滤波是信号处理的重要内容。在一些需要灵活性和编程能力的领域,数字滤波器甚至已经取代模拟滤波器。与模拟滤波器相比,数字滤波器具有下列优点:

(1) 可以用软件编程。

(2) 稳定性高,可预测。

(3) 不会因温度、湿度的影响产生误差,不需要高精度的元器件。

(4) 有很高的性能价格比。

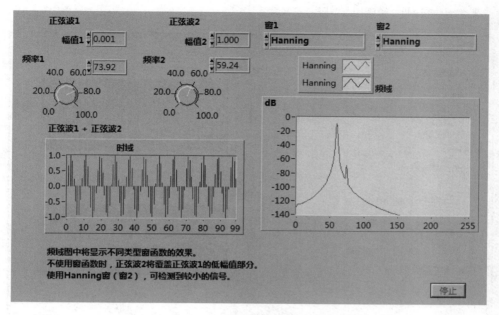

图 9-16　从频率接近的信号中分离出幅值不同的信号

数字滤波器可分为两大类：一类是无限冲激响应（IIR）或者递归数字滤波器；另一类是有限冲激响应（FIR）或者非递归数字滤波器。前者有较平坦的幅频特性，而后者可以实现相位不失真。由于前者的设计方法源于传统的模拟滤波器，并且人们主要关心滤波器的幅频特性，所以 IIR 滤波器应用较多。

LabVIEW 的基本分析函数中包含许多滤波函数。而在 Express VI 中则合并为一个函数："滤波器"。下面给出它的应用例子。

例 9-4　滤波器

在这个程序中先用"仿真信号"函数发生一个幅值为 1、频率为 1000Hz 的方波信号，并且在它上面叠加幅值为 0.6 的白噪声。将此信号经"滤波器"做带通滤波，得到其基频信号后显示出来。程序框图及前面板如图 9-17 所示。

使用 Express VI 做滤波器设计非常方便，双击图标进入对话框后，只需要配置参数即可，并且在对话框中可及时看到预览结果，方便调试。图 9-18 所示是配置滤波器的对话框，选择滤波器类型为"带通"，其下、上截止频率分别为 950Hz 和 1050Hz。它属 IIR 类的 Bessel 滤波器，阶数是 11 阶。从对话框右边可以看到滤波器的输入和输出波形。改变"查看模式"的选择，还可以看到信号的频谱

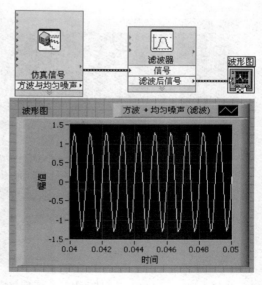

图 9-17　滤波器的例子

和滤波器的传输特性,如图 9-19 所示。

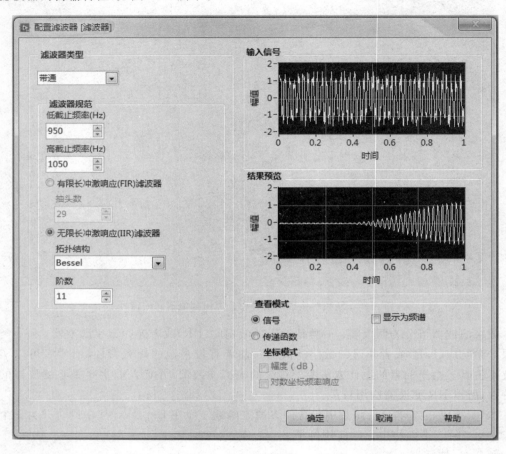

图 9-18 "配置滤波器"对话框

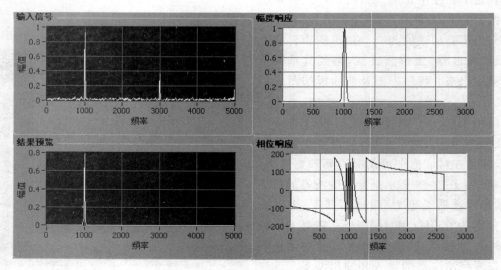

图 9-19 信号的频谱和滤波器的传输特性

由图 9-19 所示滤波前后信号的频谱可以看出,滤波器确实把输入的方波滤成了只有单一频率的正弦波;但是从传输特性上看,它的相频特性比较复杂。

另外,在图 9-18 中可以看到,输出信号中最前面若干数据是没有意义的,信号幅值有一个从 0 逐渐上升到稳态值的过渡过程。实际使用时,常常需要截去前面的若干个数据。图 9-17 所示的前面板波形图,就是从 0.04s 才开始显示波形数据的。

9.3.4 时域分析

时域的方法分析工具中有六个简单实用的函数。这里介绍其中的一个——"脉冲测量"。它接受一个周期性的波形或数组,计算其周期、脉冲宽度、占空比等。

例 9-5 方波周期信号的测量

本例中,仿真发生一个方波信号,其频率为 10Hz,高、低电平分别为 2V 和 0V,占空比为 50%,噪声幅值为 0.5V,采样率为 10 000Hz,采样数为 10 000。然后,将此信号送给"脉冲测量"函数测量其周期。程序如图 9-20 所示。

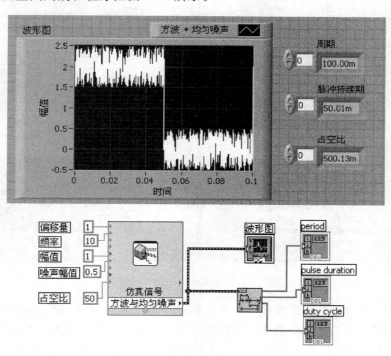

图 9-20 脉冲周期等的测量

时域分析中相关处理很重要。利用自相关可以检测被噪声淹没的信号中是否有周期成分,下面举例说明。

例 9-6 自相关应用

本例中,发生三个信号,分别是:①频率为 10Hz、幅值为 1 的正弦波;②幅值为 1 的白噪声;③前两个信号的叠加。另外,设置 $F_s=1000$,采样数=1000。将这三个信号分别做自相关,然后再做 FFT,显示自相关后的时域和频域波形。程序框图和前面板如图 9-21 和图 9-22 所示。

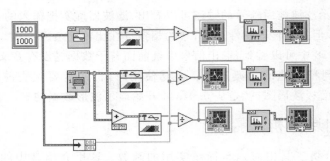

图 9-21　自相关应用举例的框图

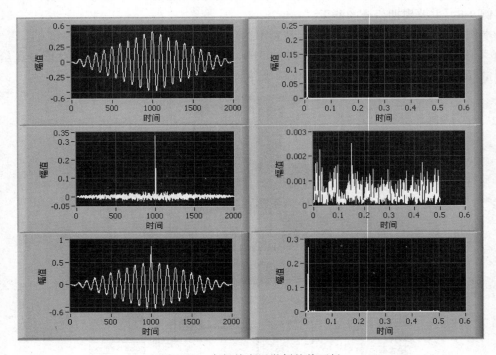

图 9-22　自相关应用举例的前面板

图 9-22 中,第一行是正弦波自相关的波形(左)和功率谱(右);第二行是白噪声自相关的波形和功率谱;第三行是正弦波与等幅的白噪声叠加后再做自相关的波形和功率谱。由图可以看出,周期信号经过自相关后仍然呈现周期特征,而白噪声被较大地衰减,因此在它们叠加后形成的波形中可以很明显地发现周期性成分,且从对应的三个功率谱上也可以看到这一点。

9.3.5　曲线拟合

曲线拟合在计算机化的测量过程中非常重要。曲线拟合主要应用在以下方面:

(1) 减小测量噪声。

(2) 修补不正确的采样点。

(3) 插值(采样点之间的数据估计)。

（4）外推（采样范围之外的数据估计）。

LabVIEW 的数据分析函数提供了多种线性和非线性的曲线拟合算法，如线性拟合、指数拟合、广义多项式拟合、非线性曲线拟合等。

例 9-7 曲线拟合

曲线拟合举例的前面板和程序框图分别如图 9-23 和图 9-24 所示。首先，发生一个指数信号与白噪声叠加，将此信号送给"广义多项式拟合"函数。该拟合函数只能接收数组形式的输入，同时要求提供与数组 Y 对应的 X 数组，因此，根据 dt 计算构造了 X 数组。

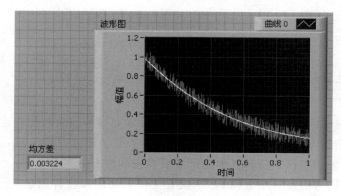

图 9-23 曲线拟合例前面板

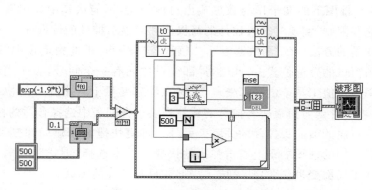

图 9-24 曲线拟合例程序框图

多项式的阶数设置为 3。拟合后输出的数组又重新构成波形格式，与原信号波形构成一个波形数组送给波形图显示。前面板是程序运行的结果，图 9-23 中，白线是拟合后的结果。

第 10 章

局部、全局变量和
属性节点

10.1 局部变量

局部变量是对前面板控件数据的一个引用。可以为一个前面板控件建立任意多的局部变量。从任何一个局部变量都可以读取该控件中的数据；向其中的任何一个局部变量中写入数据，都会改变包括控件本身和其他局部变量在内的所有数据备份。

使用局部变量，可以在一个 VI 的多个位置实现对前面板控件的访问，也可以在无法连线的框图区域传递数据。另外，输入控件在框图上的端子作为数据源使用，不能向其中输入数据；显示控件在框图上的端子作为数据输出目标使用，不能从其中读出数据。使用局部变量则可打破这些限制，实现对输入控件的写操作和对显示控件的读操作。

创建局部变量的方法：在"函数选板"→"编程"→"结构"子选板上选中"局部变量"，拖曳并放置到框图窗口的合适位置上，此时，局部变量中间有一个问号，表明还没有关联到任何控件上。使用操作值工具单击局部变量，或者在局部变量上右击弹出的快捷菜单中选择"选择项"命令，可以看到前面板所有控件的标签列表。在列表中选择合适的标签，即可完成局部变量与标签对应的前面板控件的关联。另外一种更快捷的创建局部变量的方法，是在前面板控件或者它们的框图端子上右击弹出的快捷菜单中选择"创建"→"局部变量"命令，此时不仅仅建立了局部变量，还自动完成了局部变量与控件的关联。

默认情况下，新创建的局部变量都是写入端子，在局部变量上右击弹出的快捷菜单中选择"转换为读取"命令，可将其变为读端子。

图 10-1 给出了局部变量的应用示例框图。该程序的功能是对从标签为"数值"的数值输入控件中输入的数值进行判断，如果小于零，则弹出内容为"错误：小于 0！"的消息框，并且使用局部变量把"数值"的内容设为 0；如果不小于零，则计算其平方根，同样把计算结果返回到"数值"输入控件中。

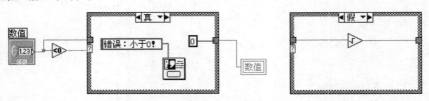

图 10-1　局部变量的应用示例

复制局部变量时需要特别注意,如果直接使用"编辑"→"复制"(或 Ctrl＋C)和"编辑"→"粘贴"(或 Ctrl＋V)命令完成复制,则会复制生成新的前面板控件和与之关联的新的局部变量。不生成新控件的复制局部变量的方法是:按住 Ctrl 键的同时,用鼠标拖曳局部变量,松开鼠标后,完成局部变量的复制。

10.2　全局变量

使用全局变量,可以在同时运行的几个 VI 之间传递数据。全局变量在 LabVIEW 里的形式为只有前面板而没有框图的特殊 VI。

全局变量的建立方法:在 LabVIEW 启动界面的"新建"列表中选择"更多"→"其他文件"→"全局变量"命令,然后单击"确定"按钮,即可打开新全局变量的窗口。选择"文件"→"保存"命令,把全局变量保存成扩展名为 vi 的磁盘文件。这样建立的全局变量文件实际上是一个全局变量的"容器",还需要向全局变量文件添加控件,添加方法与向普通 VI 中添加控件方法相同。全局变量中的每个控件都同时拥有读和写的权限。一个全局变量文件中可以只包含一个控件,但更好的组织方式是把整个程序中用到的全局数据都放在一个全局变量文件中,并按照功能分别组织。

图 10-2 中,全局变量文件被保存为全局 3.vi,并且添加了标签分别为"全局数值"和"全局布尔"的数值和布尔类型输入控件。

要使用创建好的全局变量时,选择"函数选板"→"选择 VI…"命令打开"选择需打开的 VI"对话框,定位到保存好的全局变量文件并打开,鼠标指针下出现了全局变量的图标,拖曳到合适位置后,单击鼠标将其放置在框图上。出现在全局变量图标中的变量标签是在全局变量文件中添加的第一个控件的标签,使用操作值工具单击全局变量,会打开全局变量文件中包含的所有控件标签的列表,在其中选择适当的标签,即可完成对全局变量中具

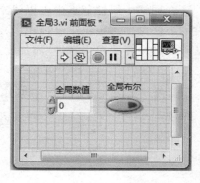

图 10-2　全局变量前面板

体控件的选择。每个全局变量只能用来访问全局变量文件中的一个控件。

默认情况下,新建立的全局变量都是写端子,在全局变量上右击弹出的快捷菜单中选择"转换为读取"命令,将把全局变量变为读端子。

选择"函数选板"→"编程"→"结构"→"全局变量"并放置在框图上时,会建立带有问号的全局变量图标,此时,该全局变量还没有与任何全局变量文件相关联。双击全局变量图标将打开新建窗口,添加适当控件并保存新全局变量文件,回到原 VI,用操作工具可以选择关联全局变量中的控件。

10.3　属性节点

LabVIEW 中的每一个对象(包括输入控件、显示控件、VI 和应用程序本身等)都具有属性,属性描述了对象本身的特征。例如,数值输入控件具有一个称为"可见"的布尔类型属

性,如果这个属性被设置为"假",控件在前面板上不可见;如果这个属性被设置为"真",则数值输入控件可见。除了对这个属性进行设置外,还可以读取它的值,以确认数值输入控件是否可见。同时,数值输入控件还有名为"重新初始化为默认值"的方法,其功能是把数值输入控件的值设置为默认值。

访问输入控件和显示控件属性的操作都是通过属性节点完成的。为控件建立属性节点的方法,是在控件或者它的框图端子上右击,从弹出的快捷菜单中选择"创建"→"属性节点"命令,如图 10-3 所示。属性节点具有和输入控件相同的标签"数值",表明了它们之间的关联关系。图中选中了"可见"(Visible)属性,该属性表明"数值"输入控件是否处于可见状态。使用操作值工具单击 Visible 属性端子会弹出属性列表,可在其中进行选择,以改变该端子所对应的属性。Visible 属性右侧的黑色箭头表示这个属性是读属性,在属性节点的Visible 属性端子上右击,从弹出的快捷菜单中选择"转换为写入"命令,可把该属性端子变为写端子。

"数值" 输入控件框图端子 ————⬛⬛———— "数值"输入控件属性节点

图 10-3　"数值"输入控件的属性节点

在同一个属性节点中可以建立多个属性端子,以访问同一对象的多个属性。添加新属性的方法是使用定位工具拖曳节点的下边沿,如图 10-4 所示。也可以在属性端子上右击,从弹出的快捷菜单中选择"添加元素"命令增加属性端子;选择"删除元素"命令删除属性端子。每个属性端子的读写状态可单独设置。具有多个端子的属性节点中的端子读写操作,按照从上到下的顺序执行。

图 10-4　增加属性端子

在属性节点上右击会弹出快捷菜单,"链接至"子菜单下列出了当前 VI 中的所有输入控件和显示控件,可以在其中选择,以改变属性节点的关联目标。

10.3.1　控件通用属性

下面是多数 LabVIEW 控件都具有的 6 个通用属性。

1) 可见(Visible)属性

该属性为布尔类型,可读也可写。作为写端子时,"真"值表示把控件设为可见;"假"值表示把控件设为不可见。图 10-5 所示是一个"数值"控件可见属性设置的例子,其中左边给Visible 属性传入"真"值,执行属性节点后"数值"控件可见;右边传入"假"值,执行属性节点后"数值"控件从前面板上消失,而且也不能在前面板上再对其进行任何操作。

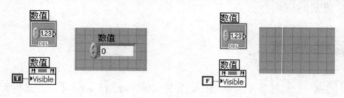

图 10-5　"数值"控件的 Visible 属性

2）禁用（Disabled）属性

该属性为整数类型，可读也可写。作为写端子时，0 表示控件可用；1 表示禁用，但是控件外观和可用时相同；2 表示禁用控件，同时把控件加灰。对于图 10-6 中的"数值"控件，左边代码把控件设为可用，右边代码把控件设为禁用并加灰，这时将不能对控件进行任何操作。

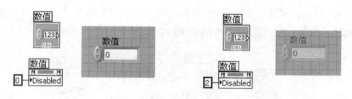

图 10-6　"数值"控件的 Disabled 属性

3）键选中（Key Focus）属性

该属性为布尔类型，可读也可写。作为写端子时，"真"表示使控件获得键选中；"假"表示取消控件的键选中。图 10-7 中为"数值"控件设置了键选中，可以看到"数值"控件周围出现黑色的选取框。图中添加的 While 循环是为了保持程序处于运行状态，否则程序很快执行完毕，便观察不到获得键选中后的现象。

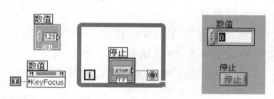

图 10-7　"数值"控件的 Key Focus 属性

4）闪烁（Blinking）属性

该属性为布尔类型，可读也可写。作为写端子时，"真"表示使控件开始闪烁；"假"表示使控件停止闪烁。闪烁的速率和颜色分别在选择"工具"→"选项…"命令弹出对话框的"前面板"和"环境"选项卡中指定。在图 10-8 中，为 Blinking 属性指定了真值，前面板上的"数值"控件在程序运行后开始闪烁。

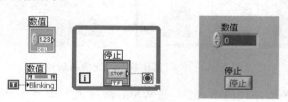

图 10-8　"数值"控件的 Blinking 属性

5）位置（Position）属性

选择该属性的方法，是使用操作值工具在属性节点上单击打开属性列表，选择"位置"→"全部元素"命令。该属性是由两个整型数值组成的簇，可读也可写，单位是像素。写入该属性时，两个簇元素（"居左"和"置顶"）分别指定控件边界框的左上角在前面板窗口上的水平和垂直坐标。前面板上的坐标系统的水平坐标轴指向右，垂直坐标轴指向下。

6）边界（Bounds）属性

选择该属性的方法，是使用操作值工具在属性节点上单击打开属性列表，选择"边界"→"全部元素"。该属性是由两个整型数值组成的簇，只能读不能写。两个整型元素"高度"（Height）和"宽度"（Width）分别是控件边框的高度和宽度，单位都是像素。边框包围的区域包括控件本身及其所有附加元素如标签，等等。与 Position 属性一样，Bounds 属性可以按照"高度"Bounds. Height 和"宽度"Bounds. Width 分别查询。在图 10-9 中，采用按元素分开查询的方法读取了"数值"输入控件的高度和宽度。

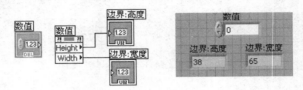

图 10-9 "数值"控件的 Bounds 属性

10.3.2 特定控件属性举例

下面举例介绍几个特定控件的属性。

1. 改变波形图表上的曲线颜色

波形图表的整型属性"活动曲线"（ActPlot）指定处于"活动"状态的曲线，曲线编号从 0 开始。"曲线：曲线颜色"（Plot. Color）整型属性指定处于活动状态的曲线的颜色。这两个属性一般搭配使用。图 10-10 给出了这两个属性的应用示例。

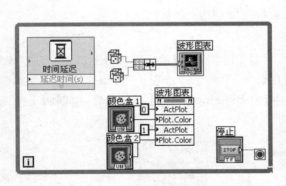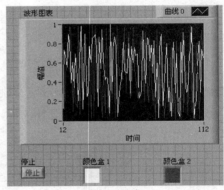

图 10-10 使用属性节点改变曲线颜色

在图 10-10 所示的程序代码中，每一次 While 循环内产生两个 0～1 之间的随机数，打包成簇后送入波形图表显示。同时，使用属性节点指定第 0 条和第 1 条曲线的颜色，由于属性节点的执行顺序是从上到下，故先为"活动曲线"属性输入 0，选中第 0 条曲线为活动曲线，然后使用位于"控件选板"→"新式"→"数值"子选板上的标签为"颜色盒 1"的带边框颜色盒控件设置第 0 条曲线的颜色。接下来为"活动曲线"属性输入整数 1，选中第 1 条曲线，然后读取"颜色盒 2"的颜色值并将其设置为第 1 条曲线的颜色。"时间延迟"Express VI 的延时时间值设置为 0.1s。

在程序运行过程中,可以随时使用操作值工具单击"颜色盒1"和"颜色盒2",以在弹出的颜色拾取器中修改曲线的颜色。

2. 设置按钮的过渡文本

布尔类型控件的"字符串[4]"(Strings[4])属性为长度不超过4的字符串数组,设置这个属性,可以改变按钮上的文本显示内容。按索引顺序,Strings[4]数组的元素分别表示布尔值为"假"、"真"、从"真"过渡到"假"和从"假"过渡到"真"时的文本。过渡文本只有在按钮的机械动作为"释放时转换"和"释放时触发"时才会起作用。在图10-11中,为布尔按钮的Strings[4]数组属性指定的4个字符串元素分别是"假"、"真"、"从真至假"和"从假至真",按钮的机械动作设置为"释放时转换"。运行程序后,属性设置生效,按钮在弹起状态时文本为"假",按下鼠标不松开时显示过渡文本"从假至真",松开鼠标后文本变为"真"。注意,要选中"属性"→"外观"中的"多字符串显示"选项,才会出现图10-11所示结果,否则布尔按钮的文本只显示字符串数组的第一个元素"假"。

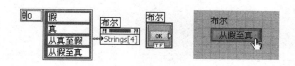

图 10-11 使用 Strings[4]属性设置按钮的过渡文本

3. 清除波形图表的旧数据

波形图表的"历史数据"(History)属性代表其历史数据数组。如果一个VI含有波形图表,不关闭该VI而再次运行时,新数据会接续前次运行结果数据之后显示。在某些情况下,可能希望在VI运行开始时清除掉上次运行的数据,此时,可以借助属性节点完成这一任务,见图10-12所示的例子。

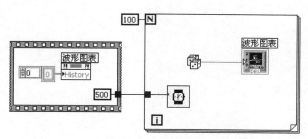

图 10-12 使用属性节点清除波形图表的历史数据

图10-12中,框图左边的顺序结构为For循环结构提供了输入数据(整数值500接入"等待(ms)"函数中)。顺序结构里,为波形图表的History属性接入了双精度浮点数的空数组,这样,在程序运行的最开始,将先对波形图表的旧数据进行清除。

10.4 并行访问局部、全局变量和属性节点的竞态条件

局部变量、全局变量以及属性节点可使得编程更加灵活,但是,应该谨慎地使用它们。

在多线程并行运行的程序中,局部变量、全局变量以及属性节点可能引起竞态条件,以

局部变量为例,见图 10-13 所示的例子。因为无法确定两段并行代码的执行顺序,故该例无法估计出标签为 x 的数值输入控件中的最终数据值。消除竞态条件的一种方法是使用数据流或顺序结构,以强制控制程序的运行顺序。

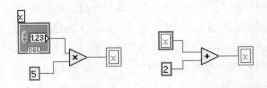

图 10-13 局部变量引起的竞态条件

第 11 章

CHAPTER 11

虚拟仪器设计举例

11.1 轴承缺陷故障诊断

11.1.1 轴承故障测试系统概述

轴承故障测试系统可分为机械装置、数据采集电路和数据处理软件三部分。机械装置示意图如图 11-1 所示。

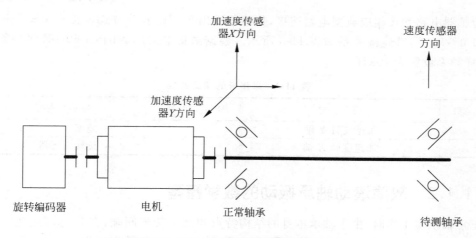

图 11-1 轴承测试系统机械装置示意图

该系统包括一台直流电机、一个旋转编码器、两个轴承、两个联轴器,以及机座等。该测试系统上安装了三个传感器。

(1) 旋转编码器。用于测量轴系转速,通过联轴器与电机轴相连。

(2) 二轴加速度传感器。用于测量轴承组及整个机座的振动加速度。安装于正常轴承座上,传感器的两个敏感轴相互垂直,分别测量轴的径向和周向振动。

(3) 速度传感器。用于测量轴承组及整个机座的振动速度。安装于待测轴承座上,敏感轴沿轴的径向安装。

该测试系统中采用的加速度传感器为 Analog Devices 公司的 ADXL320 型集成二轴加速度传感器,其主要性能指标如表 11-1 所示。

表 11-1　加速度传感器性能指标

项　　目	指标(典型值)	单　位
测量范围	±5	g
敏感度	174	mV/g
零点输出	1.5	V
带宽	2.5(最大)	kHz
传感器谐振频率	5.5	kHz

测试系统中安装了两个相同型号的角接触球轴承,其中一个为待测故障轴承。该型号轴承的主要参数如表 11-2 所示。

表 11-2　角接触球轴承的参数

项　　目	参　　数	单　位
滚珠数目	8	个
节径	19.3	mm
滚珠直径	5.5	mm
接触角	40	度

传感器电路均按相应典型电路连接,传感器输出分别以差分方式连接至采集卡模拟输入端口 0～3。端口连接关系如表 11-3 所示。数据采集卡采用 NI PCI-6040E 多功能采集卡,采样频率设置为 10kHz。

表 11-3　采集卡的端口连接

端　　口	信　　号	端　　口	信　　号
0	加速度计 Y 轴	2	速度
1	加速度计 X 轴	3	旋转编码器

11.1.2　故障滚动轴承振动的数学模型

正常轴承在工作时,由于轴承本身的结构特点和加工装配间隙、误差,总会产生一些振动。这种振动的激励源比较复杂,没有什么规律性,因此,一般其幅度不大,随机性较强,基本没有明显的周期性振动。能导致比较明显的异常振动的轴承故障大致可分为磨损和表面损伤两类。

如果滚动轴承发生了正常的磨损,则由于元件间间隙变大、元件表面性质改变,振动信号幅度将有所增大。但是由于元件几何尺寸基本不变,表面性质的改变程度较小且分布比较均匀,因此振动信号的特征不会有显著变化,仍将显示出明显的随机性。

如果滚动轴承的某些元件出现表面损伤,则当损伤表面与其他元件表面接触时,会产生非正常的冲击力,从而引起整个轴承系统,乃至整个机架的振动。这种冲击力幅度较大,而每次冲击持续时间很短,因此可以看作脉冲冲击。脉冲冲击力引起的轴承系统的振动可以分为两部分:

(1) 每次冲击发生时,冲击力将激励轴承系统以本身的固有谐振频率振动。这种振动频率一般较高,通常为数百至几千赫。这种振动衰减较快,单次冲击引起的振动持续时间很短。

（2）轴承转动时，损伤表面反复冲击其他元件表面，引起周期性的冲击，进而引起周期性的振动。这种振动周期相对较长，与轴承转速和轴承几何尺寸有关。

设轴承外圈固定，内圈旋转频率为 f_s，轴承节径为 D，滚动体直径为 d，接触角为 α，滚动体数目为 N，容易得出轴承的各种特征频率如下：

（1）N 个滚动体与外圈上某一固定点接触的频率为

$$f_o = \frac{N}{2}\left(1 - \frac{d}{D}\cos\alpha\right)f_s \tag{11-1}$$

（2）N 个滚动体与内圈上某一固定点接触的频率为

$$f_i = \frac{N}{2}\left(1 + \frac{d}{D}\cos\alpha\right)f_s \tag{11-2}$$

（3）滚动体公转频率为

$$f_c = \frac{1}{2}\left(1 - \frac{d}{D}\cos\alpha\right)f_s \tag{11-3}$$

（4）滚动体自转频率为

$$f_b = \frac{D}{2d}\left(1 - \left(\frac{d}{D}\cos\alpha\right)^2\right)f_s \tag{11-4}$$

根据以上公式即可推导出不同轴承故障的特征频率。值得注意的是，上述公式的推导过程中，假设了滚动体与内外圈之间是纯滚动。在实际应用中，轴承滚动体承受着交变负载，与内外圈之间难免有瞬时滑动；对于球轴承来说，滚动体有三个转动自由度，故障点的运动轨迹可能十分复杂。除此之外，轴系的振动还受轴系不平衡、不对中、碰磨、转速波动、联轴器扭转振动等影响，所以轴承的故障特征可能并不明显，上述公式只能为故障诊断提供参考。

11.1.3 故障诊断算法

一般来说，各种轴承故障的特征频率都在低频段，而振动信号在低频段能量最为集中，其中混杂了各种干扰信号和轴系其他故障引起的振动信号。而故障轴承的异常冲击会引起轴承系统的谐振，这种谐振的频率一般较高。因此，拟采用共振解调法进行故障诊断。共振解调法的基本思想就是从轴承系统高频谐振信号中提取周期性冲击的信息，以避开能量集中的低频段。

共振解调法的流程如图 11-2 所示。

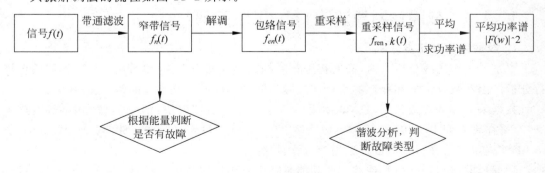

图 11-2 共振解调法的流程

其具体步骤如下：

（1）对振动信号 $f(t)$ 进行频谱分析，其功率谱 $|F(\omega)|^2$ 中频率较高的峰值一般是轴承系统谐振频率。

（2）以谐振频率为中心，对振动信号进行带通滤波，得到滤波后的窄带信号 $f_n(t)$。

（3）提取滤波之后信号的包络。对于带通滤波之后的窄带信号，可采用希尔伯特变换 $f_e(t) = \mathcal{H}(f_e(t))$ 提取包络。

（4）对得到的包络信号进行频谱分析，提取轴承故障信息。为了提高频率分辨率，采用重采样频谱平均的方法。重采样过程示意图如图 11-3 所示。

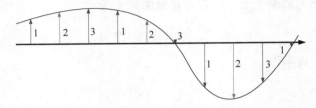

图 11-3　重采样过程示意图

图 11-3 中箭头所示的为原采样点。当用原采样频率的 1/3 进行采样时，可以得到三组不同的重采样信号 $f_{\mathrm{ren},1}(t)$，$f_{\mathrm{ren},2}(t)$，$f_{\mathrm{ren},3}(t)$，在图中分别以红（1）、绿（2）、蓝（3）三种颜色的箭头表示。对这三个信号进行平均和快速傅里叶变换，即可得到平均频谱。其中平均过程有两种方式，一种是将所有重采样信号进行平均，再对平均信号进行功率谱分析，即令

$$\overline{|F(\omega)|^2} = \left| \mathcal{F}\left(\sum_{k=1}^{3} f_{\mathrm{ren},k}(t) \right) \right|^2;$$

另一种是先求每个重采样信号的功率谱，再对这些功率谱进行平均，即

$$\overline{|F(\omega)|^2} = \sum_{k=1}^{3} |\mathcal{F}(f_{\mathrm{ren},k}(t))|^2.$$

可以由以上步骤得到的功率谱图中直观识别故障特征，以确定故障类型。而为了实现程序自动判断故障类型，则需要对平均信号进行谐波分析，分析其是否在各种故障特征频率附近有显著的基波—谐波成分存在。这里根据各种故障特征频率的低次谐波电平 RMS 值来判断故障的类型，即搜索、计算每种故障特征频率的基波和前几次谐波的位置和电平，然后求其 RMS 值与信号总 RMS 值的比值（称为谐波比）。如果已经确定轴承有故障，则认为最可能出现的故障是谐波比最大的故障。据此即可判断故障类型。

11.1.4　故障诊断算法的 LabVIEW 实现

1. 数据采集与初步分析

本系统采用离线分析方法，需要将采集到的波形存储为文件，然后从文件中读取波形进行分析。因此数据采集和保存的程序与故障诊断的程序是相互独立的两个程序。

数据采集部分直接采用"DAQ 助手（DAQ Assistant）"模块，信号类型为电压，通道为 0～3，采样频率为 10 000 Hz，采样点数为 20 000。采用"写入波形至文件（Write Waveforms to file）"模块将采样得到的波形数组存入文件中。

数据读取与初步分析软件的主要功能是从文件中读取波形数据，将各路信号分开，进行相应的处理，并将数据的时域波形和功率谱显示在前面板上，如图 11-4 所示。

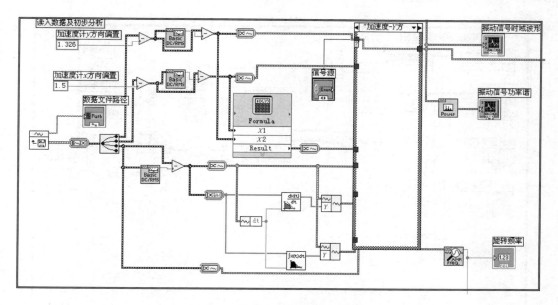

图 11-4 数据读取与初步分析模块

系统采集到的信号都有一定的直流偏置,在进行谱分析时,直流偏置将使功率谱的 0 Hz 分量极大,对谱分析带来了不利的影响。此外,在对比动态信号的能量(RMS)时,直流分量的存在会引入很高的能量,会对能量分析带来很不利的影响。因此,系统中所有的信号使用之前都对直流分量进行了补偿。

系统采用了多种传感器,为了考查不同传感器信号的特点,程序中加入了信号源选择功能。如图 11-4 所示,可选的信号共有六种: X 方向加速度、Y 方向加速度、速度、两方向加速度、速度微分、速度积分。其中,前三种信号从波形文件中读入,后三种信号通过简单计算得到。

然后,该部分将选定的信号的时域波形和功率谱显示在前面板上,并将信号输出到下面的环节。

2. 带通滤波及解调

带通滤波及解调模块的主要功能是根据选定的频率范围对振动信号进行滤波,得到窄带信号,然后对窄带信号进行解调,得到其包络信号,如图 11-5 所示。

带通滤波器选用 20 阶巴特沃斯带通滤波器,滤波器的带宽可以由用户在前面板设置。快速希尔伯特变换(Fast Hilbert Transform)模块计算得到解析信号的虚部,因此用一个公式(Formula)模块求取解析信号的模。

该部分还求取了滤波后的窄带信号的能量,用以判断轴承是否存在故障。

3. 重采样及平均、功率谱分析和谐波分析

重采样及平均、功率谱分析和谐波分析模块如图 11-6 所示。

图 11-6 中左侧的 For 循环结构实现重采样和平均功能,在这个循环结构中,分别求出了波形的重采样平均值、功率谱的平均值和谐波比的平均值。其中,重采样采用连续重采样(Resample Waveforms(continuous))模块,搜索和计算谐波电平采用谐波失真分析器(Harmonic Distortion Analyzer)模块。图中中间的分支结构的功能是根据用户的选择切换

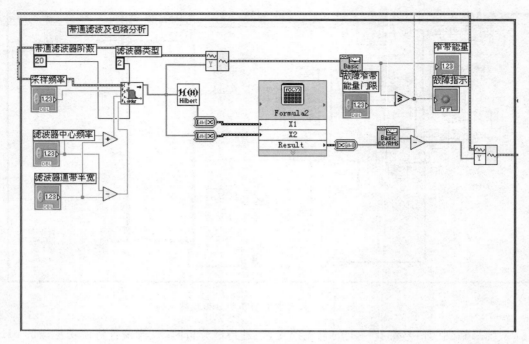

图 11-5　带通滤波及解调模块

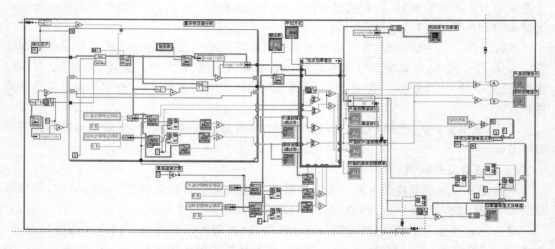

图 11-6　重采样及平均、功率谱分析和谐波分析模块

平均方式,将平均信号输出到显示环节。图中右侧部分的主要功能是显示包络信号平均功率谱、求取功率谱信号的峰值点,并通过谐波比判断故障类型。

4. 故障特征频率的计算与显示

故障特征频率的计算与显示模块的主要功能是根据轴承的参数和转速计算各种故障的特征频率,并将其显示到包络信号功率谱图上,为用户分析轴承故障提供参考。

当轴承发生故障时,其包络信号的功率谱不仅在相应的故障特征频率处会出现峰值,而且在这些峰值的周围也会出现调制峰,一般调制信号的频率约为滚珠的公转频率。因此,系统也求出这些调制峰,并将其显示在功率谱图上。

11.1.5 实验结果

为了验证系统的有效性,进行了多次实验。每次实验采集 41 组数据,每组数据的长度均为 2s。41 组数据分别对应不同的故障轴承:数据集 1~4 为正常轴承;数据集 5~17 为外道损伤轴承;数据集 18~41 为滚珠损伤轴承。具体如表 11-4 所示。其中,"好坏判断"指判断轴承是否出现故障,"类型判断"指轴承出现故障时确定故障类型,"无"、"外"、"珠"、"内"分别代表相应的故障类型。

表 11-4　实验结果

数据集	故障类型	窄带能量	外道故障谐波比	滚珠故障谐波比	内道故障谐波比	判断结论	好坏判断正确?	类型判断正确?
1	无	0.004 85	3.98	4.38	4.29	无	√	—
2	无	0.005 52	6.60	4.01	4.03	无	√	—
3	无	0.005 80	3.95	3.42	4.39	无	√	—
4	无	0.006 06	3.97	3.44	3.73	无	√	—
5	外	0.0100	4.21	4.19	4.2	外	√	√
6	外	0.005 67	3.86	4.19	3.91	无	×	—
7	外	0.006 34	2.47	2.52	3.33	内	√	×
8	外	0.006 27	2.49	4.04	3.38	珠	√	×
9	外	0.008 64	5.30	4.28	4.35	外	√	√
10	外	0.004 98	2.86	3.59	2.85	无	×	—
11	外	0.006 66	2.79	3.14	2.56	珠	√	×
12	外	0.008 13	3.50	5.47	4.10	珠	√	×
13	外	0.005 02	2.78	3.05	2.78	无	×	—
14	外	0.006 02	2.96	2.67	2.66	无	×	—
15	外	0.007 97	5.02	4.91	4.55	外	√	√
16	外	0.006 57	3.66	3.09	2.43	外	√	√
17	外	0.004 95	3.22	4.42	3.02	无	×	—
18	珠	0.007 68	2.49	2.48	2.34	外	√	×
19	珠	0.007 53	2.90	3.23	2.06	珠	√	√
20	珠	0.006 36	4.18	3.05	2.99	外	√	×
21	珠	0.007 93	3.16	2.76	2.80	外	√	×
22	珠	0.006 28	3.39	3.51	2.56	珠	√	√
23	珠	0.007 01	2.99	3.36	2.46	珠	√	√
24	珠	0.007 04	2.10	2.02	2.48	内	√	×
25	珠	0.006 82	2.92	2.50	2.85	外	√	×
26	珠	0.007 45	2.56	3.44	2.99	珠	√	√
27	珠	0.008 32	2.69	2.70	2.71	内	√	×
28	珠	0.006 84	4.14	3.91	2.85	外	√	×
29	珠	0.008 31	2.88	4.46	3.09	珠	√	√
30	珠	0.008 70	2.69	2.87	2.09	珠	√	√
31	珠	0.0109	4.38	3.78	2.61	外	√	×
32	珠	0.0120	3.95	4.73	2.09	珠	√	√

数据集	故障类型	窄带能量	外道故障谐波比	滚珠故障谐波比	内道故障谐波比	判断结论	好坏判断正确?	类型判断正确?
33	珠	0.0102	3.02	2.43	1.46	外	√	×
34	珠	0.0116	2.60	3.75	1.97	珠	√	√
35	珠	0.0117	3.30	4.08	2.25	珠	√	√
36	珠	0.009 79	3.03	2.99	2.05	外	√	×
37	珠	0.0109	3.44	3.72	1.76	珠	√	√
38	珠	0.0133	2.94	3.68	1.75	珠	√	√
39	珠	0.0115	2.83	2.88	2.02	珠	√	√
40	珠	0.0132	3.03	4.11	2.04	珠	√	√
41	珠	0.0129	3.83	4.14	1.72	珠	√	√

从表 11-4 所示的实验结果中可以看出,轴承好坏识别正确率为 87.8%,故障类型识别正确率为 56.2%。总的来说,系统可以比较准确地诊断轴承的故障。但是,对比几次实验的结果可以看出,系统对轴承故障的诊断效果受参数影响很大,如果参数设置不当,诊断准确率将大幅下降,甚至低于 50%,而参数设置具有很强的主观性,需要用户不断积累经验。

11.2 功率测量

随着电力行业的发展,电能计量的准确度和可靠性越来越引起人们的重视。其中,通过采用具有较高准确度的功率算法,并用软件实现电能计量成为目前计量领域的一个方向。而虚拟仪器是基于计算机的仪器,其特点是采用通用的硬件,具有强大的数据处理能力,用户可以根据自己的需要定义和制造各种功能强大的仪器。因此,本设计以美国 NI 公司的 LabVIEW 为计算机语言和开发环境,通过适合的算法完成虚拟功率表。

在设计过程中,遵循由易到难的步骤,首先通过软件仿真来检验算法在单一频率输入信号作用下的效果,然后加入谐波,最后与硬件连接,检验实际采集测量时的精确度。本设计要求如下:

(1) 计算一个周期(或若干个整周期)的平均功率,即有功功率。

(2) 同时计算电流和电压有效值、视在功率、无功功率、品质因数、相位差。

11.2.1 功率算法

功率定义

$$P = UI\cos\varphi \tag{11-5}$$

$$Q = UI\sin\varphi \tag{11-6}$$

$$S = UI \tag{11-7}$$

式中,U,I,φ 分别为电压有效值、电流有效值和功率因数角。

对于整周期采样的离散的采样点来说,U、I、P 可以表示为

$$U = \sqrt{\frac{1}{N}\sum u^2} \tag{11-8}$$

$$I = \sqrt{\frac{1}{N}\sum i^2} \tag{11-9}$$

$$P = \sqrt{\frac{1}{N}\sum ui} \tag{11-10}$$

11.2.2 算法仿真

首先是电压和电流仿真信号发生程序,可以仿真功率表测量得到的电压和电流波形,用于调试功率计算算法。仿真波形发生及功率测量程序框图如图 11-7 所示。

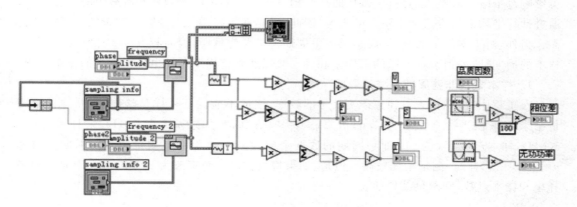

图 11-7　仿真波形发生与功率测量程序框图

仿真输入电压和电流信号的频率都设为 50Hz,电压信号幅值为 5V,电流信号幅值为 5A,两者相位差为 60°(若没有特殊说明输入均为此状态),采样率设为基波频率的 10 倍,采样点数为 50。测量结果如图 11-8 所示。

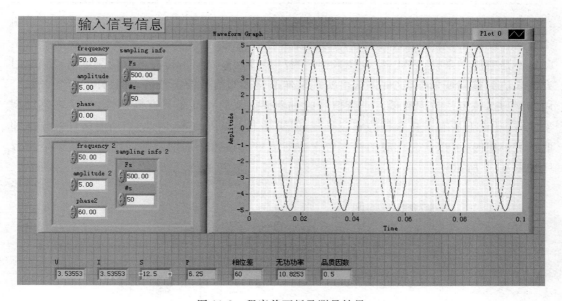

图 11-8　程序前面板及测量结果

表 11-5 列出了实验采用的理论值和仿真测量结果。可以看到,测量结果与理论值完全相同,证明此算法基本正确。

表 11-5　仿真计算结果

	U	I	P	S	Q	$\varphi/(°)$
理论值	3.535 53	3.535 53	6.25	12.5	10.8253	60
测量值	3.535 53	3.535 53	6.25	12.5	10.8253	60

从式(11-8)～式(11-10)可以看出,噪声会对测量结果有较大的影响。如果有噪声,则会影响每个电压和电流的测量值,从而产生测量误差。噪声的影响是不可避免的,但是可以通过计算平均值的方法减小噪声的影响,因此,采样率越高,样本数越多,测量的精度就会越高。另外,对于本例中的测量算法,保证整周期采样尤为重要,因为 U、I、P 的测量都依赖于样本的周期性,如何确定合适的采样率和样本数以达到整周期采样也是要解决的一个问题。

1. 样本数及非整周期采样的影响

在工程中,由于预先不知道待测信号的频率,因此不能保证采样是整周期的,这会给测量结果带来误差。在上一小节的仿真程序中,仿真信号频率 f 为 50Hz,采样率 f_s 为 500Hz,样本点数 ♯s 为 50,即每周期的数据个数为 $s = f_s/f = 10$,测量包含的周期个数为 $n = ♯s/s = 5$,此时,测量精度较高。但是,如果将被测信号频率改为 51Hz,仍采用原来的采样率和样本点数,则测量结果如表 11-6 所示。

表 11-6　仿真测量结果及其误差

	U	I	P	S	Q	$\varphi/(°)$
理论值	3.535 53	3.535 53	6.25	12.5	10.8253	60
测量值	3.500 61	3.552 49	6.124 45	12.4359	10.8232	60.4961
相对误差/(%)	−0.988	0.480	−2.01	−0.513	−0.0194	0.827

表 11-6 中,平均功率测量结果的相对误差最大,超过了 2%,可见非整周期采样的影响比较大。此例中,对于 51Hz 的信号,每周期采样数变为 $s = f_s/f = 9.8$,覆盖的周期个数是 5.1,不是整周期采样,因此,应该使采样过程尽量接近整周期采样。可以用测量信号频率的方法来达到整周期采样,这种方法可实现采样率是被测信号的整数倍,并且样本包含整数个周期,但是,该方法效率较低。正弦信号的一个很重要的特征是具有周期性,当实现整周期采样时,理论上所有采样数据的和应是零,但实际上不可能为零,因此,当所有采样数据的和取得最小值时,可以认为此时的样本包含被测信号的整数个周期。整周期采样数确定子程序如图 11-9 所示。

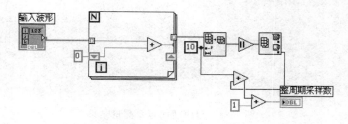

图 11-9　整周期采样数确定子程序框图

图 11-9 中的程序把输入波形的每个数据按顺序提取出来,对其进行累和计算,将每次求和的数据组成一个数组,提取这个数组中的最小数,求得其 Index,Index＋1 即为确定的整周期采样数。

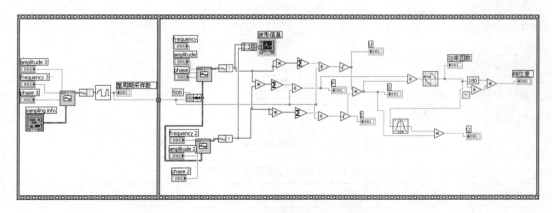

图 11-10　包含整周期采样数的功率算法仿真程序框图

图 11-10 所示是增加了确定整周期采样数后的功率算法仿真程序框图。

图 11-10 中第一帧框图用于求得整周期采样数,sample info3 中用于设置初始采样的采样参数,其中采样率仍为 500Hz,样本点数设置为 500,通过子程序"整周期采样数"得到的结果作为正式采样的样本数参数,从而减小了非整周期样本数引起的误差。表 11-7 所示是对于 51Hz 的仿真信号采用和不采用整周期样本数的测量结果比较,可见采用整周期样本数误差较小。

表 11-7　非整周期样本数的影响

	U	I	P	S	Q	$\varphi/(°)$
理论值	3.535 53	3.535 53	6.25	12.5	10.8253	60
测量值(非整周期样本数)	3.500 61	3.552 49	6.124 45	12.4359	10.8232	60.4961
测量值(整周期样本数)	3.5125	3.560 98	6.2683	12.508	10.8239	59.9243
相对误差(整周期样本数)/(%)	−0.651	0.720	0.293	0.064	−0.013	−0.126

2. 噪声的影响

在实际测量中,由于外界环境的不稳定性和电路本身的不稳定性,会造成检测信号中含有噪声信号,这无疑会给功率的测量带来误差。为了考查本例中功率算法的抗噪声影响能力,采用含噪声的电压和电流仿真信号验证算法。程序框图如图 11-11 所示。

表 11-8 给出了电压和电流仿真信号中含幅度为 0.6 的均匀白噪声情况下的 4 次测量结果(仿真实验的其他参数同图 11-8 中设置相同)。可见,测量值的波动比较大。这是由于测量数据的随机性波动造成的,可以通过多次测量取平均值的方法来减小随机误差。

图 11-12 所示是用 10 次测量结果取平均值的方法来抑制随机误差影响的,仿真测量结果如表 11-9 所示。同表 11-8 相比,测量误差明显减小(功率误差在 0.5% 左右)。

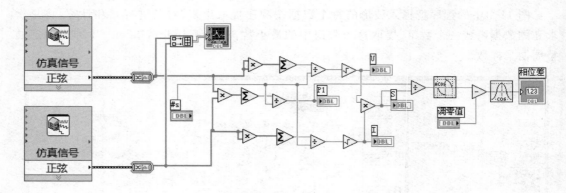

图 11-11　功率算法的抗噪声能力仿真程序框图

表 11-8　噪声对测量结果的影响

次数	U	I	P	S	Q	品质因数
1	3.592 19	3.525 35	6.574	12.6637	10.8237	0.519 121
2	3.522 99	3.630 42	6.287 01	12.7899	11.1380	0.491 559
3	3.597 34	3.506 66	6.309 08	12.6146	10.9235	0.500 14
4	3.486 35	3.540 31	6.110 21	12.3427	10.7242	0.495 045
理论值	3.535 53	3.535 53	6.25	12.5	10.8253	0.5000

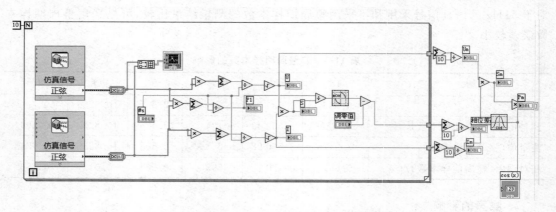

图 11-12　For 循环取平均方法抑制白噪声仿真程序框图

表 11-9　取 10 次测量平均值后的测量结果

次数	U	I	P	S	Q	品质因数
1	3.566 31	3.536 18	6.253 04	12.6111	10.952	0.495 83
2	3.549 11	3.550 24	6.234 69	12.6002	10.950	0.494 81
3	3.551 63	3.553 84	6.284 18	12.6219	10.946	0.497 88
4	3.541 42	3.554 34	6.259 12	12.5874	10.921	0.497 25
理论值	3.535 53	3.535 53	6.25	12.5	10.8253	0.5000

11.2.3 实采测量

在实际测量中,除了前述的两个影响因素外,还有一个影响测量结果的因素,那就是通道间的延时。由于本实验是双通道采样(一个通道采集电压信号,另一个通道采集电流信号),两个信号共用一个数模转换器,因此两个通道的信号采集是不同步的,即这两个通道对同一个信号采集也会有一个通道延时产生的初始相位差。在测量前先进行预采样,测得这个初始相位差,然后用这个初始相位差修正相位差测量结果。实采程序包括三个部分:①确定整周期采样数;②测量通道间延时;③采样测量。这三个部分用顺序结构依次实现,其各部分程序框图分别如图 11-13、图 11-14 和图 11-15 所示。

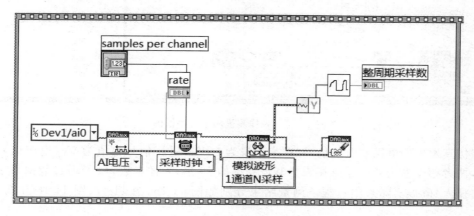

图 11-13 确定整周期采样数实采程序框图

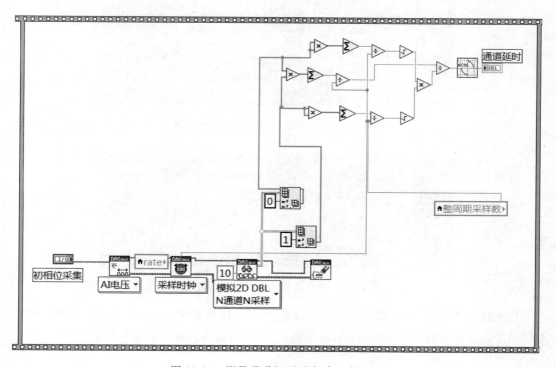

图 11-14 测量通道间延时实采程序框图

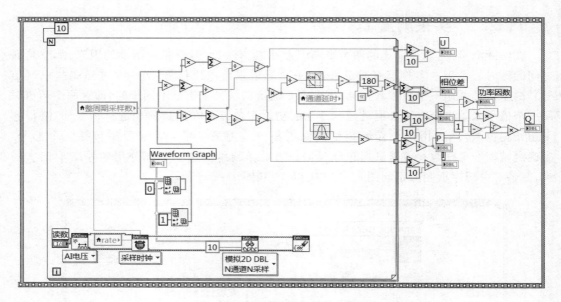

图 11-15　采样测量实采程序框图

　　将仿真发生的电压和电流信号(频率都设为 50Hz,电压信号幅值为 5V,电流信号幅值为 5A,两者相位差为 60°,采样率设为基波频率的 10 倍,采样点数为 50)通过数据采集卡先模出再模入,模拟实际采集过程。测量结果分别如图 11-16、图 11-17、图 11-18 和图 11-19所示。

图 11-16　不添加人为噪声时的测量结果

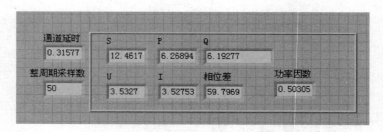

图 11-17　噪声幅度为 0.1 时的测量结果

　　从上述结果来看,只有噪声或者只有非整周期采样的影响时,测量结果较准确。但是,如果两个因素同时作用,测量结果的误差就比较大,这是本例算法的主要缺点。

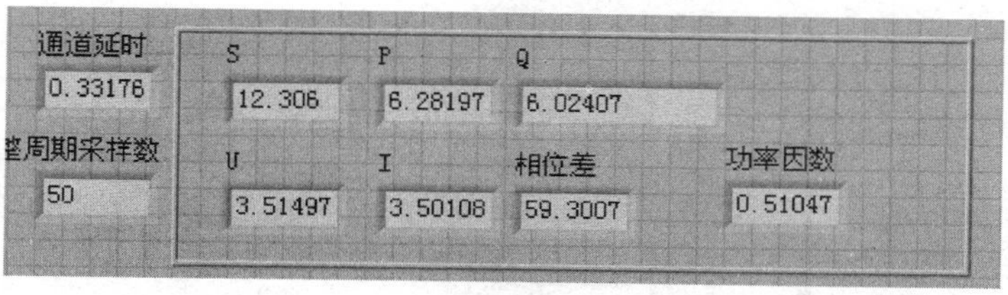

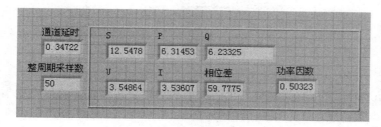

图 11-18　噪声幅度为 0.5 时的测量结果

图 11-19　频率为 55.5Hz 时的测量结果

11.3　信号发生器

在现代电子测量及自动控制等领域,对测控信号的要求越来越高,不但要求信号精度高、波形好、种类多,而且要求按实际测试条件产生用户所需的任何波形信号。本例要求实现的信号发生器能够输出任意波形,信号的频率、幅度和相位可调,而且能够叠加非周期随机噪声。

11.3.1　算法实现

按设计功能要求用 LabVIEW 标准函数库中的基本波形(正弦、方波、三角波、锯齿波)和公式波形函数实现标准波形和任意波形发生。公式波形函数可以按照输入公式的定义发出波形。下面分别介绍程序的各个模块。

11.3.2　基本波形发生

基本波形发生模块采用"基本函数发生器"来实现,程序框图如图 11-20 所示。

频率、幅度和相位都可通过输入控件调整,"信号类型(signal type)"用来选择发生的波形种类,"基本函数发生器"的采样率为信号频率乘以256,采样点数为256,这样发出的波形为周期信号的一个周期,由 256 点组成。

11.3.3　公式波形发生

公式波形发生模块采用"公式波形"函数来实现,程序框图如图 11-21 所示。

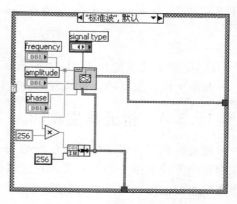

图 11-20　基本波形发生程序框图

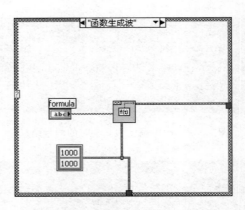

图 11-21　公式波形发生程序框图

在"公式（formula）"中输入想要发生的波形的公式表达，"基本函数发生器"的采样率和采样点数都设为 1000，这样发出 1s 的信号。

1. 波形选择

程序中利用条件结构来使用户可以选择发生基本波形还是公式波形，程序框图如图 11-22 所示。

2. 数据输出

数据输出通过数据采集函数 DAQ 助手来实现，程序框图如图 11-23 所示。

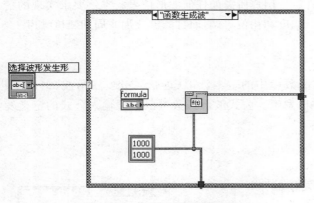

图 11-22　波形选择程序框图

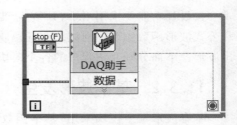

图 11-23　数据输出模块

DAQ 助手的设置如图 11-24 所示。

其中生成模式选择连续采样，采样设置选择使用波形设置。

11.3.4　验证发生波形

通过数据采集卡输出的信号是否符合要求，需要进行验证，可以使用示波器、MAX 测试面板功能或数据采集卡的模入功能进行。这里通过数据采集卡的模拟输入功能将信号发生器发生的波形采集下来，以验证发生的波形是否满足要求。程序框图如图 11-25 所示。

采样模式选择连续采样，采样设置由发生波形的采样信息决定。波形图表的功能是观察采集到的波形是否真正连续。

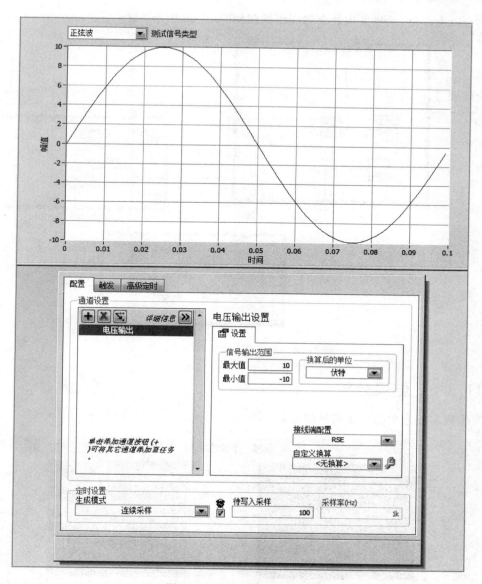

图 11-24　DAQ 助手的设置

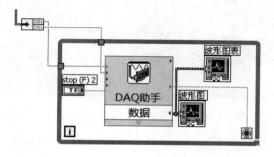

图 11-25　验证发生波形程序框图

综合以上部分,信号发生器全部程序框图如图 11-26 所示。

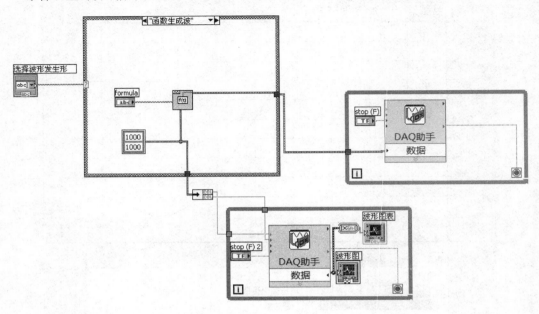

图 11-26　信号发生器全部程序框图

11.3.5　结果分析

发生标准波形中的正弦信号的结果如图 11-27 所示。

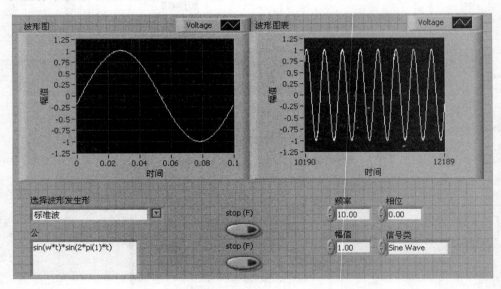

图 11-27　正弦信号发生结果

发生公式波形的结果如图 11-28 所示。

从图 11-27 中可以看出信号源发出的波形满足要求,从波形图表显示的图形可知发出的信号确实是连续的。从图 11-28 所示的波形图表中的公式波形可以看出数据采集卡是按

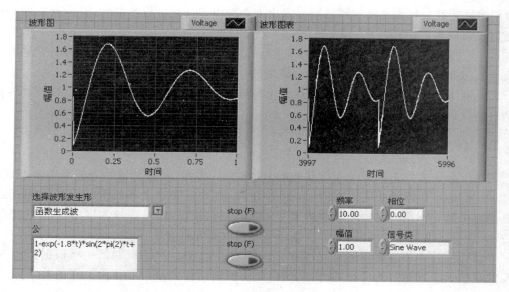

图 11-28　公式波形发生结果

"公式波形"的"采样信息"中设置的采样点数（1000）重复发生生成连续波形的。实际应用中，可根据需要设置采样率和采样点数，从而得到合适的信号周期。

11.4　基于声卡的声音识别

要用虚拟仪器技术完成一个测量任务，一般需要计算机配备具有一定性能的数据采集卡，而一般计算机不配置价格相对较高的数据采集卡，而价格低廉的声卡却是计算机的标准配置。PC 声卡同时具有 A/D 和 D/A 转换功能，用 DMA（直接内存读取）传送数据的方式极大地降低了 CPU 占用率。如果利用声卡作为数据采集设备，可以组成一个低成本高性能的数据采集与分析系统。当然，它只适合采集音频范围内的信号。如果需要处理直流或缓变信号，则需要其他技术的配合。本节介绍用声卡实现数据采集和声音识别功能的方法。

每个人的声音都有各自的特征以及讲话时特殊的语言习惯，这些都反映在声音信号中。如果把声音作为声卡数据采集的对象，就可以利用虚拟仪器搭建一个对声音的采集和分析的系统，实现声音识别。

11.4.1　声卡的工作原理和性能指标

声卡作为声音信号与计算机的通用接口，其基本工作流程为：输入时，麦克风或线路输入（line in）获取的音频信号通过 A/D 转换器转换成数字信号，送到计算机进行播放、录音等各种处理；输出时，计算机通过总线将数字化的声音信号以 PCM（脉冲编码调制）方式送到 D/A 转换器，变成模拟的音频信号，通过功率放大器或线路输出（line out）送到音箱等设备转换为声波。

衡量声卡的技术指标包括复音数量、采样频率、采样位数（即量化精度）、声道数、信噪比（SNR）和总谐波失真（THD）等。主要指标介绍如下：

（1）复音数量代表了声卡能够同时发出多少种声音。复音数量越大，音色就越好，播放声音时可以听到的声部越多、越细腻。

（2）采样频率为每秒采集声音样本的数量。采样频率越高，记录的声音波形就越准确，保真度就越高，但采集数据量相应变大，要求的存储空间也越大。

（3）采样位数是将声音从模拟信号转化为数字信号的二进制位数（bit）。位数越多，记录的音质就越好。

11.4.2　声音识别技术

网络安全建立在密码等个人信息基础上，各种卡、账号、网络登录号等都需要输入密码，经常发生忘记密码而无法进入的情况，有没有好的办法解决这个问题呢？现在可以用生物信息来解决这一问题。生物测量学用于个人的识别和认证，正迅速成为网络访问控制的流行方法，它可以根据本人的特征，如声音、手印、指纹等识别身份。

声音识别技术和签名识别相同，都属于行为识别技术。声纹识别是一项根据语音波形中反映说话人生理和行为特征的语音参数，自动识别说话人身份的技术。它的基本原理是通过分析人的声音，为每个人构造一个独一无二的数学模型，由计算机对模型和实际输入的语音进行精确匹配，根据匹配结果辨认出说话人。首先对鉴别对象的声音进行采样，即输入语音信号，再对采样数据进行滤波等处理，而在声纹识别过程中最主要的两部分内容是特征提取和模式匹配。特征提取就是从声音中选取唯一表现说话人身份的有效且稳定可靠的特征；模式匹配就是对训练和鉴别时的特征模式做相似性匹配。

声音识别的优点是非接触识别，用户较易接受。声音识别的缺点有：因为声音变化的范围较大，很难进行精确匹配；采集的声音会随着音量、速度和音质的变化（如当你感冒时）而受影响，进而影响识别；另外，用录在磁带上的声音也可能欺骗声音识别系统。

11.4.3　LabVIEW 中有关声卡的函数简介

在 LabVIEW"函数选板"→"编程"→"图形与声音"→"声音"→"输入"子选板上有LabVIEW 提供的声卡输入函数。表 11-10 给出了其功能描述。

表 11-10　声卡输入函数

图标	函数名称	功能说明
	配置声音输入	该函数的主要功能是设置声卡中与数据采集相关的一些硬件参数，如采样率、数据格式、缓冲区长度等。声卡的采样率由内部时钟控制，只有3～4 种固定频率可选，一般将采样频率设置为 44 100 Hz，数据格式设置为 16 位字长。缓冲区长度可取默认值
	启动声音输入采集	该函数用于通知声卡开始采集外部数据。采集到的数据会被暂存在缓冲区中，这一过程无须程序干预，由声卡硬件使用 DMA 直接完成，保证了采集过程的连续性
	读取声音输入	该函数用于等待采样数据缓冲满的消息。当产生这一消息时，它将数据缓冲区的内容读取到用户程序的数组中，产生一个采样数据集合。若计算机速度不够快使得缓冲区内容被覆盖，则会产生一个错误信息。这时应调节缓冲区大小，在采样时间与数据读取之间找到一个理想的平衡点

图标	函 数 名 称	功 能 说 明
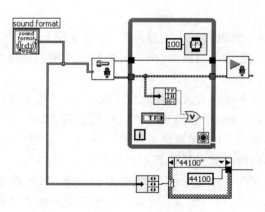 停止声音输入采集		该函数用于通知声卡停止采集外部数据。已采集而未被读出的数据会留在缓冲区中,可以使用"读取声音输入"函数一次读完
声音输入清零		该函数用于完成最终的清理工作,如关闭声卡采样通道、释放请求的一系列系统资源(包括 DMA、缓冲区内存、声卡端口等)

11.4.4　声音身份识别的软件实现

声音身份识别软件由两个功能模块组成:

(1)声音输入模块:合法用户向系统输入自己的声音,作为唯一的"密钥"。

(2)声音识别模块:任意用户向系统发出申请,输入自己的声音,系统将对其进行识别,只对正确的"密钥"输入进行响应。

本例中"密钥"算法为:对于用户录入的声音按时间顺序进行采集,再提取出每一段声波的主频率,组成一个频率时间序列。这个频率时间序列就表征了用户声音的特征信息。显然,该特征信息,不仅和声音的频率有关,还与声音的内容有关。用户不是随便说一句话,而是要说一句特定的话,并且要用特定的语速,才能被系统正确识别。

整个程序由三个子系统组成:样本声音录入子系统、待检声音录入子系统和检测子系统。样本声音定义为系统的所有者自己设定的"声音密码";待检声音定义为任意用户输入的声音,其中前两个子系统的结构是完全相同的。

下面分别介绍各功能模块的实现方式。

1. 声卡的设置

程序首先要对声卡进行设置,程序框图如图 11-29 所示,将声卡的采样率设为 44 100Hz,通道形式设为 mono(单通道),8bit。

图 11-29　声卡的设置

2. 按钮模块

在前面板生成一个 REC(Record)按钮,只有当用户按下按钮时,才开始准备录制声音。

算法实现：外层为 While 循环，将出错信息和 Record 按钮取"与"，作为循环停止的条件，这样，在按下 Record 按钮之前，系统一直处于执行这一循环状态，即等待录制命令的下达；当按下 Record 按钮之后（或有出错信息），程序将跳出这一循环，开始进入到后面的录制环节。具体程序框图如图 11-30 所示。

3．等待模块

在用户按下 REC 按钮后，程序进入这一模块。此模块的功能是：当用户还没有发出声音时，系统不会将声音录入；只有当系统检测到的声音信号幅值超过一个设定阈值后，才开始对声音信号进行采集。这一模块的作用是避免系统对声音的错误记录。

算法实现：外层为 While 循环，每循环一次，就将声卡采集的信号捆绑为一个波形，再用"提取单频信息"模块提取波形的主频率的幅值进行检测，当幅值高于设定的门限（15）时，退出 While 循环，进入后面的录制程序模块。具体程序框图如图 11-31 所示。

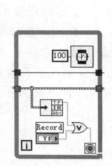

图 11-30　按钮模块程序框图

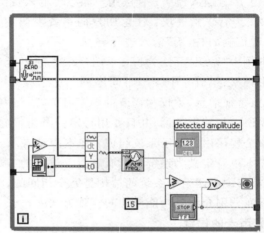

图 11-31　等待模块程序框图

4．录制模块

当有声音信号输入时，就进行一次信号采集，然后等待下一次输入，直到完成 10 次信号的采集。对于采集的波形进行带通滤波，滤掉过低和过高的频率成分，从而正确获取有效的声音频率成分。

算法实现：用 For 循环对输入的声音信号连续进行 10 次采集，每次采集前都需要进入等待模式，以防止声音的错误记录。带通滤波器对采集到的波形进行滤波，系统将滤波后的波形进行快速傅里叶变换（FFT），提取出主频率。在这一模块的作用下，用户输入的声音信号被转换成了一个频率时间序列。具体程序框图如图 11-32 所示。

滤波器的参数设置如图 11-33 所示，选用带通滤波器，低频截止频率设定为 150Hz，高频截止频率设定为 2000Hz。原因如下：对系统产生干扰的杂音频率均较低，集中在几十赫兹，这样，通过 150Hz 的截止频率就可以将杂音部分滤除，改善采集声音的质量；而高于 2000Hz 的频率事实上不应该作为用户发出声音的主频率，通过对高频的滤波就可以避免系统对主频率的误判断。另外，为了提高滤波器的选频特性，选择"有限长冲击响应滤波器"，并将"抽头数"设定为 401。

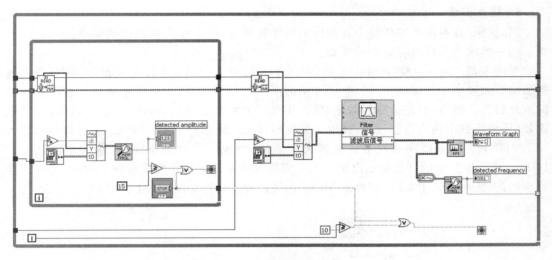

图 11-32　录制模块程序框图

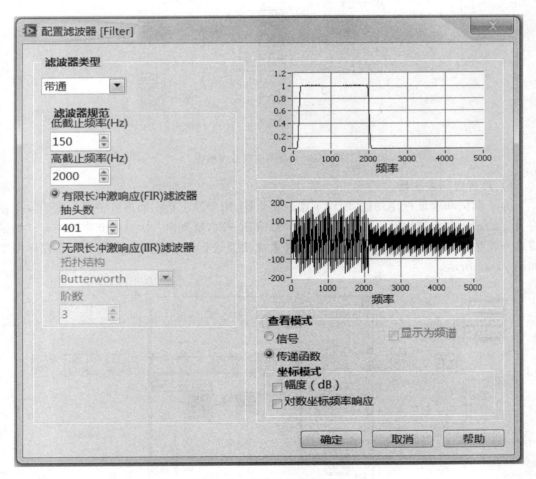

图 11-33　滤波器的参数设置

5. 检测模块

当"密钥"样本声音和待检声音都被采集并处理后,两个频率时间序列就被送入检测模块。这一模块是实现声音识别的核心。

算法实现:使用取整(round)模块,对采集到的两个时间频率序列取整数,再对两个取整后的时间频率序列做减法,得到一个"差值序列"。这一差值序列就体现了两组声音样品的匹配程度。然后,对差值序列取绝对值,使每一个元素变为正数,再与一个"阈值序列"做比较(阈值序列由用户自己设定,体现了系统容许的匹配误差范围)。最后,将比较结果送入LED灯阵列。若差值序列的某一元素大于阈值,则说明该位置不匹配,这一结果就会在LED灯阵列中对应的灯上显示出来。当差值序列所有元素均在阈值范围之内时,表示声音完全匹配,则用另一个LED灯显示Match。具体程序框图如图11-34所示。

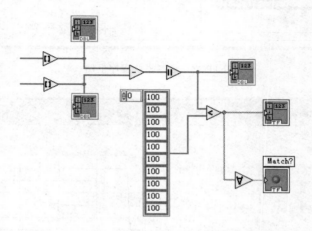

图 11-34　检测模块程序框图

6. 声音密码发生器

为了调试和验证程序功能,制作了密码发生器,用于发出指定的声音密码。密码发生器将设定的密码数组依次输入到For循环中,每循环一次,就发出一次给定频率的声音。如果将这一发生器的声音输入识别系统,则可对系统功能进行测试。声音密码发生器程序框图如图11-35所示。

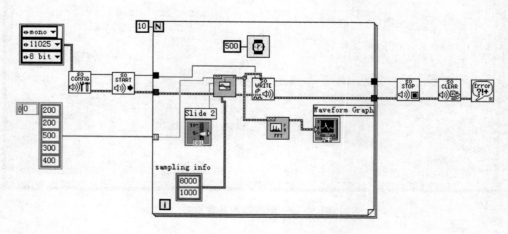

图 11-35　声音密码发生器程序框图

11.4.5 结果分析

整个程序前面板如图 11-36 所示。左下的 10 个 LED 灯显示频率时间序列 10 个元素的分别匹配情况，右下的 LED 灯显示最终匹配结果。当频率时间序列完全匹配时，绿灯亮；否则，红灯亮。

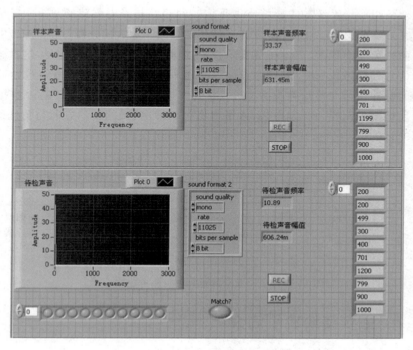

图 11-36 系统的前面板

以密码发生器作为声音密码，密码序列设定为 200、200、500、300、400、700、1200、800、900、1000（单位为 Hz），对系统进行测试。待检声音也采用密码本身，测试结果如图 11-36 所示。右侧是两列声音时间序列，可以看出，基本正确地还原了设定的声音密码，此时，10 个频率匹配绿灯都亮，显示完全匹配。

当采用麦克语音录入设定"密钥"，然后麦克语音录入查看匹配情况时，有 80% 左右的绿灯亮，表示基本匹配；如果语音录入的内容和设定"密钥"完全不相关，则基本没有绿灯亮。因此，本系统基本可以正确对密码声音进行匹配。

11.5 太阳能电池板自动跟踪系统

11.5.1 太阳能电池板自动跟踪系统概述

在现今能源发展结构中，太阳能电池具备在使用中不会释放包括二氧化碳在内的任何有害气体，极大地改善生态环境、解决地球温室效应问题的优点，是一种用之不竭的清洁环保能源，具有独特优势和广阔的发展前景。太阳能电池有望成为 21 世纪的主导新能源。

太阳能电池板自动跟踪采用基于 LabVIEW 的虚拟仪器技术，实现太阳的全天候自动跟踪(不受天气的影响,阴天也可以正常工作)。分别实现光电跟踪与时间跟踪的双重跟踪模式,具有夜间自恢复功能,且操作简便、稳定可靠,能够在不同地区应用一套太阳能自动跟踪系统,以提高太阳能的利用率。

太阳能电池板自动跟踪系统主要由双轴跟踪系统跟踪太阳方位角及高度角模式、太阳光线与太阳能电池板夹角变化追踪模式、调试模式设计、夜间复位系统及光强采集和实时时间的显示五部分组成。系统的主要特点即采取时间跟踪与光电跟踪的双重跟踪模式。

系统通过 4 个光敏电阻组成的太阳光感应传感器来采集太阳光线,系统原理图如图 11-37 所示。当太阳光角度变化时,光电传感器输出相应强弱相对变化的电信号,这种强弱变化的电信号传给信号处理系统,信号处理系统将这种强弱相对变化的电信号经过计算转化为调整执行机构的脉冲信号并传给数据采集卡,数据采集卡与 PC 相连,PC 通过虚拟仪器技术处理数据并反馈至控制模块控制电机(水平电机与俯仰电机)的转动方向与角度达到实时跟踪太阳光线的目的。

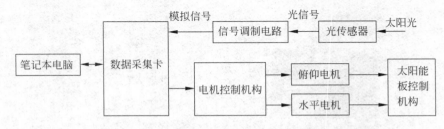

图 11-37   太阳能电池板自动跟踪系统原理图

11.5.2   主要模块功能简介

1. 双轴跟踪系统跟踪太阳方位角及高度角模式

首先需要根据视日运动原理计算出某地某一时刻的太阳方位角以及高度角,然后利用 DAQ 助手实现一轴跟踪太阳方位角,另一轴跟踪太阳高度角,即实现太阳的双轴跟踪。

采用基于 LabVIEW 的虚拟仪器技术获取某一时刻的时间及日期,如图 11-38 所示,通

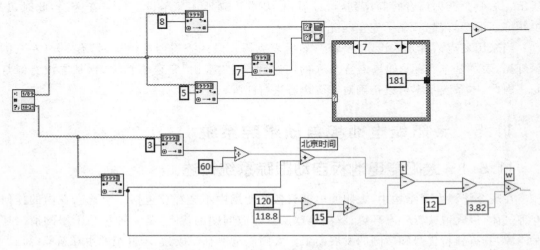

图 11-38   读取机器的当前时间

过时间日期及当地的经纬度来计算此时的太阳高度角及方位角。太阳高度角与方位角的计算程序系统如图 11-39 所示,由于太阳的转动较慢,因此设定每隔 20min 计算一次太阳的高度角及方位角。得到当前的高度角及方位角后,与此时太阳能电池板的实际角度相比较,通过其差值得到电机的转动方向及转动时间等控制信号。

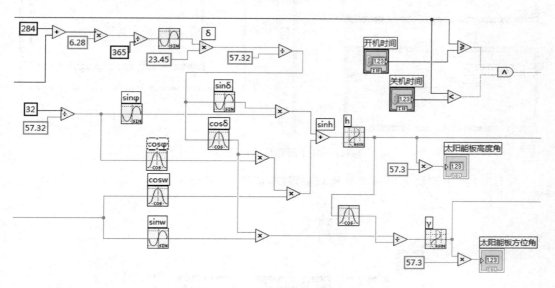

图 11-39　计算出太阳高度角和方位角

根据时间变化追踪模式设计的基本思想是：首先确定目前的太阳高度角和方位角与仪器本身的高度角和方位角的偏差,再利用现在的高度角和方位角减去存储文件中的高度角和方位角,即可得到仪器应该转动的角度。时间跟踪模式的方位角调整与高度角调整如图 11-40 和图 11-41 所示,使用顺序框来实现程序的顺序执行。

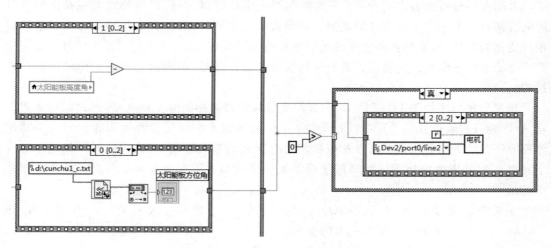

图 11-40　时间跟踪模式方位角的调整

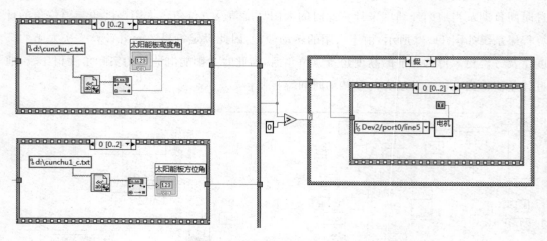

图 11-41　时间跟踪模式高度角的调整

由 DAQ 助手控制 I/O 输出实现双轴跟踪,如图 11-42 所示。

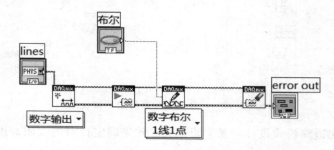

图 11-42　NI-DAQ 实现控制 I/O 输出

2. 太阳光线与太阳能电池板夹角变化追踪模式

太阳光感应传感器由上下左右对称的两对光电传感器构成,把该装置安装在能够用步进电机调整其水平和垂直角度的支架上。当太阳光角度变化时,光电传感器输出相应强弱相对变化的电信号,这种强弱变化的电信号传给信号处理系统,信号处理系统将这种强弱相对变化的电信号经过计算转化为调整执行机构的脉冲信号,从而达到控制太阳能板转动的目的。

光强采集程序如图 11-43 所示,由太阳光感应传感器得到的 4 组电压,通过数据采集卡及 A/D 转换输入计算机由程序进行比较。4 组电压的大小即代表着太阳光偏移太阳能电池板的法线的方向。因此只需要使电机朝向电压大的方向转动,再比较此时 4 组电压的大小直至 4 组电压大小相等。此时即实现了太阳光线与太阳能电池板夹角变化的光电跟踪模式。

在光电采集过程中,采用 DAQmx 创建通道.vi 函数来实现采集卡的通道配置,用 DAQmx 时间.vi 函数来实现采集卡的速率配置。

3. 调试模式的设计

调试模式程序如图 11-44 所示,在调试模式上,可以通过上下左右四个按钮直接控制电机的转动。

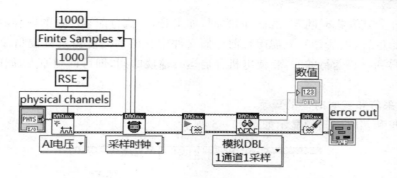

图 11-43 光强采集程序

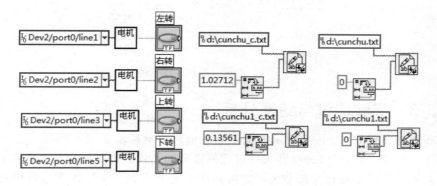

图 11-44 手动模式调试程序

4. 夜间复位系统

夜间复位系统如图 11-45 所示。由于实际中,当太阳落山后整个装置就不再运行,当第二天太阳升起启动运行,因此整套装置需要夜间复位系统。程序取出计算机的时间后,判断

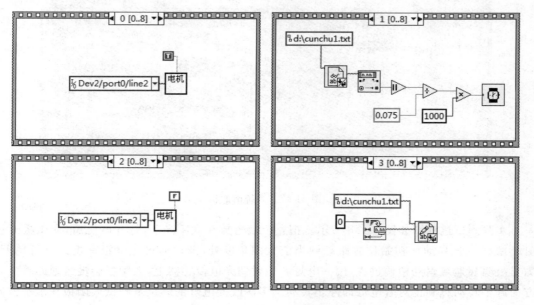

图 11-45 夜间复位系统程序

其时间是否介于其开机时间与关机时间之间,如果是,则执行前端所述的内容,如果不是,则自动回到初始位置,即(0,0),只需用目前存储文件中存储的高度角及方位角除以仪器每秒转动的速度得到电机运行的时间,使电机开启运行这段时间,即可回到原点,同时将(0,0)存入存储文件。

5. 光强采集和实时时间的显示

光强采集和实时时间的显示如图 11-46 所示。

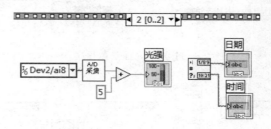

图 11-46　光强采集和实时时间

11.5.3　实验测试与结果分析

整个程序前面板如图 11-47 所示。太阳能电池板自动跟踪系统有两种工作模式,即调试模式和运行模式,通过模式选择开关可以选择需要的模式。当工作在调试模式上时,可以通过上下左右四个转动按钮来调节太阳能板到所需要的位置。当工作在运行模式时,可以设置合适的开关机时间,同时面板上也会实时地显示当前的日期、时间、光照强度、太阳能板的高度角以及方位角等信息。

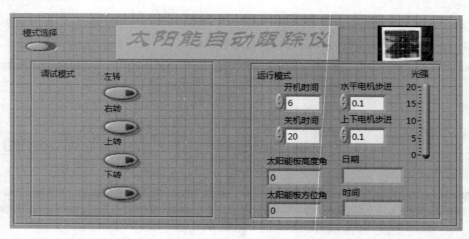

图 11-47　系统前面板

实验测试过程图如图 11-48 所示。把整个装置放在太阳光下,打开电机后,太阳板通过时间跟踪模式自动从初始位置跟踪到当前太阳角度处,随后通过光电跟踪模式进行精调。为了更明显地观察到精调过程,用一电灯斜照射到光电传感器上,太阳板会慢慢地向着电灯方向调整转动直到正对着电灯即停止转动。多次改变电灯的方位来测试太阳板在水平方向及垂直方向上的跟踪都能很好地进行实时的跟踪。

图 11-48 实验测试图

实验测试中,设定的光敏电阻电压差值比较值为 0.1V,若增大此值,由于光照强度的变化程度不足以引起足够的电压变化,光电跟踪过程不明显,如果减小此值,由于一次角度的比较需要电机通过多步来完成,电机的最小转动角度达不到测试要求。实验测试中,设定电机每秒转动弧度为 0.035rad/s,在满足电机参数的情况下,较小的电机每秒转动弧度可以更好地满足预先设定的误差要求,如果此值过大,将会出现电机的反复摆动的情况。

11.6 基于 NI-CompactRIO 的大跨空间结构健康监测系统

11.6.1 大跨空间结构健康监测系统概述

随着人类物质文明与精神文明的发展,人们对大跨度建筑的要求越来越高。在众多大跨空间结构类型中,一种新型结构形式——张拉整体索穹顶以其新颖的造型、巧妙的构思和经济的造价引起了世人的瞩目,国外大量的工程实践更显示了其强大的生命力和广阔的应用前景。大跨空间结构的使用期长达几十年,甚至上百年,环境侵蚀、材料老化和荷载的长期效应、疲劳效应与突变效应等灾害因素的耦合作用将不可避免地导致结构和系统的损伤积累和抗力衰减,从而抵抗自然灾害,甚至正常环境作用的能力下降,极端情况下引发灾难性的突发事故。因此,为了保障结构的安全性、完整性、适用性与耐久性,已建成使用的许多重大工程结构和基础设施急需采用有效的手段监测和评定其安全状况、修复和控制损伤。新建的大型结构和基础设施总结以往的经验和教训,也在工程建设的同时增设长期的健康监测系统和损伤控制系统,以监测结构的服役安全状况,并为研究结构服役期间的损伤演化规律提供有效的、直接的方法。结构健康监测已经成为世界范围内土木工程领域的前沿研究方向,且具有重大的意义。本系统主要研究基于 NI-CompactRIO 的大跨空间结构健康监测系统的开发工作。

大跨空间结构健康监测系统具有传感器类型多、信噪比小等特点,针对此特点,在屋架支座位置安装了位移、倾角传感器,直接监测支座变形,对照设计允许值,评价结构健康状态。在屋面桁架下弦杆位置安装了加速度传感器,监测结构的整体振动情况,获得实际的结构振动参数。本监测系统将单一的监测目标变量(位移、倾角、加速度)融合到具有集成功能的数据采集系统中,实现多信号的实时同步采集,以实时显示、存储、分析、随时调用目标变量,评估结构健康状态,结构安全预警,判定损伤位置,同时提供原始监测数据。

11.6.2　系统主要功能模块简介

1. 多信号实时同步采集

本系统在一个 CompactRIO 机箱中同时使用 CompactRIO-9208（电流）模块和 CompactRIO-9234（加速度）模块，利用 CompactRIO-9208（电流）模块采集位移、倾角传感器信号，利用 CompactRIO-9234（加速度）模块采集加速度传感器信号，在上位机中同时同步显示两种信号，实现随时调用目标传感器。实现实时同步采集技术，对分析结构刚度、阻尼比、地振动响应、基准频率、高阶频率、荷载—位移等特性具有重要意义，为结构损伤识别和安全性评估提供宝贵的数据参考。

利用 LabVIEW FPGA 完成底层传感器信号采集，并将数据写入 FIFO，如图 11-49 所示。

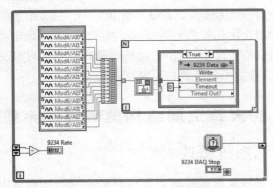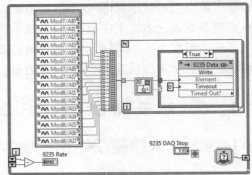

图 11-49　底层传感器采集模块

利用 LabVIEW Real-Time 实时控制器读取 FPGA 采集到的数据，实时地将数据发送至 PC 上位机程序并接收上位机控制命令模块，如图 11-50 所示。该模块利用 TCP/IP 协议与 PC 上位机进行通信。

2. 数据自动存储功能

系统数据存储方式改变了以往人为操作触发存储的方式，采用 24h 不间断连续自动存储方式，当日期变化时，便建立新的数据文件，所有存储触发都由系统自动识别完成。

系统为数据存储路径做了特别设计，除用户指定的基本存储路径外，系统将按年—月—日—时间的顺序逐级建立子目录，保证文件不会被覆盖和重名，同时也方便用户在海量数据文件中调用需要的文件。

系统针对两种不同类型的传感器，设计了两种不同的数据存储方式。位移、倾角传感器采用低速采集，采集频率为 1Hz，如果长期监测，则产生的数据文件并不会占用太大的磁盘空间，因此采用 24h 不间断数据存储。

加速度传感器采集频率高，产生庞大的数据文件，对磁盘空间造成很大压力，而对结构真正有意义的是振动信号，因此，为加速度传感器的数据文件存储设计了触发式数据存储方式，即预先设定一个有意义的阈值，如果超过阈值，则立即存储，如果低于阈值，便挂起存储进程。数据存储模块如图 11-51 所示。

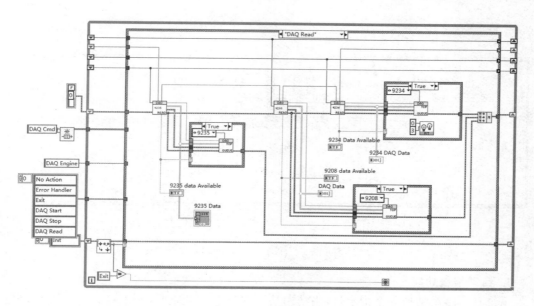

图 11-50　数据传递模块

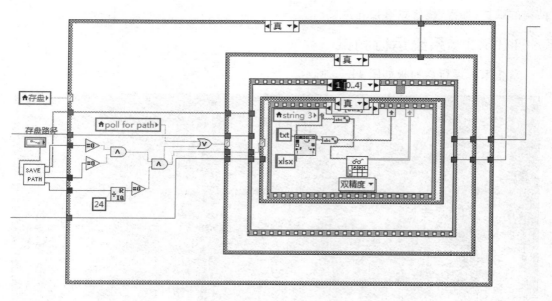

图 11-51　数据存储模块

3. 自动生成报表功能

系统具有自动生成报表功能,日期发生改变时,自动建立 Excel 报表文件。文件中加入了分析算法,自动分析数据,形成可视化的图表,形象地反映结构安全状态。

一天结束后,需要对当日的数据进行自动分析,形成结构健康状态报表文件,提交至业主单位。根据本系统的特点和业主的需求,制作了 Excel 模板文件,当日期发生变化时,程序自动将当日的数据写入 Excel 模板文件中,自动运算,另存为 Excel 文件。需要查看时,打开数据存储目录,即可查看报表文件。自动生成报表模块如图 11-52 所示。

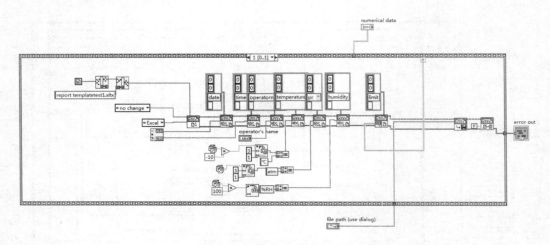

图 11-52　自动生成报表模块

4. 自动报警功能

系统具有多个结构安全指示灯,当结构某一部位发生危险时,指示灯显示为红色,表示结构处于危险状态,需要启动相应的应急预案。指示灯能正确表征结构发生危险的部位,对结构的维护、加固、抢修具有指导意义。

11.6.3　系统运行测试

整个系统运行前面板如图 11-53 所示。

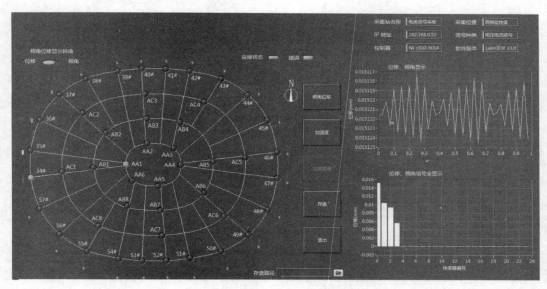

图 11-53　系统运行前面板

1. 多信号实时同步采集

监测系统左侧为屋面桁架的俯视图,由内到外分为四环,其中内环至三环下弦杆安装了加速度传感器,四环支座位置安装有位移和倾角传感器,信号种类繁多。切换不同传感器,可以实现多信号的实时同步采集。

俯视图中的布尔控件表示传感器的安装位置，单击布尔控件即可激活该传感器的显示状态。由于在每个支座位置同时安装了位移和倾角传感器，因此在系统左上角设置了位移、倾角显示切换按钮，以切换两种不同传感器的显示状态。

为保证在一种状态时，同一类型的传感器只激活一个，需要对布尔控件进行控制。例如，图中目前激活的是"34＃"位移传感器，当需要激活"35＃"位移传感器时，需要使"34＃"传感器控件为关闭状态。

2. 结构安全指示灯

在每个位移、倾角传感器旁边都设置了一个"指示灯"，当位移、倾角数值较小时，指示灯为绿色，表示安全；当数值偏大时，显示黄色，表示需要引起注意并检查结构构件，当数值超过设计允许值时，表示结构危险，及时报警。

3. 系统连接状态指示灯

当系统未连接仪器时，"连接状态"指示灯为红色，连接成功时，指示灯为绿色。当系统运行正常时，"错误"指示灯为绿色；当程序运行错误时，指示灯为红色。

4. 位移、倾角图表显示按钮

系统默认显示"位移、倾角"图表，当加速度图表被激活时，单击此按钮，切换回位移、倾角图表。

5. 加速度图表显示按钮

需要激活加速度图表时，单击此按钮，激活加速度图表。

6. 加速度谱显示按钮

系统默认显示"位移、倾角"图表，此时"加速谱"按钮被禁用，只有单击"加速度"按钮时，此按钮才被激活。单击"加速度谱"按钮，激活"加速度谱"图表。

7. 自动存盘按钮

单击此按钮，开始进行数据存储工作，如果需要停止数据存储，再次单击此按钮。

本系统针对两种不同类型的传感器，设计了两种不同的数据存储方式。位移、倾角传感器采用低速采集，采集频率为1Hz，如果长期监测，则产生的数据文件并不会占用太大的磁盘空间，因此采用24h不间断数据存储。

加速度传感器采集频率高，产生庞大的数据文件，对磁盘空间造成很大压力，而对结构真正有意义的是振动信号，因此，为加速度传感器的数据文件存储设计了触发式数据存储方式，即预先设定一个有意义的阈值，如果超过阈值，则立即存储，如果低于阈值，便挂起存储进程。

8. 退出按钮

单击此按钮，即可停止程序运行。

9. 存盘路径

此控件指定数据存盘的路径。

10. 自动生成报表功能

一天结束后,需要对当日的数据进行自动分析,形成结构健康状态报表文件,提交至业主单位。根据本系统的特点和业主的需求,制作了 Excel 模板文件,当日期发生变化时,程序自动将当日的数据写入 Excel 模板文件中,自动运算,另存为 Excel 文件。需要查看时,打开数据存储目录,即可查看报表文件。

11.7　基于加速度传感器的多功能手势感应控制器

11.7.1　控制器系统特点和功能概述

基于加速度传感器的多功能手势感应控制器利用加速度传感器来感应手的运动状态,并在此基础上模拟出鼠标、四向滚轮,以及摇杆等多种 PC 外设功能,为用户提供一种全新的交互式体验。使用时只需将控制器戴在手上,通过控制器上的按键选择、切换不同功能,然后通过各种手势动作即可实现多样化的控制。

基于加速度传感器的多功能手势感应控制器具有以下特点:使用手势感应的方式来实现各种控制功能,形式新颖,交互性强;将多种常用 PC 外设集成到一起,并且通过手戴的方式避免了不同设备间来回转换的麻烦,尤其对键盘使用者,可以使手掌不离键盘就能进行鼠标等控制工作,为用户提供很大方便;通过软件实现触发器、滞回比较器、脉冲发生器等虚拟的数字电路,进而使得程序能够分析处理控制器上的按键动作,进而对软件功能进行控制;程序界面生动友好,图文并茂的帮助文件帮助用户快速入门,进一步增强用户体验。

11.7.2　工作原理和算法设计

1. 工作原理

将加速度传感器输出的电压信号经过处理后转换为传感器的倾角姿态及运动参数等信息,再根据具体功能模式(鼠标、滚轮或摇杆)将这些通用信息进一步分析处理,并调用系统 API 函数模拟相关外设实现相应的控制功能。以下是各种功能模式的具体原理。

(1)鼠标模式:利用传感器倾角变化速度来获得手的运动状态信息,并使用一套与普通鼠标相类似的物理速度—光标速度变换方法来将手的运动速度投影到屏幕上光标的位移量,最后调用 API 实现移动光标的功能,而鼠标左、右键功能则通过控制器上的按键配合 API 调用来实现。

(2)四向滚轮模式:利用传感器倾角信息经过一个软件实现的虚拟滞回比较器,判断手的指向,再调用 API 滚轮事件,控制屏幕窗口上的垂直及水平滚动条来使之往相应方向滚动。

(3)摇杆模式:利用传感器倾角大小与方向来模拟摇杆的物理状态,将其传递给 API 从而实现摇杆控制的功能。

2. 硬件设备

基于加速度传感器的多功能手势感应控制器所使用的硬件设备如图 11-54 所示,包括 Freescale MMA7260 加速度传感器,将加速度信息转换为模拟电压信号;按键组,用于实现不同工作模式的切换和一些特定功能；NI myDAQ 数据采集卡，用于采集传感器上的模拟信号以及按键组的数字信号，本设计共使用了两个单端模拟输入通道以及 5 个数字输入/输出线。

  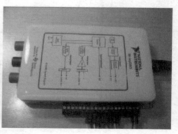

图 11-54 硬件设备

3. 算法设计

程序总图由三个模块组成，分别是数据采集和处理模块、前面板动作响应模块，以及与三种工作模式相应的子模块。

数据收集和处理程序采用生产者—消费者＋状态机的结构，主要负责采集硬件数据，如图 11-55 所示，首先进行前期处理，得到的结果可供各种面向应用的程序（即三种工能模式对应程序）来使用。状态机用来切换不同功能模式，并通过主从结构来与具体功能模式的程序相连接，主循环与消费者循环合为一体。

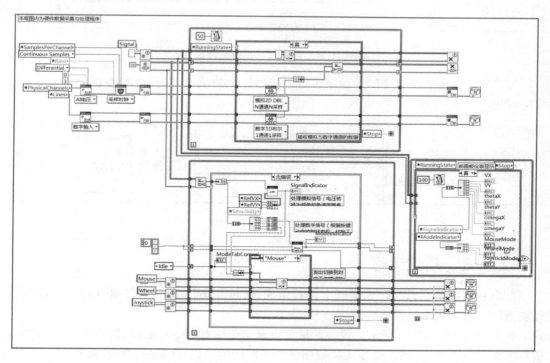

图 11-55 数据采集和处理模块

前面板动作响应模块如图 11-56 所示。该模块用来响应用户界面上的所有按钮、面板切换等动作，由于使用了生产者—消费者＋事件结构，因此程序具有较高的健壮性。

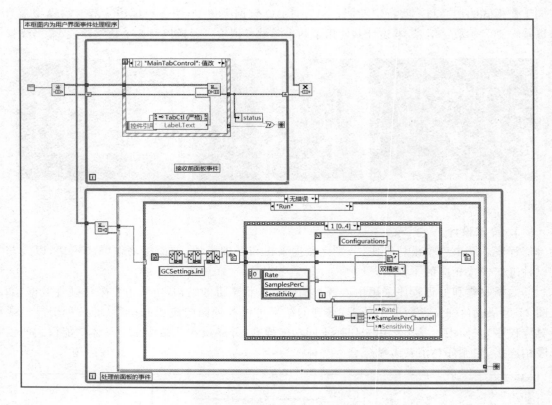

图 11-56 前面板动作响应模块

与三种功能模式相对应的子程序作为主从循环中的从循环，接受状态机中的通知命令并进行相应工作，如图 11-57 所示。

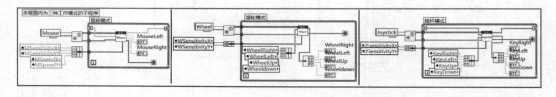

图 11-57 接受命令模块

11.7.3 系统运行

整个系统由状态、设置、校准三个面板组成，通过 TabControl 控件组合到一起，使用界面左侧的三个按钮在不同面板间切换。

状态面板如图 11-58 所示。仪表区域可以显示传感器的电压输出、倾角姿态、运动状态信息等多种参数，右边的工作模式区域则显示当前的功能模式（鼠标、滚轮、摇杆和空闲四种状态）及 API 调用的触发状态（如滚轮向上滚动时图中的向上箭头亮起）。

设置面板如图 11-59 所示。该面板可以对数据通道及传感器性能参数进行配置，并且可以根据使用习惯对三种工作模式下的运动灵敏度等参数分别进行个性化设置。当设置完成后单击"保存"按钮,即可将其存入一个特定的配置文件中,下次运行程序时将会自动导入这些设置。

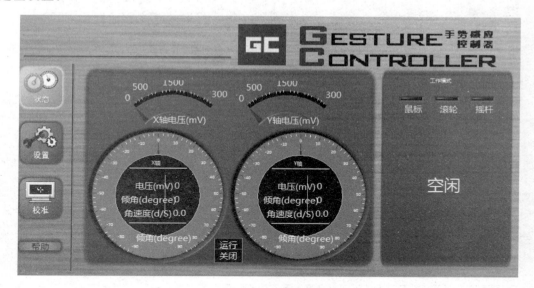

图 11-58　状态面板

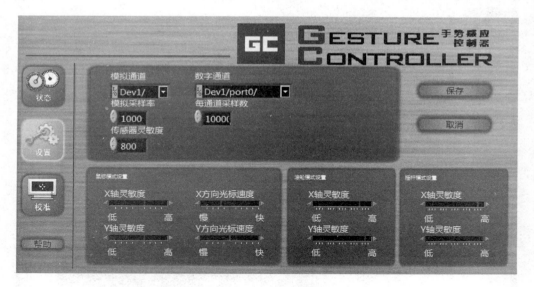

图 11-59　设置面板

校准面板如图 11-60 所示。程序将会用图形化的方式指导用户进行简单的传感器校准,为保证校准参数的正确性,校准完成后单击"保存"按钮同样可以将新校准的结果存入相应的配置文件中。

此外,程序还提供了一个图文并茂的帮助文件,如图 11-61 所示。该文件帮助用户快速熟悉使用方法,可以通过前面板上的"帮助"按钮来打开。

图 11-60　校准面板

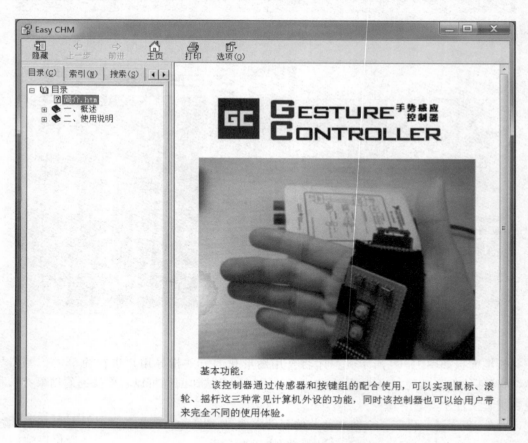

图 11-61　帮助文件

11.8 大型储罐底板缺陷检测器

前面几个 LabVIEW 的例子主要是选自课程教学中学生大作业的设计题目,实际上,LabVIEW 在科研和工程实际中也有广泛的应用。本节给出的就是 LabVIEW 在工程项目中的应用实例。

11.8.1 储罐底板缺陷检测器概述

储罐是油库、港口和石油化工企业存储液体原料和中间产品的重要装置。随着石化工业的快速发展以及国家战略原油储备体系的逐步建立,我国储罐数量和容量都在迅速增加。因此,加强对储罐的质量监测,提高检测效率和检测结果的可靠性,已成为确保储罐安全运行的必要条件。位于储罐底层的底板工况极为恶劣,是储罐最容易发生腐蚀的区域。储罐一旦发生泄漏,往往会引起大火、爆炸和环境污染等灾难性事故,导致重大经济和财产损失。为了实现对储罐底板的快速普查并对其腐蚀缺陷做出定量评价,人们研究出了多种方法。其中,漏磁无损检测法直接利用储罐底板材料固有的良好导磁性能,具有原理简单、检测速度快、不受储罐底板表面油污及其他非导磁覆盖物限制等优点,在储罐底板腐蚀缺陷检测方面表现出独特的优势。

11.8.2 储罐底板漏磁检测器结构

储罐底板漏磁检测器的结构框图如图 11-62 所示,它主要包括传感器模块(含磁化装置和检测探头)、数据采集与传输模块、机械扫查与运动控制模块和检测数据分析处理软件等。在可调速直流电机及其传动机构的驱动下,传感器模块沿直线运动,其漏磁探头对储罐底板进行扫查,探头阵列输出的漏磁检测信号经过放大、滤波等预处理后,由数据采集与传输模块实现模数转换,并经增强并口进入笔记本电脑进行分析处理,以实现缺陷识别、量化与实时显示。

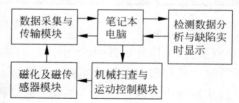

图 11-62 储罐底板漏磁检测器的结构框图

11.8.3 虚拟仪器软件设计

检测器的软件主要包含数据传输、数据分析显示和生成检测报告等部分。其中,数据传输部分主要完成从 USB 口读取数据、实时采集数据、分析显示缺陷,以及在扫描结束时保存数据与分析结果等工作。鉴于漏磁检测数据量很大,但却无须进行复杂的访问和查询操作,因此直接使用文件方式保存检测数据。而数据分析部分则要实现数据实时分析、缺陷实时显示的功能。所编制的软件能分别提供针对储罐底板上单独某个板块(某个局部)或整个储罐底板的检测报告,报告的内容主要包括板块图(或整个底板的图)和检出的腐蚀缺陷列表,而具体列表项包括缺陷所在板块、扫描编号,缺陷的长、宽、面积、位置以及经量化得到的缺陷深度,等等。整个储罐底板的检测报告由缺陷图根据所添加新板块和新扫描过程中用户输入的坐标参数自动生成,相比于依靠 CAD 软件和人工操作相结合绘制储罐底图的方法,本检测器的软件更为方便快捷。

　　数据采集和分析软件系统主要工作在两种模式下,在"数据采集模式"下完成从 USB 口收集数据、实时显示量化出的缺陷结果以及在扫描结束时保存数据与分析结果的工作,在"数据浏览和分析模式"下完成缺陷回放显示、分析以及生成报告的功能。

　　采用 LabVIEW 编写的软件用户界面主要由主窗口和工作管理器窗口构成,两个窗口互相配合共同完成程序逻辑和功能。主窗口完成的工作包括采集数据以及分析数据、实时显示缺陷,在图 11-63 中给出了处于缺陷显示模式下的主窗口。

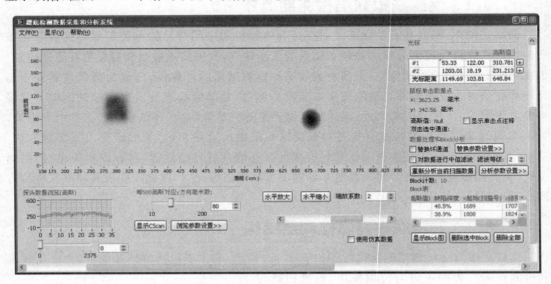

图 11-63　处于缺陷显示模式下的主窗口

　　在软件工作管理器中,要求添加扫描并在处于采集模式的主窗口中单击"开始采集"按钮后软件执行数据采集和实时显示功能。

　　从数据中转程序发送给主程序的采样数据经过数据分析转换之后送入强度图表上,采集结束后,需要保存的用于显示的数据从强度图表控件的历史属性中读取出来,以二进制形式保存到由新添加扫描信息决定的磁盘文件中。

　　进入分析结果回放模式的方式有两种:一种是在工作管理器的 tree 控件中选中某个已有扫描,此时主窗口自动切换到针对该扫描分析结果的浏览模式;在采集新扫描分析结果结束后,主窗口也会进入针对新扫描分析结果的浏览模式。分析结果回放模式下,软件使用强度图绘制扫描结果,将分析得到的缺陷位置以框的形式打在强度图控件上。

　　软件中提供两种报告,一种是针对具体板块的报告,另外一种则针对整个罐底,两种报告的功能相似。报告的内容包括板块图(或整个罐底图)以及腐蚀缺陷的列表,列表项包括缺陷所在板块、扫描编号,异常数据框的长、宽、面积和位置以及量化得到的缺陷深度等。报告可以直接打印,或者保存为 HTML 文档,也可以从浏览器控件中复制到其他程序中进一步处理。对于整个罐底的报告,缺陷图根据添加新板块和新扫描的过程中用户输入的坐标参数自动生成。

11.8.4　实验结果

参照美国石油学会标准 API Std653-2001 的要求,选择四块长 6000mm、宽 1200mm,厚度分别为 6mm、8mm、10mm、14mm 的 Q235 钢板作为标准试板,并在这些钢板的上、下表面各加工了一组半球状坑,以模拟储罐底板上的腐蚀缺陷。其中,钢板下表面缺陷深度依次为钢板厚度的 20%、30%、40%、60%、80% 和 90%;上表面缺陷深度依次为钢板厚度的 10%、20%、40% 和 60%。

实验结果表明:检测器能有效检出试板上表面深度大于等于 10% 板厚的腐蚀缺陷;而对下表面的腐蚀缺陷,其有效检测的最小深度达钢板厚度的 20%,具有较高的检测灵敏度。表 11-11 列出了检测器对 10mm 厚钢板下表面标准缺陷的检测量化结果及误差情况,其中的缺陷深度量化最大相对误差为 8.56%。

表 11-11　10mm 厚钢板背面缺陷深度量化精度

缺陷序号	标准缺陷实际深度	标准缺陷量化深度	相对误差/(%)
1	2	1.92	4.00
2	3	3.22	7.33
3	4	3.79	5.25
4	6	5.49	8.50
5	8	7.81	2.38
6	9	9.77	8.56

32 学时教学大纲

对于周学时为 2 学时的课程,建议如下安排教学内容:前 9 周讲课共 18 学时;第 10～15 周课上时间及配套 1:1 的课外时间共 12 学时,由学生完成各自选定的设计性大作业实验;第 16 周课程总结讨论 2 学时。具体授课内容如下:

第一讲　课程介绍及虚拟仪器基础(2 学时)

1.1　课程介绍

1.2　虚拟仪器概述

1.3　LabVIEW 简介

1.4　LabVIEW 的编程环境介绍

1.5　LabVIEW 的调试工具

第二讲　程序结构(2 学时)

2.1　循环结构

2.2　条件结构

2.3　顺序结构

2.4　公式节点

第三讲　数据类型(2 学时)

3.1　数组的创建及自动索引

3.2　数组功能函数

3.3　簇的创建及簇函数

3.4　波形数据类型

3.5　波形函数

第四讲　图形显示(2 学时)

4.1　波形图控件

4.2　波形图表控件

4.3　XY 图形控件

4.4 强度图形控件

4.5 三维图形控件

第五讲 字符串和文件 I/O(2 学时)

5.1 字符串控件

5.2 字符串的显示方式

5.3 字符串函数

5.4 文件格式

5.5 文件 I/O 函数

5.6 文件读写示例

5.7 随堂小测验：计算器实现

第六讲 数据采集(4 学时)

6.1 概述(包括数据采集的基本知识、软硬件环境、数据采集的类型、LabVIEW 中任务的组织)

6.2 模入采集(包括单点采集、一段波形采集、连续采集和触发采集)

6.3 模出信号

6.4 模入和模出的并行安排

第七讲 信号处理和其他高级应用(2 学时)

7.1 信号分析与处理(包括 FFT 变换、加窗、数字滤波、相关和曲线拟合,介绍其基本概念和 LabVIEW 中相应模块的使用)

7.2 局部变量和全局变量(包括创建和使用,竞态条件的避免)

7.3 属性节点

第八讲 布置虚拟仪器设计大作业(2 学时)

8.1 大作业设计期间时间安排和要求

8.2 课程选题介绍

8.3 大作业报告要求

第九讲 虚拟仪器设计大作业总结讨论(2 学时)

9.1 学生逐一介绍各自完成的设计情况(包括采用的算法介绍、算法优缺点、碰到的问题和取得的效果)

9.2 学生讨论

9.3 教师点评

参 考 文 献

[1] 黄松岭,吴静. 虚拟仪器设计基础教程. 北京:清华大学出版社,2008(10).

[2] 侯国屏,王坤,叶齐鑫. LabVIEW 7.1 编程与虚拟仪器设计. 北京:清华大学出版社,2005(2).

[3] http://www.docin.com/p-272524565.html.

[4] 胡广书. 数字信号处理——理论、算法与实现(第 2 版). 北京:清华大学出版社,2003(8).

[5] 周求湛. 虚拟仪器基础技术. 北京:北京航空航天大学出版社,2011(6).

[6] 余成波,冯丽辉,潘盛辉. 虚拟仪器技术与设计. 重庆:重庆大学出版社,2006.

[7] 宗孔德,胡广书. 数字信号处理. 北京:清华大学出版社,1998(6).

[8] 杨福生. 小波变换的工程分析与应用. 北京:科学出版社,1999(12).

[9] 李海青,黄志尧. 软测量技术原理及应用. 北京:化学工业出版社,2000(9).

[10] 郑君里,应启珩,杨为理. 信号与系统(第 2 版). 北京:高等教育出版社,2000(5).

[11] 周爱军,马海瑞. 基于声卡的 LabVIEW 数据采集与分析系统设计. 微计算机信息,2005,21(9-1):108-110.

[12] 魏亚东,林培活,钟森隆. 基于声卡与 LabVIEW 的转动惯量测量系统的设计. 东莞理工学院学报,2006,13(3):63-67.

[13] 高国华,张永忠. 基于声卡的便携式齿轮箱故障诊断系统开发. 计算机工程与设计,2004,25(3):371-373.

[14] 王坤,黄松岭,赵伟. 储罐底板腐蚀检测数据采集和分析软件的开发. 清华大学学报,2008,48(1):20-23.

[15] 范兆军,郑海起,汪伟,等. 基于虚拟仪器的滚动轴承故障诊断. 科学技术与工程,2006,19(6):3213-3215.

[16] 邓炎,王磊,等. LabVIEW 7.1 测试技术与仪器应用. 北京:机械工业出版社,2004(8).

[17] Subhasis N, Hamid A T, Li X. Condition monitoring and fault diagnosis of electrical motors-a review. IEEE Transactions on Energy Conversion. 2005,20(4):719-729.

[18] 王平,廖明夫. 滚动轴承故障诊断的自适应共振解调技术. 航空动力学报,2005,20(4):606-612.

[19] 刘金朝,丁夏完,王成国. 自适应共振解调法及其在滚动轴承故障诊断中的应用. 振动与冲击,2007,26(1):38-40.

[20] 孟寒松. 用共振解调方法检测铁路货车滚动轴承. 哈尔滨铁道科技,1998,(3):48-52.

[21] 梅宏斌. 滚动轴承振动检测与诊断——理论·方法·系统. 北京:机械工业出版社,1995(11).

[22] Vas P. Parameter estimation, condition monitoring and diagnosis of electrical machines. Oxford:Clarendon Press,1993.

[23] 张正松,等. 旋转机械振动检测及故障诊断. 北京:机械工业出版社,1991(11).

[24] 张小虹. 数字信号处理. 北京:机械工业出版社,2005(1).